圖解電磁學

從概念到應用，鞏固理工基礎的82堂課

山崎耕造／著　陳朕疆／譯

前言

本書將以圖為主，數學式為輔，說明電磁學中，電、磁、電磁波的基礎知識與運作機制。為了提升讀者的興趣、加深讀者的理解，書中也加入了一些問答與專欄文章。

一開始，我們會介紹電學與磁學的歷史發展，以及電磁學的數學基礎（第1章）。再來會說明電荷與介電質產生的靜電場（第2～4章），以及電流與磁性體產生的靜磁場（第5～7章）。然後會說明隨時間改變之電場與磁場間的交互作用，即電磁感應（第8～9章），將其整理成電磁學的基本方程式——馬克士威方程組與電磁波（第10～11章），也會簡單說明相對論性電磁學的發展。

本書內容為日本理工科系大一、大二會學到的知識。但如果您對物理有興趣的話，即使是高中生也能輕鬆閱讀。另外，若商務人士想再試著重學一遍電磁學的話，本書十分適合做為教材。特別是對想參加日本第三種電氣主任技術者考試的考生來說，本書會有很大的幫助。

本書每一節皆由說明文字與說明圖構成，分占左右2頁。各章章末有有趣的四選一選擇題，以及描述最新相關消息的專欄文章，以提起讀者的興趣。另外，各章最後都會公布與該章各節內容有關之問題的答案，以提升讀者的理解程度。

如果本書能成為您喜歡上電磁學、物理學，喜歡上這個遼闊的科學界的契機，那就太棒了。

2023年2月

山﨑 耕造

圖解電磁學
從概念到應用，鞏固理工基礎的82堂課

CONTENTS

前言 …… 3

〈基礎篇〉

第1章 電磁學的基礎

1-1 電與磁的發現與歷史 …… 10
1-2 力與場的概念 …… 12
1-3 純量與向量 …… 14
1-4 向量場的內積與外積 …… 16
1-5 場的微分 …… 18
1-6 場的積分 …… 20
1-7 基本單位與物理量因次 …… 22
1-8 基本單位的定義 …… 24
四選一選擇題／專欄1 …… 26

〈電荷、靜電場篇〉

第2章 靜電力

2-1 靜電力 …… 30
2-2 電荷與基本電荷 …… 32
2-3 靜電感應與靜電屏蔽 …… 34
2-4 導體與絕緣體 …… 36
2-5 質量與電荷的守恆 …… 38
2-6 庫侖定律 …… 40
2-7 疊加原理 …… 42
四選一選擇題／專欄2 …… 44

第3章 電荷與電場

3-1 電力線的定義 …… 48
3-2 電通量、電通量密度、邊界條件 …… 50
3-3 電場的定義 …… 52
3-4 電位的定義 …… 54
3-5 重力場與電場的比較 …… 56
3-6 平板與球的電位 …… 58
3-7 電場的高斯定律（積分形式） …… 60
3-8 導體與鏡像法 …… 62
四選一選擇題／專欄3 …… 64

第4章 介電質

4-1 介電極化 …… 68
4-2 電容 …… 70
4-3 各種電容① …… 72
4-4 各種電容② …… 74
4-5 電容器的並聯與串聯 …… 76
4-6 靜電能量與電容率 …… 78
4-7 平行板電極的受力 …… 80
4-8 介電質電容器 …… 82
四選一選擇題／專欄4 …… 84

〈電流、靜磁場篇〉

第5章 直流電路

5-1 電流與電阻 …… 88
5-2 歐姆定律 …… 90
5-3 電力與焦耳熱 …… 92
5-4 電流與水流的迴路比較與阻礙 …… 94
5-5 電阻合成 …… 96
5-6 電源電路 …… 98
5-7 克希荷夫定律 …… 100
四選一選擇題／專欄5 …… 102

第6章 電流與磁場

6-1 電流產生的磁場 …… 106
6-2 安培定律 …… 108
6-3 對電流施力的磁力 …… 110
6-4 電場或磁場內的帶電粒子 …… 112
6-5 導線的形狀與磁場結構 …… 114
6-6 必歐－沙伐定律 …… 116
6-7 高斯磁定律 …… 118
四選一選擇題／專欄6 …… 120

第7章 磁性體

7-1 磁極化 …… 124
7-2 比較帶電體與磁性體 …… 126
7-3 電路與磁路的比較 …… 128
7-4 從虛擬磁荷詮釋到電流線元素詮釋 …… 130
7-5 磁矩 …… 132
7-6 磁石的微觀結構 …… 134
7-7 磁滯迴線 …… 136
7-8 順磁性、強磁性、反磁性 …… 138
四選一選擇題／專欄7 …… 140

〈變動磁場篇〉

第8章 電磁感應

8-1 冷次定律 …… 144
8-2 法拉第的實驗 …… 146
8-3 法拉第的電磁感應定律 …… 148
8-4 移動導線的感應電動勢 …… 150
8-5 自感 …… 152
8-6 互感 …… 154
8-7 線圈的自感係數與磁能 …… 156
8-8 弗萊明左手、右手定則與電動機、發電機 …… 158
四選一選擇題／專欄8 …… 160

第9章 電路與交流電

9-1 單相交流發電的原理……164
9-2 三相交流發電……166
9-3 電流、電壓的有效值……168
9-4 電感電路……170
9-5 電容電路……172
9-6 以複數表示阻抗……174
9-7 功率因數與有效功率……176
四選一選擇題／專欄9……178

〈電磁方程式篇〉

第10章 馬克士威方程組

10-1 引入位移電流……182
10-2 安培定律的推廣……184
10-3 積分形式的馬克士威方程組①……186
10-4 積分形式的馬克士威方程組②……188
10-5 高斯散度定理……190
10-6 斯托克斯旋度定理……192
10-7 微分形式的馬克士威方程組……194
四選一選擇題／專欄10……196

第11章 電磁波

11-1 電磁波的波動方程式……200
11-2 電磁波的生成……202
11-3 依頻率為電磁波分類……204
11-4 電磁波的能量……206
11-5 純量位與向量位……208
11-6 勞侖茲變換……210
11-7 相對論性電磁學……212
四選一選擇題／專欄11……214

資料1　本書使用的物理量符號……217
資料2　電磁學基本定律（整理）……218

參考文獻……219
索引……220

COLUMN

專欄1　發現神奇的超距作用而獲得諾貝爾獎!?……26
專欄2　平方反比完全正確嗎!?……44
專欄3　雷其實是往上打!?……64
專欄4　電雙層電容器的應用!?……84
專欄5　從愛迪生燈泡到LED燈泡!?……102
專欄6　超導磁石活躍於醫療界!?……120
專欄7　使水分離的摩西效應!?……140
專欄8　使用最多電力的裝置是電動馬達!?……160
專欄9　為什麼日本國內東西兩邊的交流電頻率不同!?……178
專欄10　磁單極存在嗎!?……196
專欄11　用弦與膜說明重力與電磁力的差異!?……214

第1章

〈基礎篇〉

電磁學的基礎

古典物理學是由「牛頓力學」與「馬克士威電磁學」這2個重要支柱支撐的體系。第1章會簡單介紹電磁學的歷史、電磁學中重要的超距作用「場」的概念，並說明電磁學會用到的數學式，以及物理量的因次。

1-1 〈基礎篇〉

電與磁的發現與歷史

電力與磁力自古以來便為人所知，譬如古希臘人就知道摩擦起電的物體與磁礦石，都有著神奇的吸引力。讓我們來看看這段電磁學的歷史。

古希臘的琥珀與磁礦石

西元前600年左右，古希臘的自然哲學家泰利斯發現，若用動物毛皮摩擦琥珀，琥珀便能吸引其他物體。琥珀是樹木的樹脂在地底下經過長時間歲月後，固化形成的黃棕色寶石，當時稱為electron，為電（electricity）的語源。另外，人們在古希臘的馬格尼西亞地區發現了天然磁鐵，便以該地名稱，稱呼磁鐵為magnet（**右頁上圖**）。在經過很長一段時間後，人們才明白電與磁的性質，並有效使用它們。

從吉伯特、富蘭克林到馬克士威

在電學方面，1752年，班傑明・富蘭克林（美國）在風箏實驗中，確認雷的本質是電的現象。而在磁學方面，1600年，威廉・吉伯特（英國）用小型球狀磁石做實驗，說明地球是一個磁石（**右頁下圖**）。

電磁現象的物理定律，包括1785年夏爾・庫侖（法國）提出的靜電力定律、1820年安德烈－馬里・安培（法國）提出的電流磁作用定律，以及1831年麥可・法拉第（英國）提出的電磁感應定律等。在後來的1864年，詹姆士・克拉克・馬克士威（英國）將電磁方程式系統化；1888年，海因里希・赫茲（德國）以實驗生成電磁波，證實相關理論。

現在電磁波已是ICT（資通訊技術）的骨幹。包含可見光在內，已知電磁波的傳遞速度不會改變，這也成了相對論性電磁學的重要線索。

MEMO　馬克士威（英國）整理出了4個電磁方程式，使電磁學系統化。後來電磁學中的電磁波與相對論整合、磁性體與量子力學整合，使電磁學進一步發展。

電、磁的語源

古希臘（西元前 600 年左右）

琥珀（electron）的靜電

自然哲學家泰利斯
發現以毛皮摩擦琥珀，
便能使琥珀帶電。

馬格尼西亞地區（希臘，色薩利地區）的磁礦石

牧羊人的杖會被
特殊石頭（磁礦石）
吸引過去。

電磁學的進展

電學

富蘭克林的電實驗
（1752年）

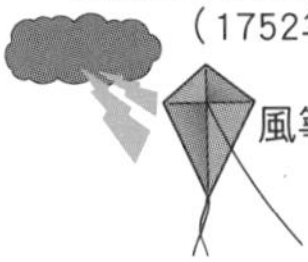

磁學

吉伯特的地磁模型實驗
（1600年）

庫侖定律（1785年）
第2章第6節

高斯定律
（1835年）
第3章第7節

安培定律（1820年）
第6章第2節

法拉第的
電磁感應定律
（1831年）
第8章第3節

定律的推廣
第10章第2節

電磁學的系統化

馬克士威
電磁方程組（1864年）

第10章第3～4節

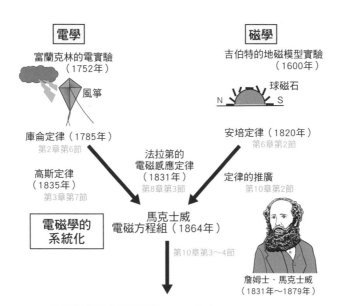

詹姆士・馬克士威
（1831年～1879年）

狹義相對論（愛因斯坦，1905年）第11章第6節
量子電動力學（狄拉克，1927年）

1-2 〈基礎篇〉

力與場的概念

我們必須接觸物體，對它施加力量，才能移動物體。不過電磁力可以對遠方的物體施力，讓我們來看看這種神奇的超距作用是怎麼回事吧。

接觸作用與超距作用

牛頓在1600年代後半提出萬有引力時，許多人認為這種「超距作用力」是超自然的事物，無法相信。與重力類似，電磁力也能隔空傳遞。相對於超距力，接觸力的例子如彈簧造成的運動。科學家們曾爭論萬有引力到底是超距力還是接觸力。譬如笛卡爾的學說便認為萬有引力透過漩渦傳遞，是一種接觸力。古代哲學家也認為萬有引力源自以太的作用。到了1800年代前半，法拉第發現了電磁感應定律，引入「場」的概念，以「接觸力」的方式解釋靜電力（**上圖**）。

電磁場的位的山與谷

用彈簧或手推動物體時，需直接接觸物體，才能傳遞力量。而重力、靜電力、磁力在真空中也能傳遞。這可以理解成，空間中有「場」，使力量能在真空中傳遞。以電荷為例，正電荷周圍的位（勢）較高，就像山一樣；負電荷周圍的位較低，就像谷一樣。位的傾斜，就是力的來源，而位的來源就是「場」。如果有個微小的正電荷落在位的坡道上，便會往下滑落；如果是微小的負電荷，則會往上攀升（**下圖**）。

電或磁的「場」隨著時間變化，便會產生可在真空中傳遞的電磁波。聲波也能超距傳播，但聲音為空氣的疏密波，需要空氣做為介質，故無法在真空中傳播。就像電磁場隨時間改變時會產生電磁波一樣，時空（重力場）的扭曲若隨時間改變，也會產生重力波。愛因斯坦曾預言過重力波的存在，而在百年後的2016年，科學家成功直接觀測到了重力波。

MEMO 重力與電磁力會透過「場」，與物體產生交互作用。量子力學的基本粒子，也被視為「場」的產物。

接觸力與超距力

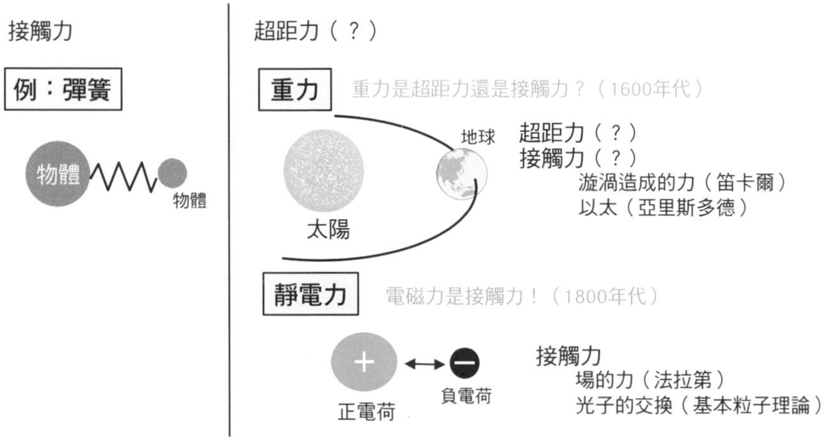

場的山與谷所產生的力

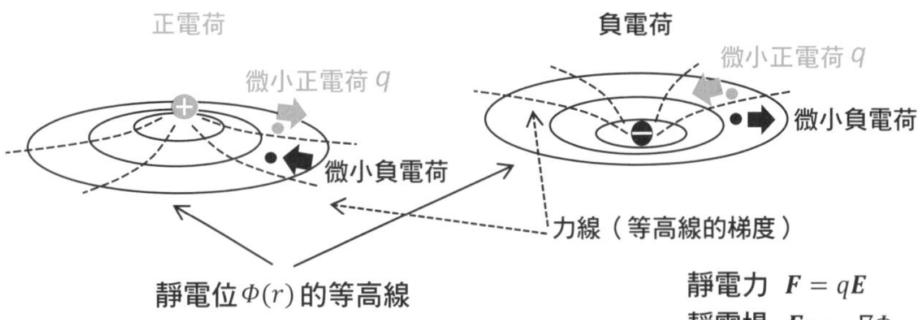

靜電力 $F = qE$

靜電場 $E = -\nabla\Phi$

正電荷可形成山狀的位與場。　　負電荷可形成谷狀的位與場。

微小正電荷● 會從山往谷滑落，
微小負電荷● 會從谷往山攀升。

1-3 〈基礎篇〉

純量與向量

物理學是用數學式描述「物理量」的關係，得出「物理定律」的學問。那麼，物理量該怎麼定義呢？

物理量與物理定律

物理學處理的量，稱為物理量。定義物理量時，需以單位為基準，由「數值」＋「單位」組成（**上圖**）。舉例來說，若只說長度為2，就不曉得是指2cm還是2m。必須先決定長度的基準（譬如1m），再依照所指長度與基準長度的比較結果，才能決定數值。

純量、向量、座標系

物理量可分為「只有大小的量」與「有大小也有方向的量」。前者稱為純量，後者稱為向量。依照這2種物理量所定義的場，分別稱為純量場與向量場。舉例來說，三維空間中，與原點的相對位置可以用向量來表示，距離則是純量。

若要表示三維空間中的位置，可使用原點固定的座標系（x,y,z）。座標系可分為右手系與左手系。討論時，只要固定使用同一種座標系就可以了，沒有規定一定要用哪種，不過一般情況下會使用右手系，當右手拇指為（x）時，食指為（y），中指為（z）。在圓柱座標系（r,θ,z）與球座標（r,θ,φ）中，通常也使用右手系座標。一般的骰子也是右手系（**下圖**）。一般來說，物理量會用斜體表示，譬如A。而單位或點，則會用正體表示，譬如m（公尺）或點P。描述向量時，會用粗體斜體字表示，如$\boldsymbol{A}$（高中以前的數學、物理在提到向量時，會在上方加上箭頭，寫成$\vec{A}$。不過大學以後，通常會用粗體斜體表示）。向量的大小為純量$|\boldsymbol{A}|$，或者寫成非粗體的A。$\boldsymbol{A}$的單位向量為$\boldsymbol{e}=\boldsymbol{A}/A$。

MEMO　點P的電場向量為$\boldsymbol{E}_{\mathrm{P}}$，會寫成粗體斜體，但非物理量的P則會寫成正體。為求嚴謹，微分算子d與∂在本書中會寫成正體。

物理量與純量、向量

物理量＝數字＋物理單位

純量：大小（一維向量）
向量：大小與方向（一階張量）

純量場	例：溫度、密度、位（勢）等
向量	例：力、電場、磁場等
張量	例：應力、電磁張量等

（＊） 向量為一階（1 個下標）張量。

三維座標系

三維座標 (x, y, z)

拇指 (x)、食指 (y)、中指 (z) 的方向。

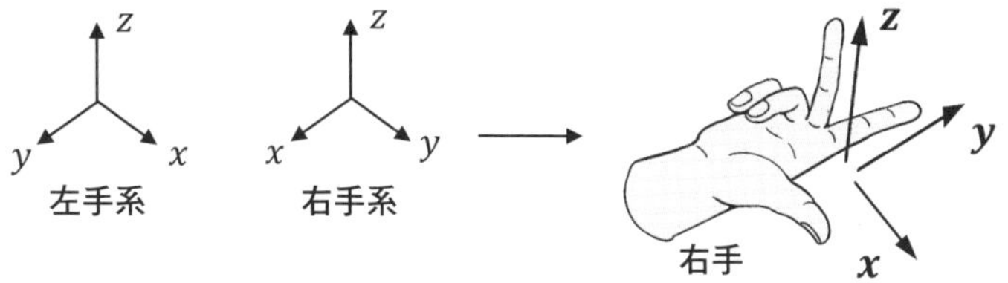

一般使用右手系座標。

單位向量 $\boldsymbol{e} = \dfrac{\boldsymbol{A}}{|\boldsymbol{A}|}$

基本單位向量 $\boldsymbol{e}_x$ $\boldsymbol{e}_y$ $\boldsymbol{e}_z$

$$\boldsymbol{e}_x = (1,0,0)$$
$$\boldsymbol{e}_y = (0,1,0)$$
$$\boldsymbol{e}_z = (0,0,1)$$

【參考】骰子為右手系（日本稱雌骰）

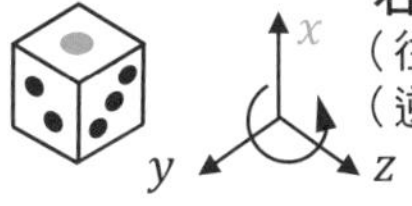

右手系
（往左旋轉）
（逆時針旋轉）

一天地六　東五西二　南三北四

1-4 〈基礎篇〉

向量場的內積與外積

與純量乘積不同，向量積的定義有2種，分別是乘積為純量的內積，以及乘積為向量，且該向量與相乘兩向量垂直的外積。

內積（純量積、點積）

考慮兩向量$\boldsymbol{A}$與$\boldsymbol{B}$的內積。設兩向量的夾角為θ，則$\boldsymbol{A}$的大小與$\boldsymbol{B}$投影在$\boldsymbol{A}$上的大小相乘所得之乘積，稱為內積（純量積），如下所示（**上圖**）。

$$\boldsymbol{A}\cdot\boldsymbol{B}=|\boldsymbol{A}||\boldsymbol{B}|\cos\theta \qquad (1\text{-}4\text{-}1)$$

若兩向量垂直，則內積為零。

物理學上，力與距離的內積為功（能量）。設力$\boldsymbol{F}$與位移$\boldsymbol{x}$的夾角為θ，那麼該力做的功（能量）可以用內積定義（**上圖下方**）。

電磁學中，電場$\boldsymbol{E}$與某個面d$\boldsymbol{S}$垂直的成分，可以寫成內積$\boldsymbol{E}\cdot$d$\boldsymbol{S}$，用於高斯定律。其中，向量d$\boldsymbol{S}$的方向是與面d$\boldsymbol{S}$垂直的法線方向n，而不是切線方向t（參考**3-7節**）。

外積（向量積、叉積）

兩個向量$\boldsymbol{A}$與$\boldsymbol{B}$的外積（向量積）$\boldsymbol{A}\times\boldsymbol{B}$為一向量，大小為$\boldsymbol{A}$、$\boldsymbol{B}$所形成之平行四邊形的面積，方向則與$\boldsymbol{A}$、$\boldsymbol{B}$垂直。當夾角為$\theta$時，外積如下。

$$|\boldsymbol{A}\times\boldsymbol{B}|=|\boldsymbol{A}||\boldsymbol{B}|\sin\theta \qquad (1\text{-}4\text{-}2)$$

外積向量的計算也可寫成各分量的計算（**下圖**）。

物理學中，力矩的計算會用到外積。分析用扳手鎖螺絲所產生的力矩時，我們可以想像成動徑與力的外積。力矩的方向為螺絲前進的方向。電磁學中，勞侖茲力$q\boldsymbol{v}\times\boldsymbol{B}$與必歐－沙伐定律會用到外積。

MEMO 純量積符合交換律$A\cdot B=B\cdot A$，向量積則不符合交換律$A\times B=-B\times A$。

內積（純量積、點積）

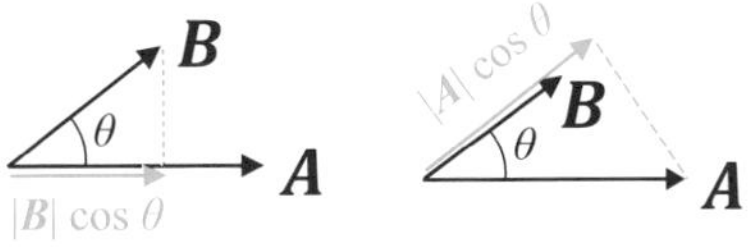

自身大小與另一向量投影之大小的乘積

$$\boldsymbol{A}\cdot\boldsymbol{B}=|\boldsymbol{A}||\boldsymbol{B}|\cos\theta$$

$$\boldsymbol{A}\cdot\boldsymbol{B}=\begin{bmatrix}A_x\\A_y\\A_z\end{bmatrix}\cdot\begin{bmatrix}B_x\\B_y\\B_z\end{bmatrix}=A_xB_x+A_yB_y+A_zB_z$$

物理學上的對應：
功（能量）

功　$\boldsymbol{W}[\mathrm{J}]=\boldsymbol{F}\cdot\boldsymbol{x}$

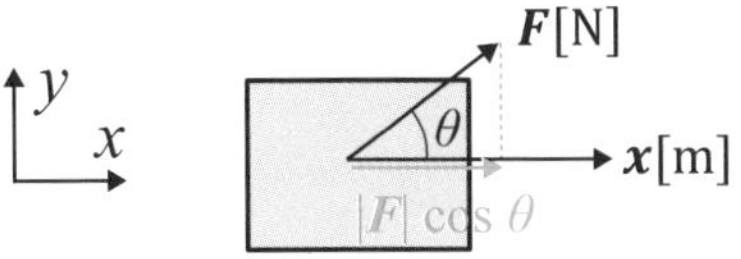

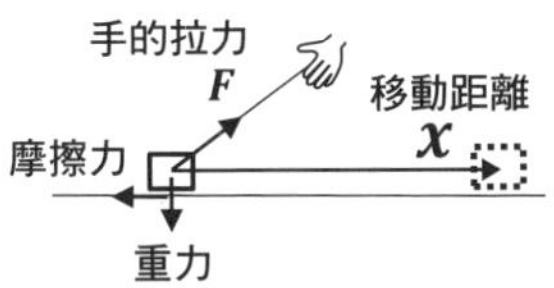

外積（向量積、叉積）

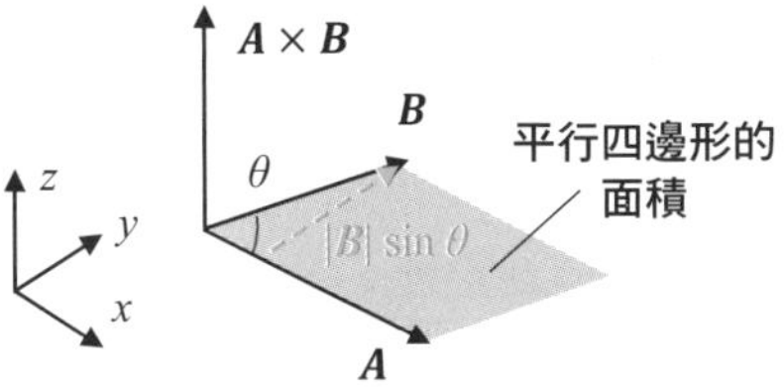

$$|\boldsymbol{A}\times\boldsymbol{B}|=|\boldsymbol{A}||\boldsymbol{B}|\sin\theta$$

$$\boldsymbol{A}\times\boldsymbol{B}=\begin{bmatrix}A_x\\A_y\\A_z\end{bmatrix}\times\begin{bmatrix}B_x\\B_y\\B_z\end{bmatrix}=\begin{bmatrix}A_yB_z-A_zB_y\\A_zB_x-A_xB_z\\A_xB_y-A_yB_x\end{bmatrix}$$

物理學上的對應：
力矩

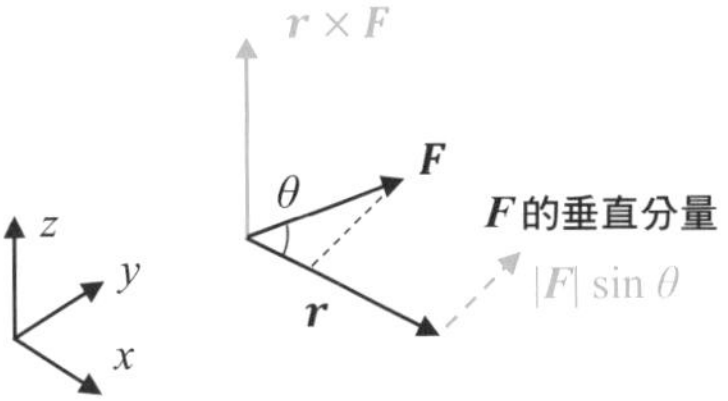

$\boldsymbol{M}[\mathrm{N}\cdot\mathrm{m}]=\boldsymbol{r}\times\boldsymbol{F}$
軸向力方向
（右旋螺絲的方向）

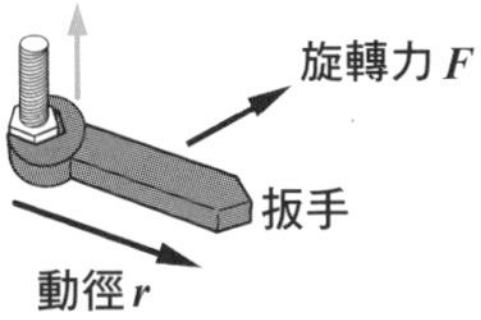

場的微分

函數$f(x)$的微分（導數），為函數的切線斜率。微分多變數函數時，若將欲微分之變數以外的變數視為常數，則稱為偏微分。

微分的定義

微分函數時，是使函數中的變數變化量趨近於零，然後取其切線斜率，稱為導數（**上圖**）。微分定義如下。

$$f'(x)=\frac{\mathrm{d}f(x)}{\mathrm{d}x}=\lim_{\Delta x\to 0}\frac{f(x+\Delta x)-f(x)}{\Delta x} \qquad (1\text{-}5\text{-}1)$$

這是一階微分導數。若將$f'(x)$進一步微分，可得到二階微分導數（曲率）。許多物理現象都可以用微分方程式來表示、分析。

全微分、偏微分、守恆定律

設某物理量為時間t與空間$\boldsymbol{r}$的函數$f(t,\boldsymbol{r})$，可以得到以下式子。

$$\frac{\mathrm{d}f}{\mathrm{d}t}=\frac{\partial f}{\partial t}+\frac{\mathrm{d}\boldsymbol{r}}{\mathrm{d}t}\cdot\frac{\partial f}{\partial \boldsymbol{r}}=\frac{\partial f}{\partial t}+(\boldsymbol{v}\cdot\nabla)f\,,\quad \boldsymbol{v}=\frac{\mathrm{d}\boldsymbol{r}}{\mathrm{d}t} \qquad (1\text{-}5\text{-}2)$$

等號左邊為f對t的全微分，稱為拉格朗日導數（對流導數），表示流體物理量在各個座標上隨時間的變化。另一方面，等號右邊第1項為f對t的偏微分，稱為歐拉導數，表示物理量在固定座標上隨時間的變化。一般來說，設通量$\boldsymbol{\Gamma}=f\boldsymbol{v}$，源項為$\boldsymbol{S}_f$，那麼物理量$f$的守恆式如下。

$$\frac{\partial f}{\partial t}+\nabla\cdot\boldsymbol{\Gamma}=S_f \qquad (1\text{-}5\text{-}3)$$

特別是當拉格朗日導數為零時，可得到以下結果。

$$\frac{\mathrm{d}f}{\mathrm{d}t}=\frac{\partial f}{\partial t}+(\boldsymbol{v}\cdot\nabla)f=\frac{\partial f}{\partial t}+\nabla\cdot\boldsymbol{\Gamma}-f\nabla\cdot\boldsymbol{v}=0 \qquad (1\text{-}5\text{-}4)$$

源項為零，介質為非壓縮性（$\nabla\cdot\boldsymbol{v}=0$）時，符合守恆定律（**下圖**）。

MEMO　單一變數函數的微分稱為「常微分」，多變數函數則可分為「全微分」與「偏微分」。

微分的定義

一階微分導數（一階導函數）

$$f'(x) = \lim_{h \to 0} \frac{f(x+h) - f(x)}{h} = \frac{\mathrm{d}f}{\mathrm{d}x}$$

二階微分導數

$$f''(x) = \lim_{h \to 0} \frac{f'(x+h) - f'(x)}{h} = \frac{\mathrm{d}^2 f}{\mathrm{d}^2 x}$$

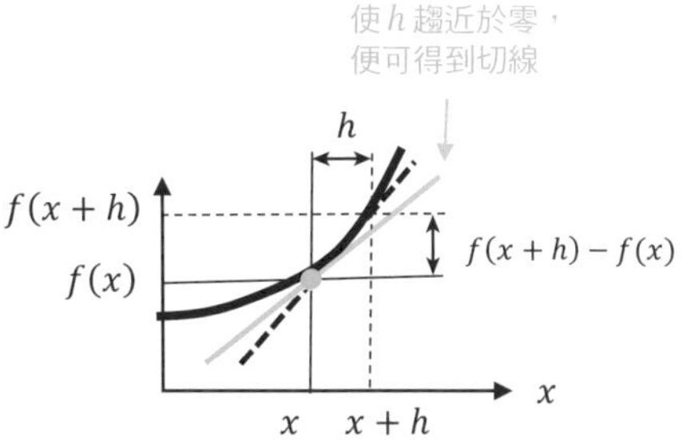

函數 $f(x)$ 的一階微分為函數的斜率，
二階微分為函數的曲率（斜率的變化）。

全微分、偏微分、守恆律

多變數的微分

$$\mathrm{d}f = \frac{\partial f}{\partial x}\mathrm{d}x + \frac{\partial f}{\partial y}\mathrm{d}$$

↑ 全微分　　↑ 偏微分導數

多變數函數的偏微分中，
會將欲微分之變數以外的變數
都視為常數。

拉格朗日導數
（對流導數）
↓

$$\frac{\mathrm{d}f}{\mathrm{d}t} = \frac{\partial f}{\partial t} + \frac{\mathrm{d}\boldsymbol{r}}{\mathrm{d}t} \cdot \frac{\partial f}{\partial \boldsymbol{r}} = \frac{\partial f}{\partial t} + (\boldsymbol{v} \cdot \nabla) f$$

↑ 固定座標下，物理量隨時間的變化　　↑ 固定時間下，物理量隨座標的變化

歐拉導數

守恆定律

$$\boxed{\frac{\partial f}{\partial t} + \nabla \cdot \boldsymbol{\Gamma} = S_f}$$

通量　$\boldsymbol{\Gamma} = f\boldsymbol{v}$

$$\frac{\partial f}{\partial t} + (\boldsymbol{v} \cdot \nabla) f + f \nabla \cdot \boldsymbol{v} = \frac{\mathrm{d}f}{\mathrm{d}t} + f \nabla \cdot \boldsymbol{v} = S_f$$

$\nabla \cdot \boldsymbol{v} = 0$　：非壓縮性流體

$\nabla \cdot \boldsymbol{v} \neq 0$　：壓縮性流體

1-6 〈基礎篇〉

場的積分

函數$f(x)$的積分，相當於$f(x)$與x軸所夾的總面積，需考慮正負。場的積分中，需將許多微小區域加總起來，會用到線、面、體積的積分。

積分的定義

設$x_k = a + k\Delta X$、$\Delta X = (b-a)/N$，定義一維函數$f(x)$的定積分如下。

$$F(x) = \int_a^b f(x)\mathrm{d}x = \lim_{N\to\infty}\sum_{k=0}^{N} f(x_k)\Delta x \tag{1-6-1}$$

這相當於將許多寬度為ΔX的長條狀面積加總起來（**上圖**）。

$$\frac{\mathrm{d}F(x)}{\mathrm{d}t} = f(x) \tag{1-6-2}$$

其中，$F(x)$稱為$f(x)$的原函數，$f(x)$稱為$F(x)$的導函數。

三維向量場$\boldsymbol{A}$，與路徑的線元素向量$\mathrm{d}\boldsymbol{l}$（方向為線的切線方向）取內積$\boldsymbol{A}\cdot\mathrm{d}\boldsymbol{l}$再加總，可得到線積分；與穿過某個面並與該面垂直之向量$\mathrm{d}\boldsymbol{S}$（方向為面的法線方向）取內積$\boldsymbol{A}\cdot\mathrm{d}\boldsymbol{S}$再加總，可得到面積分（法線面積分）。

多重積分、閉曲線積分、閉曲面積分

分析電磁場時，常會用到繞行閉曲線C一周的閉曲線積分$\oint_C \boldsymbol{A}\cdot\mathrm{d}\boldsymbol{l}$，以及沿著某個區域之封閉表面S積分的閉曲面積分$\oint_S \boldsymbol{A}\cdot\mathrm{d}\boldsymbol{S}$。這裡的$\mathrm{d}\boldsymbol{l}$方向為曲線C的切線方向，$\mathrm{d}\boldsymbol{S}$方向則是曲面S的法線方向。

沒有漩渦的向量場中，閉曲線積分為零。以閉曲線C為邊緣的曲面中，微小漩渦加總的面積分，會與該閉曲線的積分相同（斯托克斯旋度定理）。另外，沒有輻射湧出或湧入的向量場，流入與流出達成平衡，閉曲面積分為零。不過該閉曲面內，微小輻射湧出湧入加總的體積分，會與該閉曲面的積分相同（高斯散度定理，**下圖**）。

MEMO　原函數也稱為不定積分，導函數即函數的微分。

積分的定義

設路徑上位置 s 的場為純量 $f(s)$，則

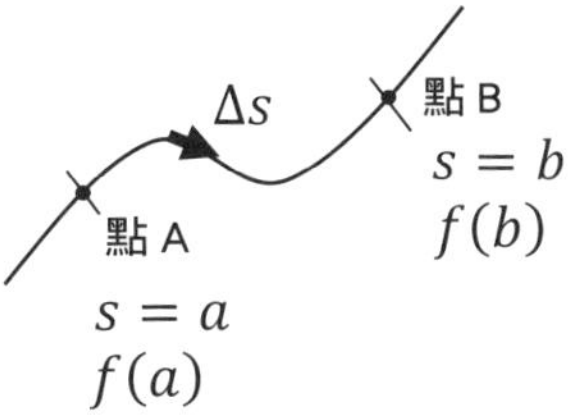

$$F=\lim_{N\to\infty}\sum_{k=0}^{N}f(s_{\mathrm{k}})\Delta s$$

$$s_{\mathrm{k}}=a+k\Delta s$$

$$\Delta s=\frac{b-a}{N}$$

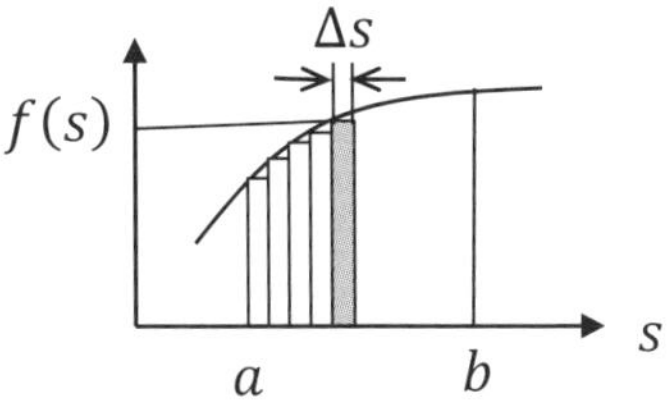

$$F=\int_a^b f(s)\mathrm{d}s$$

此定積分相當於 a 到 b 的函數 $f(s)$ 面積。

向量場的多重積分與數學定理

線積分 $\int_L \boldsymbol{A}\cdot\mathrm{d}\boldsymbol{l}$、面積分 $\int_S \boldsymbol{A}\cdot\mathrm{d}\boldsymbol{S}$、體積分 $\int_V a\,\mathrm{dV}$

純量場 a
向量場 $\boldsymbol{A}$

$\oint_C \boldsymbol{A}\cdot\mathrm{d}\boldsymbol{l}$ 閉曲線積分

斯托克斯旋度定理

$\int_S (\nabla\times\boldsymbol{A})\cdot\mathrm{d}\boldsymbol{S}$
微小旋渦的面積分

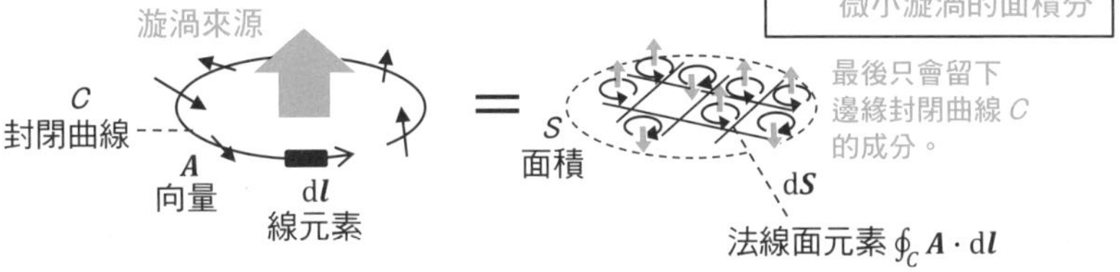

$\oint_S \boldsymbol{A}\cdot\mathrm{d}\boldsymbol{S}$ 閉曲面積分

高斯散度定理

$\int_V (\nabla\cdot\boldsymbol{A})\,\mathrm{d}V$
微小湧出湧入的
體積分

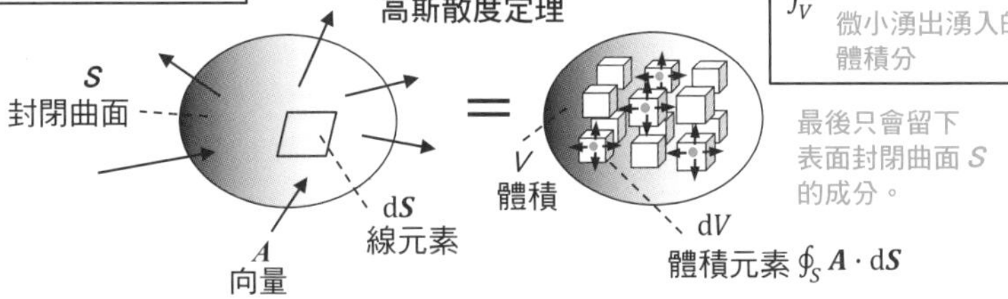

1-7 〈基礎篇〉

基本單位與物理量因次

基本物理單位包括空間、時間、質量，還有與電磁學有關的電流。本節讓我們來看看基本單位可以組合成哪些組合單位。

質量、時間、空間、電流

物理的基本概念包括空間、質量、時間，基本單位為公尺（m）、公斤（kg）、秒（s），再加上電磁學中計算電荷流動的單位安培（A），這4個單位合稱MKSA制。除了MKSA的4個單位之外，再加上溫度單位克耳文（K）、物質量單位莫耳（mol）、發光強度單位燭光（cd）等3個單位，由這7個基本單位所組成的單位系統，稱為國際單位制或是SI制（SI為法語「國際單位」的首字母縮寫）。基本單位可組合成各式各樣的組合單位（也叫做導出單位），包括力的單位牛頓（N）、能量單位焦耳（J）、電壓單位伏特（V）等。

組合單位的因次

空間中的線、面、體，分別屬於一維、二維、三維，在國際單位制中使用的單位分別是m、m^2、m^3。若以L表示長度，寫成L、L^2、L^3，便能在不使用單位的情況下，描述適用的維度。同樣的道理，以L（Length）表示長度、以M（Mass）表示質量、以T（Time）表示時間、以I（Intensity of electricity）表示電流，假設有個物理量的單位為組合單位$m^a kg^b s^c A^d$，那麼該物理量的物理因次就可以表示成$L^a M^b T^c I^d$。舉例來說，國際單位制的加速度單位為ms^{-2}，故加速度的因次就是LT^{-2}（**右頁下表**）。因次相同的物理量可計算加減法，因次不同的物理量則不能計算加減法。舉例來說3m＋50cm＝3m＋0.5m＝3.5m，但3m＋5kg無法計算。物理的計算問題中，只要用到的物理量都使用國際單位制，那麼只要計算數值，最後再加上對應的國際單位制單位即可。

MEMO　本書中，力會寫成F、F[N]。物理量F使用不同單位時，數值也不一樣，故有時會加上中括弧[ ]，寫成F[N]、F[kgw]，以指定單位。

物理量

基本概念　空間、時間、質量、電流

基本單位

MKSA 制　距離（m）、質量（kg）、時間（s）、電流（A）

SI 制　距離（m）、質量（kg）、時間（s）、電流（A）、溫度（K）、物質量（mol）、發光強度（cd）

物理量因次

基本概念	單位名稱	單位符號	因次
距離	公尺	m	L
質量	公斤	kg	M
時間	秒	s	T
電流	安培	A	I

基本單位	單位名稱	單位符號	定義	SI 基本單位	因次
力	牛頓	N	J/m	$m \cdot kg \cdot s^{-2}$	LMT^{-2}
壓力	帕斯卡	Pa	N/m^2	$m^{-1} \cdot kg \cdot s^{-2}$	$L^{-1}MT^{-2}$
能量	焦耳	J	$N \cdot m$	$m^2 \cdot kg \cdot s^{-2}$	L^2MT^{-2}
功率	瓦特	W	J/s	$m^2 \cdot kg \cdot s^{-3}$	L^2MT^{-3}
電荷	庫侖	C	$A \cdot s$	$s \cdot A$	TI
電壓	伏特	V	J/C	$m^2 \cdot kg \cdot s^{-3} \cdot A^{-1}$	$L^2MT^{-3}I^{-1}$
電容量	法拉第	F	C/V	$m^{-2} \cdot kg^{-1} \cdot s^4 \cdot A^2$	$L^{-2}M^{-1}T^4I^2$
電阻	歐姆	Ω	V/A	$m^2 \cdot kg \cdot s^{-3} \cdot A^{-2}$	$L^2MT^{-3}I^{-2}$
磁通量	韋伯	Wb	$V \cdot s$	$m^2 \cdot kg \cdot s^{-2} \cdot A^{-1}$	$L^2MT^{-2}I^{-1}$
磁通量密度	特斯拉	T	Wb/m^2	$kg \cdot s^{-2} \cdot A^{-1}$	$MT^{-2}I^{-1}$

基本單位的定義

電磁學的基本單位安培，由2道電流之間的吸引力定義。這與定義公尺時的光速數值有關。

MKS單位的定義

長度的基本單位公尺（m），最早的定義是「地球北極到赤道之距離的千萬分之一」，後來則改用公尺原器做為定義的基準。現在的公尺定義為「真空中的光在1秒內前進之距離的299,792,458分之1」，也就是用真空中光速的9位有效數字，定義公尺的長度。

2019年起，質量的基本單位公斤（kg），改用量子理論定義。規定量子論基礎的普朗克常數為6.62607015×10^{-34}JS，然後由光子能量與靜止質量定義kg。

時間的基本單位秒（s），原本的定義是平均太陽日的86,400分之1。現在則用原子鐘定義秒，規定「銫133原子特定輻射光線的9,192,631,770個週期」為1秒。

A（安培）單位的定義

假設有2條無限長的平行導線A、B。其中，導線B的電流為I_B[A]，在距離r[m]的導線A上產生的磁通量密度為$B_{A\leftarrow B}$[T]，則以下等式成立。

$$B_{A\leftarrow B}[T]=\frac{\mu_0 I_B}{2\pi r} \qquad (1\text{-}8\text{-}1)$$

設導線A上的電流為I_A[A]，那麼每1m的導線A，所受到的力量大小f_A[N/m]如下。

$$f_A=B_{A\leftarrow B}I_A=\frac{\mu_0 I_A I_B}{2\pi r} \qquad (1\text{-}8\text{-}2)$$

f_B也可用相同方式計算出來，故$f_A=f_B$，作用力與反作用力定律成立。由安培（A）的定義（**下圖**）可以知道，當$I_A=I_B=1$A，且$r=1$m時，$f_A=f_B=2\times10^{-7}$N/m。由算式（1-8-2）可以得知真空磁導率μ_0為$\mu_0=4\pi\times10^{-7}$T·m/A。另一方面，真空電容率ε_0的數值可由光速定義（**下圖最下方**）。

MEMO　在基本單位紛紛改用物理常數定義後，長度的公尺原器已於1960年結束任務，質量的公斤原器也於2019年結束任務。

基本單位m、kg、s的定義

（使用 9 位數定義）

長度 m

早期：「地球北極到赤道之距離的千萬分之一」

目前：「真空中的光在 1 秒內前進距離的 299,792,458 分之 1」

質量 kg

早期：「1 公升（1000cm^3）水的質量為 1kg」

不久前：「國際公斤原器」，討論改用亞佛加厥數定義

目前：固定普朗克常數，並以此定義質量（2019 年）

時間 s

早期：「平均太陽日的 86,400 分之 1」

目前：「銫 133 原子特定輻射光線的 9,192,631,770 個週期」

由平行電流間的磁力定義A

電流 A

「設真空中有 2 條間隔 1m 之無限長平行直線導線，截面積趨近於零。通電後，使 2 條導線產生每 1m 有 2×10^{-7}N 之吸引力的電流」

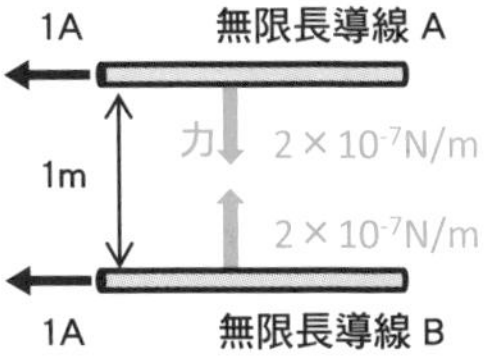

導線 B 在導線 A 處的磁通量密度為

$$B_{A\leftarrow B}[\mathrm{T}] = \frac{\mu_0 I_B}{2\pi r}$$

該磁場對導線 A 產生之每單位長作用力為

$$f_A[\mathrm{N/m}] = B_{A\leftarrow B} I_A = \frac{\mu_0 I_A I_B}{2\pi r}$$

真空磁導率的定義

將 $I_A = I_B = 1\mathrm{A}$、$r = 1\mathrm{m}$ 代入上式，可由安培的定義得到 $f_A = 2 \times 10^{-7}\mathrm{N/m}$，故

$$\mu_0 = 4\pi \times 10^{-7}\ \mathrm{T \cdot m/A}$$

真空電容率的定義

由電磁學的波動方程式（11-1 節）可以知道，真空中的電磁波速度為 $\frac{1}{\sqrt{\varepsilon_0 \mu_0}}$，這就是光速的定義 c=2.99792458×10^8 m/s，故

$$\varepsilon_0 = 1/(c^2 \mu_0) \simeq 8.854 \times 10^{-12}\ \mathrm{F/m}$$

四選一選擇題

答案在下下頁

問題1.1　左右與上下不同？

鏡子內的自己，上下保持原樣，左右卻相反！鏡子裡的字也是左右相反。為什麼會這樣呢？以下哪種說法正確？（可複選）

① 因為人類眼睛為左右各一。

② 因為有重力作用。

③ 因為我們會想像自己從側面繞到鏡子裡面。

④ 事實上，左右沒有相反、上下也沒有顛倒。

問題1.2　電壓的物理量因次是什麼？

電荷q［C］移動到電位比原本位置低V［V］的地方時，可獲得能量W［J］＝qV。或者可說電壓V［V］與電流I［A］的乘積為功率P［W］。依照這樣的關係，請問電壓V的物理量因次是什麼？

① $L^2MT^{-2}I^{-1}$　② $L^2MT^{-3}I^{-1}$　③ $L^3MT^{-2}I^{-1}$　④ $L^3MT^{-3}I^{-1}$

COLUMN

發現神奇的超距作用而獲得諾貝爾獎!?

有超距作用的重力與電磁力，可理解成場的接觸力。不過，在量子理論的世界中，有著連愛因斯坦都無法認同的神奇超距作用（？）「量子糾纏」。實驗證實，若將1對電子（自旋分別為＋與－）分開到距離遙遠的2個地方，那麼在我們測定其中一個原子自旋的瞬間，遠方的電子自旋也會自動固定下來。這表示資訊可以超越光速，以超距方式傳遞。阿蘭．阿斯佩（法）為了驗證「貝爾不等式」而做了實驗，實驗結果違反貝爾不等式，即量子有超距作用。於是包含阿斯佩在內的3人，獲得了2022年的諾貝爾物理學獎。目前這項技術被應用在量子電腦上。

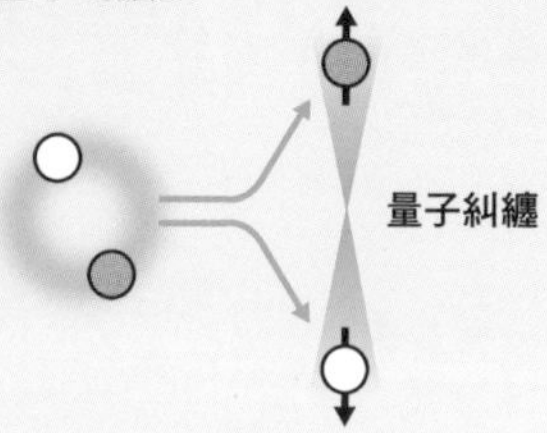

本章問題

每個問題分別對應到各節內容／答案在下一頁

1-1 [人名] 在實驗中模擬地磁，進而開啟了近代電磁學的研究。[人名] 認為電流是某種電荷的流動，提出單一流體說，使電磁學有了歷史性的進展。

1-2 重力與靜電力的超距作用，可以透過空間的 [　　] 的概念，理解成一種接觸力。這是 [人名] 提出來的想法。

1-3 物理量可表示成 [　　] 與 [　　] 的組合。定義向量時，需知道向量的 [　　] 與 [　　]。

1-4 設向量 $\boldsymbol{A}=(x_A, y_A, z_A)$，向量 $\boldsymbol{B}=(x_B, y_B, z_B)$，那麼內積 $\boldsymbol{A}\cdot\boldsymbol{B}=$ [　　]，外積 $\boldsymbol{A}\times\boldsymbol{B}$ 的 x 分量為 [　　]。設 $\boldsymbol{A}$ 與 $\boldsymbol{B}$ 的夾角為 θ，那麼外積的絕對值為 $|\boldsymbol{A}||\boldsymbol{B}|$ [　　]。

1-5 計算場的物理量隨時間的變化時，會用到全微分中的 [人名] 導數，以及偏微分中的 [人名] 導數。前者為流體物理量在各個座標上隨時間的變化，後者則是物理量在固定座標上隨時間的變化。

1-6 斯托克斯旋度定理描述的是，閉曲線C的 [　　] 積分，以及以閉曲線C為邊緣之任意閉曲面S的旋渦的 [　　] 積分之間的關係。

1-7 SI制的基本單位包括m（公尺）、kg（公斤）、s（秒）、[　　（　　）]，以及K（克耳文）、mol（莫耳）、[　　（　　）] 等7個。用這些基本單位定義的新單位，如N（牛頓）、V（伏特）等，稱為 [　　] 單位。

1-8 假設有2條平行且無限長的導線，彼此距離1m。通電後，使單位長之導線所受吸引力為 [　　［單位］]，定義此時的電流為1A。SI單位制下，這個單位長導線所受吸引力之數值，為真空磁導率 μ_0 的 [　　] 分之一。

答案

答案1.1　4個答案都不夠完整

【解說】①：即使只用一隻眼睛看也一樣，所以本項不是答案。

②：重力與③的敘述有關，但不是真正原因。

③：這個描述可以幫助我們理解，卻回答得不夠完整。

④：如果是直立於地面的鏡子，便可以這樣說明，卻回答得不夠完整。

正確來說，光的反射現象會造成物體沿著與鏡子垂直的方向反轉。如果是直立於地面的鏡子，會讓物體前後反轉。如果鏡子平擺在地面，那麼立於鏡上的物體便會上下顛倒。

【參考】鏡像問題與三維座標中，右手系（標準）與左手系的差異有關。也與物理現象中的正負2種磁性自旋有關。

答案1.2　②

【解說】由功W［J］＝q［C］V［V］，可以知道［V］＝［J/C］。物理量因次上，功為力與距離的乘積，力為質量與加速度的乘積，故［J］＝［Nm］＝［kgm^2/s^2］。電荷為電流與時間的乘積，故［C］＝［As］。因此，［V］＝［m^2kg/s^3A］。V的物理量因次為$L^2MT^{-3}I^{-1}$。

另一種方法如下。由功率P［W］＝I［A］V［V］可知［V］＝［W/A］。功率的物理量因次為功除以時間，故［W］＝［J/s］＝［kgm^2/s^3］。因此［V］＝［$m^2kgs^{-3}A^{-1}$］，V的物理量因次為$L^2MT^{-3}I^{-1}$。

本章問題答案（滿分20分，目標14分以上）

（1-1）　吉伯特、富蘭克林

（1-2）　場、法拉第

（1-3）　數值、單位、大小、方向

（1-4）　$x_Ax_B+y_Ay_B+z_Az_B$、$y_Az_B-z_Ay_B$、$\sin\theta$

（1-5）　拉格朗日、歐拉

（1-6）　閉曲線、面

（1-7）　A（安培）、cd（燭光）、組合（或　導出）

（1-8）　2×10^{7}［N/m］、2π

第 **2** 章

〈電荷、靜電場篇〉

靜電力

2個靜止的電荷之間，會產生靜電力。這種靜電力是引力或斥力，則由靜電荷的正負決定。這個現象可以用庫侖定律來描述。第2章中，將描述恆定電場的性質，以及靜電感應、靜電屏蔽等現象，也會提到導體與絕緣體的差異。

靜電力

我們的周遭常可看到摩擦起電現象。為什麼摩擦會產生靜電呢？哪些物質容易摩擦起電呢？本節讓我們來討論看看這些問題。

摩擦起電

在乾燥的冬天接觸門把時，會有「啪」的聲音，還會感到輕微疼痛。脫下毛衣時，也會產生「啪嘰啪嘰」的聲音。這些現象都是由靜電造成。金屬門把的例子中，手指帶有正電，靠近帶有負電荷的門把時，便會出現集中放電現象（**上圖**）。塑膠等絕緣體製成的門把，則不會產生這種現象。另外，將賽璐珞製的墊板與頭髮摩擦後放在頭髮上方，頭髮會被墊板吸往上方。墊板與頭髮的摩擦，會讓頭髮的自由電子轉移到墊板，使墊板帶有負電荷，頭髮帶有正電荷。墊板周圍會產生電場與電位，使帶正電的頭髮往上翹。

摩擦起電的機制

一般來說，將2個物體互相摩擦後，表面分子的自由電子會從一物體移動到另一物體上。釋出電子的物體會帶有正電荷，接收電子的物體會帶有負電荷（**下圖**）。這稱為摩擦起電。帶有電荷的狀態稱為帶電。若將玻璃、塑膠等絕緣體表面清潔乾淨、保持乾燥，便容易帶電。即使是金屬等導電物體，只要周圍都是絕緣體，也能夠帶電。

以絲綢手帕摩擦玻璃棒後，玻璃棒會帶正電，絲綢會帶負電。另外，以毛皮摩擦聚氯乙烯塑膠棒時，塑膠棒會帶負電。容易讓電子離開的物質會帶正電，不會輕易讓電子離開的物質則會帶負電。我們可以依照讓電子離開的難度，將各種物質排列成摩擦起電表，如**上圖**所示。不過帶電情況會受到材質表面狀態與環境的影響，並非絕對。

MEMO　以琥珀與毛皮摩擦起電時，做為electron語源的琥珀會帶負電，毛皮則會帶正電。這與墊板帶負電，頭髮帶正電的摩擦起電類似。

周圍的靜電例子

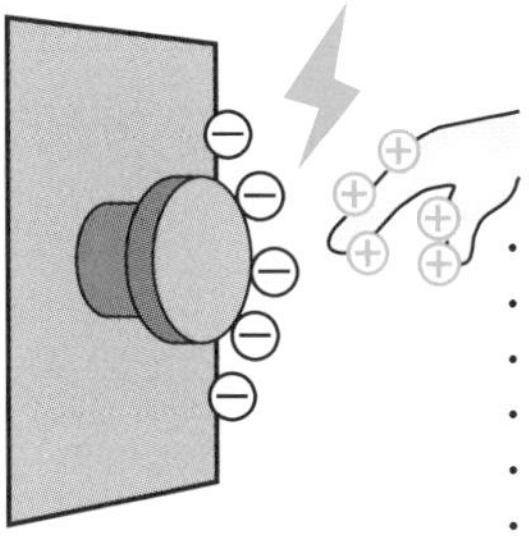

・門把（－）與手（＋）的靜電
・汽車車體（－）與鑰匙（＋）的靜電
・墊板（－）與頭髮（＋）的摩擦
・壓克力棒（－）與毛皮（＋）的摩擦
・壓克力纖維製成的衣服（－）與羊毛毛衣（＋）的摩擦
・玻璃棒（－）與絲綢手帕（＋）的摩擦

摩擦起電表

容易帶負電 (－) ← → (＋) 容易帶正電

硬橡膠（ebonite）、矽橡膠、鐵氟龍、聚氯乙烯、聚乙烯、壓克力、銅、硬質橡膠、琥珀、木、鋼、棉、紙、嫘縈、絲綢、羊毛、尼龍、人的毛髮、雲母、玻璃、人的皮膚、空氣

生成靜電的模式圖

靠近

彼此摩擦，
使電子移動

分開後，
各自留下
正電荷與負電荷

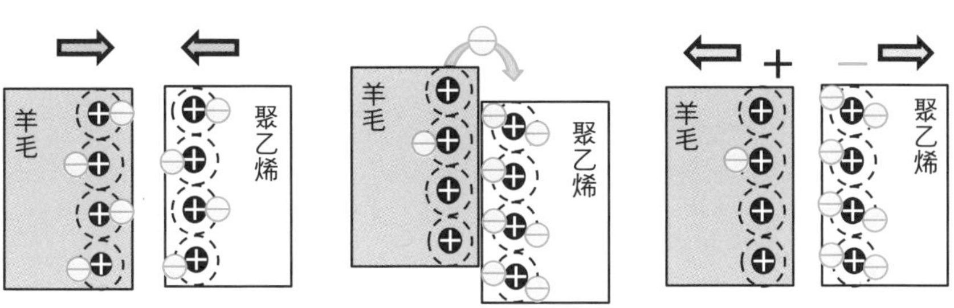

為方便說明，示意圖的原子結構中僅畫出一個電子。

電荷與基本電荷

我們周遭的帶電物質之所以帶電，是因為有帶負電荷的電子與帶正電荷的質子。讓我們試著由物質內部結構，說明電荷量的概念。

分子的結構與基本粒子（電子與夸克）

電荷是靜電的來源，電荷的量稱為電量或電荷量，或者直接稱為電荷。電荷可分為正電荷與負電荷。電荷單位為庫侖（符號為C），源自法國科學家庫侖。庫侖可用電流（A）與時間（s，秒）的乘積定義。

上圖以水分子為例，說明原子的結構。物質由分子或原子構成，原子由帶負電荷 $-e$[C]的電子（electron）與帶正電荷的原子核構成。原子核由帶正電荷 e 的質子（proton）與不帶電荷的中子（neutron）構成。1個質子與1個電子的電荷正負相反，大小相同。電子或質子的電荷為基本電荷，大小如下。

$$e = 1.602 \times 10^{-19}\ \mathrm{C} \qquad (2\text{-}2\text{-}1)$$

所有電荷的大小皆為基本電荷 e 的整數倍。不過現實中常見的電荷都是由數量龐大的基本電荷構成，即使把電荷當成連續量，也不會有什麼問題。

質子與中子的電荷

物質的基本粒子是沒有內部結構的最基礎粒子。質子與中子有內部結構，由夸克這種基本粒子構成，包括下夸克（d）與上夸克（u）。質子由1個d與2個u構成，中子則由2個d與1個u構成。u帶有正電荷為 $+(2/3)e$，d帶有負電荷為 $-(1/3)e$。故可得到質子的總電荷為 $+e$，中子的總電荷為0（**下圖**）。我們無法實際從核子中獨立取出夸克，所以 e 就是電荷的基本單位。

MEMO　質子或中子等重子（baryon）有3個夸克，介子（meson）則是由2個夸克構成。另外，亦存在電荷為 $e/3$ 的基本粒子。

分子的結構，以及基本粒子中的電子與夸克

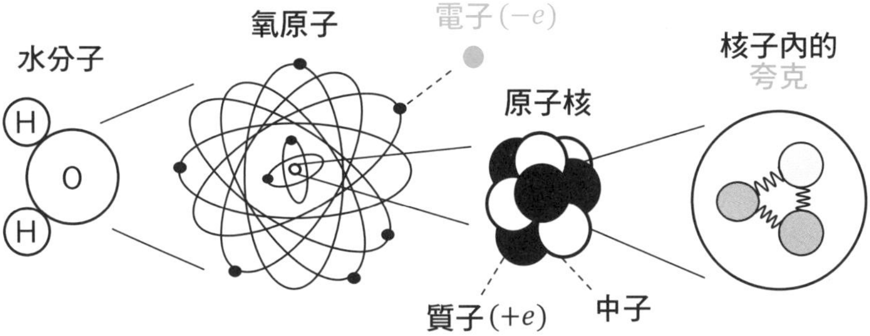

基本電荷（電子或質子）
$e = 1.60 \times 10^{-19}$ C

質子、中子、夸克

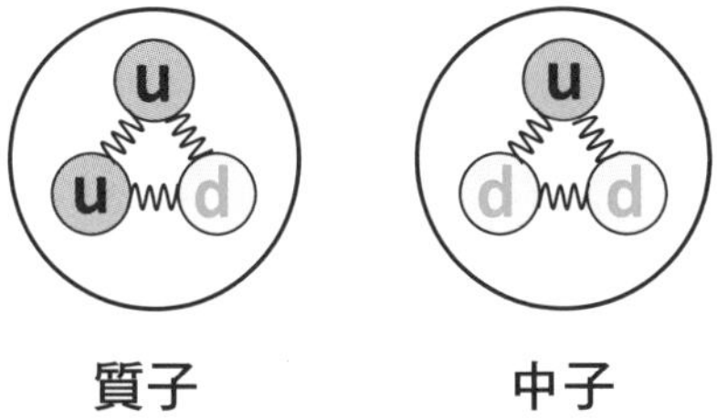

u：上夸克
電荷 $+\frac{2}{3}e$

d：下夸克
電荷 $-\frac{1}{3}e$

電荷　質子：$+\frac{2}{3}e \times 2 - \frac{1}{3}e = +e$

中子：$+\frac{2}{3}e - \frac{1}{3}e \times 2 = 0$

靜電感應與靜電屏蔽

將帶電體靠近導體，導體表面會產生感應靜電，使導體內部電壓為零，就像是遮蔽外部靜電荷的靜電屏蔽。

靜電感應機制

考慮不帶電的導體球（金屬球）與帶電的棒子。以帶電棒靠近導體球時，導體靠近帶電棒的一側會聚集與帶電棒所帶電荷電性相反的電荷；遠離帶電棒的一側則會聚集與帶電棒所帶電荷相同的電荷（**上圖左**）這種現象稱為靜電感應。若在帶電棒靠近的狀態下，將金屬球接地，可使金屬球遠離帶電棒一側的電荷消失。

我們可以用金屬箔驗電器，測定某個物體是否帶電。將帶有負電荷的帶電棒靠近金屬箔驗電器，會使金屬板表面聚集正電荷，金屬箔聚集負電荷而打開（**上圖右**）。綜上所述，將帶有正或負電荷的帶電體靠近導體的一側時，靠近帶電體一側的導體內會聚集與帶電體相反的電荷，遠離帶電體的另一側則會聚集與帶電體相同的電荷。因為電荷守恆定律，所以導體兩端的正負電荷絕對值相同。

靜電屏蔽的機制

假設某個導體球殼內部有正電荷，且導體球殼沒有接地，那麼在靜電感應下，導體球殼的內側會感應產生負電荷，表面則會感應產生正電荷，使球殼外部的空間產生電場（**下圖左**）。此外，如果導體球殼有接地，導體周圍的空間就不會生成電場（**下圖中央**）。而如果電荷僅存在於導體球殼外部，那麼導體球殼內部會形成均勻的靜電位，即使導體球殼沒有接地，導體球殼內部也會形成電位為零的空間（**下圖右**）。一般來說，被導體包圍的空間內部與外側空間隔離，不會被外部電場影響，這種現象稱為靜電屏蔽。

MEMO 電磁學的感應作用包括靜電感應、介電極化、磁感應、磁極化，以及變動電磁場造成的電磁感應。

靜電感應的機制

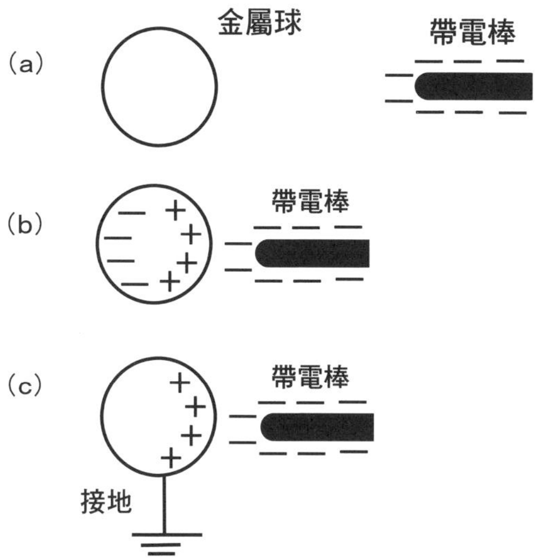

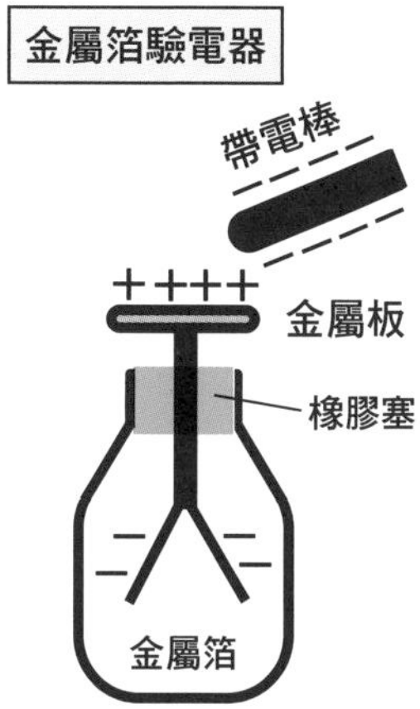

（a）帶電體離金屬球很遠時
（b）帶電體離金屬球很近時
（c）金屬球接地時

金屬箔驗電器的靜電感應

靜電屏蔽的運作機制

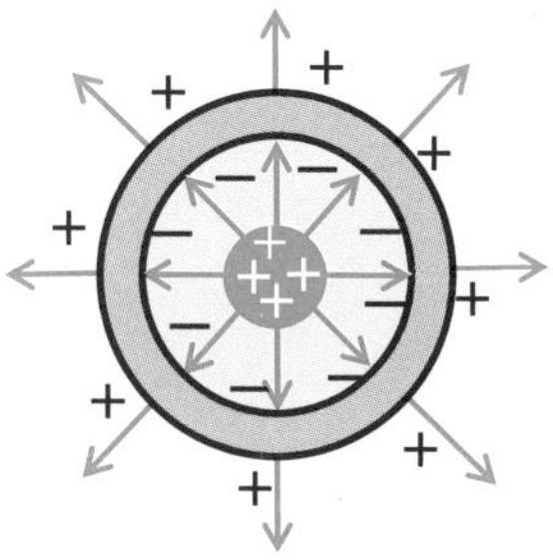

內部有正電荷
導體球殼不接地

感應產生外部電場

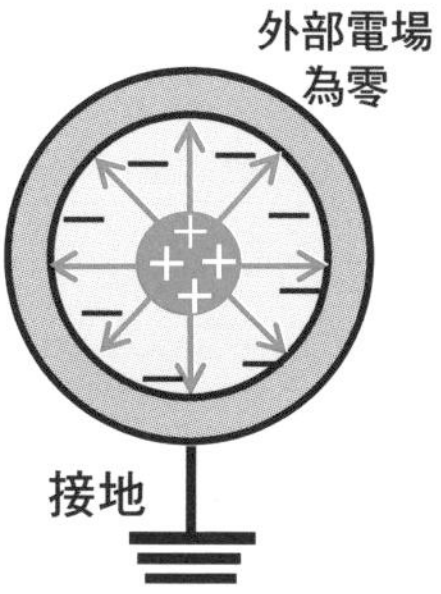

內部有正電荷
導體球殼接地

外部電場為零

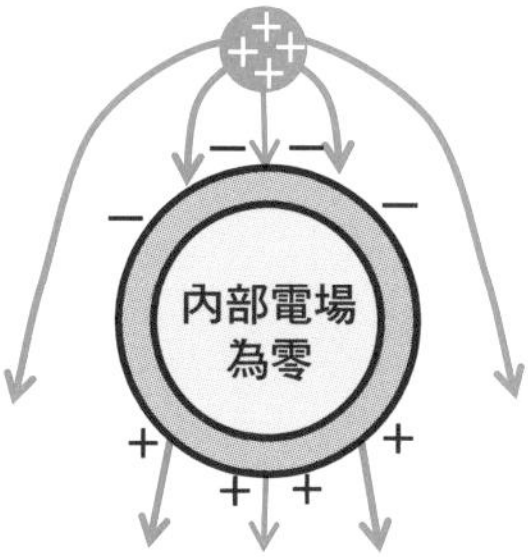

外部有正電荷

不論是否接地，
內部電場皆為零

導體與絕緣體

讓我們來看看導電物體與不導電物體的原子結構有什麼差異，它們的電阻率又有什麼差異吧。

導體與絕緣體的原子結構

難以傳遞電流與熱的物質稱為絕緣體。另一方面，易傳遞電流與熱（導電度與導熱度高）的物質稱為導體，分別稱為電導體、熱導體。導體之所以容易導電，是因為導體有許多可自由移動的電子（自由電子）。1個原子內的電子（價電子）會在原子核周圍的幾個特定軌道（能量位階）移動。軌道愈外側的電子，能量愈高，拘束力愈弱，愈容易轉變成自由電子。當有許多原子聚集在一起時，能量位階就不再是線狀而是呈帶狀（**上圖**），也稱為傳導帶。價電子所在的能量位階，則稱為價帶，傳導帶與價帶之間則是能隙。價電子需跨過能隙，才能轉變成自由電子。能隙寬度大的物體，就是絕緣體。

電阻率與傳導帶、能隙

電導率可表示電力通過的容易度。若截面積為1m^2、長度為1m的導體，電阻為1Ω，那麼該導體的電導率為1 $\Omega^{-1}m^{-1}$。電阻Ω的倒數可寫成℧（姆歐），或是S（西門子），故1 $\Omega^{-1}m^{-1}$也可寫成1℧/m或1S/m。電力通過的難度（電阻率）定義為電導率的倒數，單位為Ω・m。若以電阻率ρ[Ω・m]或電導率σ[℧/m]來表示長度L[m]、截面積S[m^2]的導體之電阻值R[Ω]的話，則可寫成以下算式。

$$R=\frac{\rho L}{S}=\frac{L}{\sigma S} \qquad (2\text{-}4\text{-}1)$$

電阻率與石墨（1μΩ·m＝10^{-6} Ω·m）相同或比石墨低的物質稱為導體，電阻率為1MΩ·m（＝10^6 Ω·m）以上的物質稱為絕緣體，中間則是半導體（**下圖**）。

MEMO 電導率的單位西門子，源自德國電力工程學者維爾納・馮・西門子（1816～1892年）。

價電子與自由電子

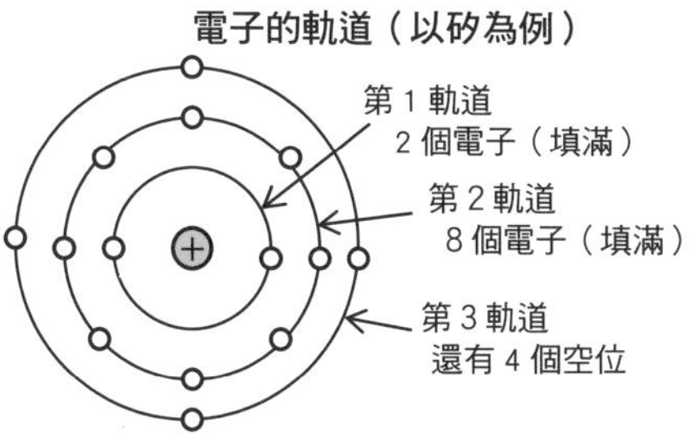

愈外側的電子能量愈高，
拘束力愈弱，
愈容易成為「自由電子」。

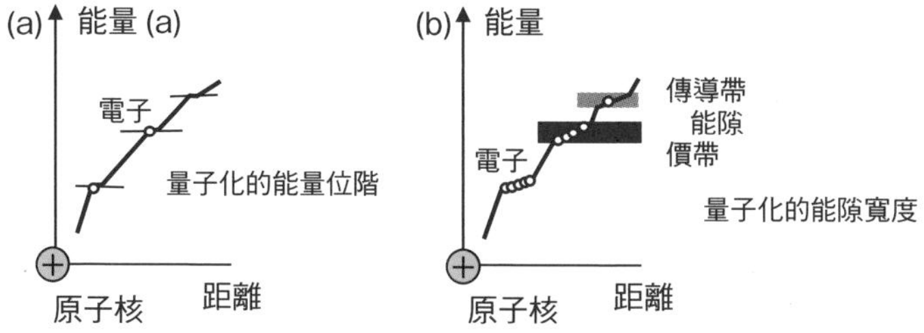

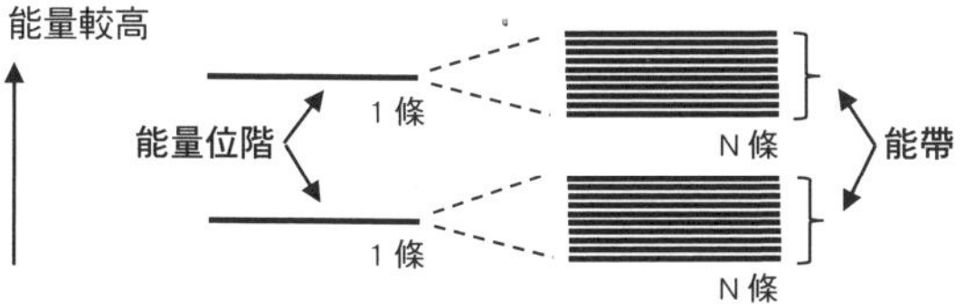

（a）1 個原子時　（b）N 個原子時

價帶、能隙、傳導帶

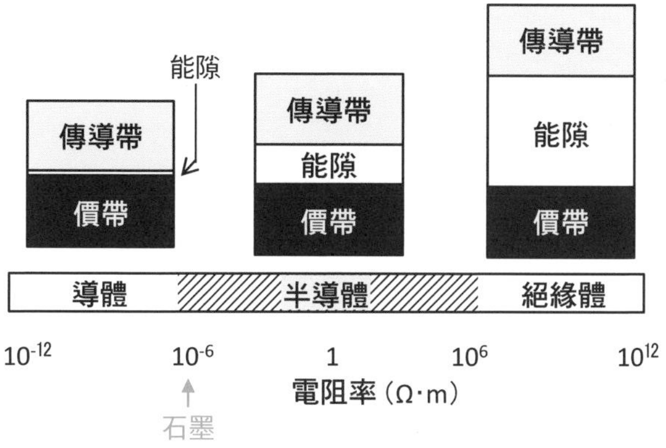

質量與電荷的守恆

物理的重要定律包括質量（實際上是質量與能量）守恆定律，以及電荷守恆定律。電荷守恆定律的數學式會用電流來表示。

粒子、質量、電荷的守恆定律

物質由帶負電荷的電子與帶正電荷的原子核（質子、中子）構成，一般情況下，這些粒子不會任意生成或消滅。因此，只要沒有從外界流入，或者流出至外界，那麼粒子守恆、質量守恆、計算正負的電荷（電量）守恆定律皆成立。舉例來說，帶有正電荷5μC（微庫侖）的物體，與帶有負電荷－5μC的物體接觸時，電荷會中和變成零。帶正電荷5μC的物體與帶負電荷－3μC的物體接觸時，整體電荷會變成2μC。這種電荷守恆定律與能量守恆定律等，皆屬於自然界的基本物理定律。

舉例來說，設n為粒子密度，S_n為粒子的生成量或消滅量，粒子的速度$\boldsymbol{V}$可定義粒子的通量向量$\boldsymbol{\Gamma}_n = n\boldsymbol{V}$，那麼物理量$n$的連續性方程式可寫成以下偏微分方程式。

$$\frac{\partial}{\partial t} n + \nabla \cdot \boldsymbol{\Gamma}_\mathrm{n} = S_\mathrm{n} \qquad (2\text{-}5\text{-}1)$$

∇・為計算散度（divergence）的算子，表示向量往外或往內輻射。質量守恆定律中，使用nm做為質量密度（**上圖**）。

電荷守恆定律與電流

電荷守恆定律中，設代表外界生成、消滅的項S為零，電荷密度$\rho_e = ne$，電荷通量（電流密度）向量為$\boldsymbol{j} = ne\boldsymbol{V}$，可以得到以下方程式。

$$\frac{\partial}{\partial t} \rho_\mathrm{e} + \nabla \cdot \boldsymbol{j} = 0 \qquad (2\text{-}5\text{-}1)$$

這個電荷守恆定律可以從第11章介紹、推廣後的馬克士威—安培定律，以及電場的高斯定律推導出來。除了電荷之外，物質的內秉物理量還包括與磁力有關的自旋。以自旋守恆為基礎的自旋電子學，是電子學中的重要發展領域，可用於開發磁性裝置。

MEMO　物理量的守恆定律包括能量守恆（時間反演對稱性）、動量守恆（平移對稱）、角動量守恆（旋轉對稱）、電荷守恆（規範對稱）等。

粒子與質量守恆

粒子 粒子密度 n 粒子通量 $\boldsymbol{\Gamma}_{\mathrm{n}} = n\boldsymbol{V}$

$$\frac{\partial}{\partial t}n + \nabla \cdot \boldsymbol{\Gamma}_{\mathrm{n}} = S_{\mathrm{n}}$$

質量 質量密度 $\rho_{\mathrm{m}} = nm$ 質量通量 $\boldsymbol{\Gamma}_{\mathrm{m}} = nm\boldsymbol{V}$

$$\frac{\partial}{\partial t}\rho_{\mathrm{m}} + \nabla \cdot \boldsymbol{\Gamma}_{\mathrm{m}} = S_{\mathrm{m}}$$

電荷 電荷密度 $\rho_e = -ne$ 電荷通量 $\boldsymbol{j} = -ne\boldsymbol{V}$

$$\frac{\partial}{\partial t}\rho_{\mathrm{e}} + \nabla \cdot \boldsymbol{j} = S_{\mathrm{e}}$$

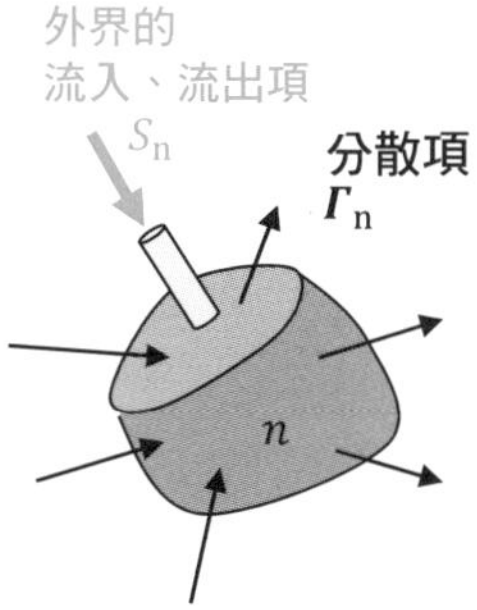

電荷與自旋守恆

電荷與自旋守恆

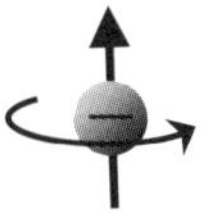

電子自旋並不是實際的旋轉，
而是內秉的磁性質（參考第 7 章第 6 節）

電荷

技術：電子學
半導體裝置

$$\frac{\partial}{\partial t}\rho_{\mathrm{e}} + \nabla \cdot \boldsymbol{j} = S_{\mathrm{e}}$$

電荷密度 $\rho_e = ne$

電流密度 $\boldsymbol{j} = ne\boldsymbol{V}$

設無外界流入、流出 $S_{\mathrm{e}} = 0$

穩定狀態 $(\frac{\partial}{\partial t} = 0)$ 下 $\boxed{\nabla \cdot \boldsymbol{j} = 0}$

假設沒有電流流出、流入 $\oint_S \boldsymbol{j} \cdot \mathrm{d}\boldsymbol{S} = 0$

由**高斯散度定理**可知 $\int_V \nabla \cdot \boldsymbol{j}\mathrm{d}V = \oint_S \boldsymbol{j} \cdot \mathrm{d}\boldsymbol{S}$

因此 $\int_V \nabla \cdot \boldsymbol{j}\mathrm{d}V = 0$ $\therefore \nabla \cdot \boldsymbol{j} = 0$

這符合克希荷夫電流定律的微分形式。

自旋

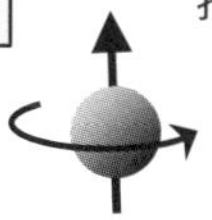

技術：自旋電子學
磁性裝置

庫侖定律

2個電荷間的靜電力，與2個電荷的電荷量乘積成正比，與2個電荷距離的平方成反比（庫侖定律）。這個概念與萬有引力定律類似。

點電荷／距離平方反比定律

沒有大小的理想點狀電荷稱為點電荷。2個點電荷相隔一段距離時，作用於兩者的靜電力（也稱為庫侖力）與2個電荷的電荷量乘積成正比，與距離平方成反比。若2個電荷電性相同（同為正或同為負），會產生斥力，F為正值；若2個電荷電性相反，會產生引力，F為負值。2個電荷受到的作用力大小相同，方向相反（**右下圖**）。這個概念相當於牛頓第三運動定律的作用力與反作用力定律。

首先發現這個距離平方反比定律的人，是英國的卡文迪許。他在1773年時，由帶電的同心金屬球發現了距離平方反比定律，卻沒有發表。到了1785年時，法國的庫侖透過扭秤實驗（**右上圖**）確立了這個定律。

設2個點電荷的電荷量為q_1［C］、q_2［C］，相距r［m］，那麼電荷間的作用力F[N]如下。

$$F = k_0 \frac{q_1 q_2}{r^2} \qquad (2\text{-}6\text{-}1)$$

這也稱為庫侖定律。式中的k_0是比例常數（庫侖常數），可以由MKSA制的真空電容率ε_0計算出數值如下。

$$k_0 = 1/(4\pi\varepsilon_0) = 8.99\times10^9[\mathrm{N\cdot m^2/C^2}] \qquad (2\text{-}6\text{-}2)$$

舉例來說，2個1C電荷距離1m時，會產生9×10^9N的靜電力。1N為質量0.1kg的物體產生的重力，所以9×10^9N相當於90萬噸重（9×10^5t），是股相當龐大的力量（**上圖右**）。以較實際的電荷量為例，2個1μC（微庫侖，10^{-6}C）電荷距離10cm時，靜電力為0.9N，可提起90g的砝碼；2個1nC（奈庫侖，10^{-9}C）電荷距離1cm時，靜電力為9×10^{-5}N，可提起9mg的砝碼。

MEMO　夏爾・德・庫侖（1736～1806年）為法國物理學家。「庫侖」用做SI制的電荷單位。

庫侖的扭秤實驗

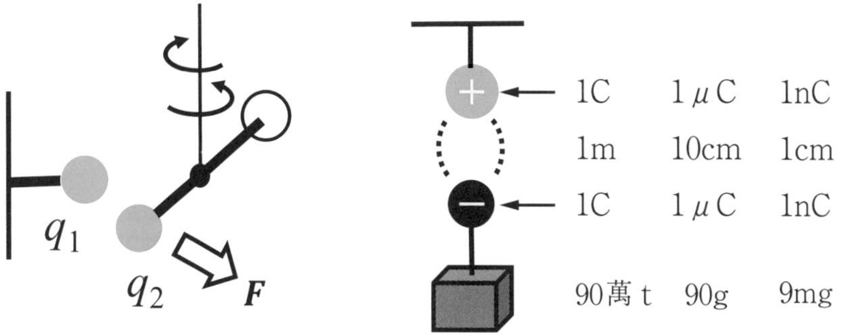

靜電力可能為引力或斥力

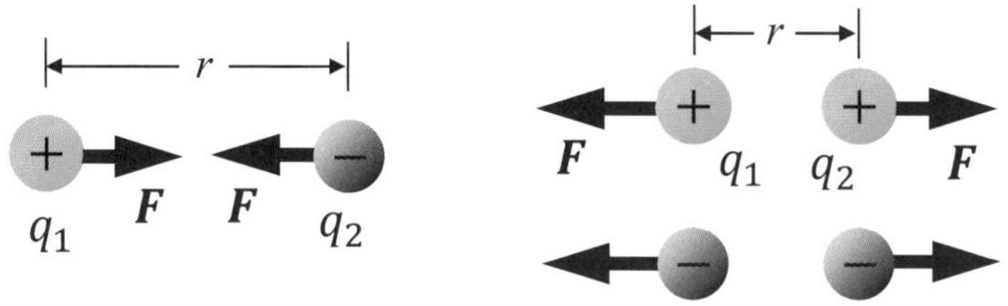

引力
（正負電性相異的電荷之間）

斥力
（正負電性相同的電荷之間）

靜電力（庫侖力）

$$\boldsymbol{F} = k_0 \frac{q_1 q_2}{r^2} \mathbf{e}_\mathrm{r}$$

$$\mathbf{e}_\mathrm{r} \equiv \frac{\boldsymbol{r}}{r}$$

$\boldsymbol{F}$ ：庫侖力的向量 [N]
q_1：第 1 個電荷的電荷量 [C]
q_2：第 2 個電荷的電荷量 [C]
r ：2 個電荷間的距離 [m]
$\mathbf{e}_\mathrm{r}$：電荷間方向的單位向量
k_0：庫侖常數 [N・m^2/C^2]

庫侖定律的比例常數

$k_0 = 1/(4\pi\varepsilon_0) = 9.0 \times 10^9 [\mathrm{N \cdot m^2/C^2}]$

真空電容率

$\varepsilon_0 = 8.854 \times 10^{-12} [\mathrm{C^2/(Nm^2)}]$ 或 [F/m]

2-7 〈電荷、靜電場篇〉

疊加原理

前面說明了如何用庫侖定律計算2個電荷間的靜電力。3個以上電荷間的靜電力，則需透過力的疊加原理計算。

作用力與反作用力定律

牛頓力學中有三大定律，分別是（1）慣性定律、（2）加速度定律、（3）作用力與反作用力定律。與萬有引力類似，以庫侖定律表示靜電力時，設第一電荷q_1對第二電荷q_2產生的力為$F_{2\leftarrow 1}$，第二電荷q_2對第一電荷q_1產生的力為$F_{1\leftarrow 2}$，那麼依照作用力與反作用力定律，2個力的大小相同，方向相反。這2個力為內力，向量和為零。

$$\boldsymbol{F}_{1\leftarrow 2}+\boldsymbol{F}_{2\leftarrow 1}=0 \qquad (2\text{-}7\text{-}1)$$

向量合成

考慮3個電荷q_1、q_2、q_3。設電荷q_2、q_3對電荷q_1施加的力為$\boldsymbol{F}_1$（**下圖**）。首先，電荷q_2對電荷q_1施加的靜電力$\boldsymbol{F}_{1\leftarrow 2}$可以透過庫侖定律計算。同樣的，電荷$q_3$（圖中為負電荷）對電荷$q_1$施加的靜電力$\boldsymbol{F}_{1\leftarrow 3}$也可計算出來。接著計算2個靜電力的向量和，可以得到q_1受力$\boldsymbol{F}_1$如下。

$$\boldsymbol{F}_1=\boldsymbol{F}_{1\leftarrow 2}+\boldsymbol{F}_{1\leftarrow 3} \qquad (2\text{-}7\text{-}2)$$

靜電力為線性，故可運用疊加原理得到以上結果。三維的各個分量可表示如下。

$$\left.\begin{aligned} x\text{ 分量：}\quad & F_{1x}=F_{1\leftarrow 2x}+F_{1\leftarrow 3x} \\ y\text{ 分量：}\quad & F_{1y}=F_{1\leftarrow 2y}+F_{1\leftarrow 3y} \\ z\text{ 分量：}\quad & F_{1z}=F_{1\leftarrow 2z}+F_{1\leftarrow 3z} \end{aligned}\right\} \qquad (2\text{-}7\text{-}3)$$

在有許多個電荷的情況下，仍可運用疊加原理，計算施加在特定電荷上的力。

MEMO 作用力與反作用力定律可對應到無外力時的動量守恆定律。

庫侖力以及作用力與反作用力定律

正負相異的電荷

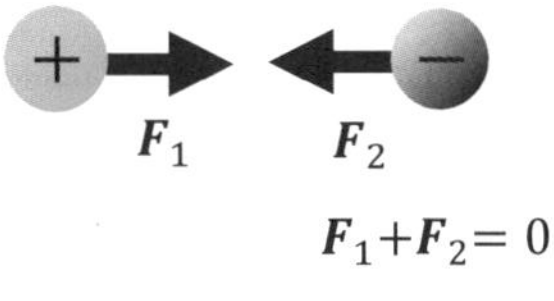

庫侖力 < 0

正負相同的電荷

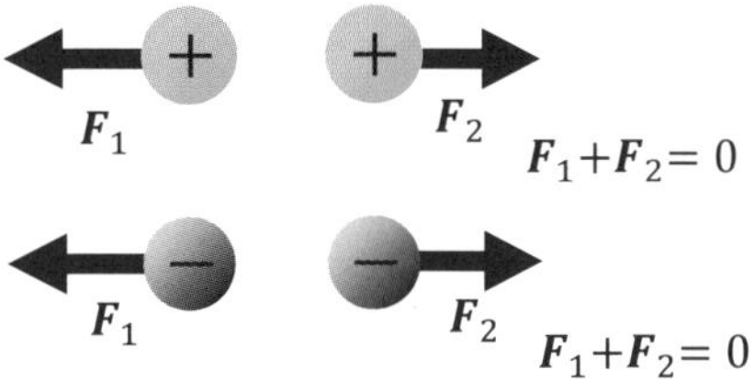

庫侖力 > 0

向量的合成

疊加原理

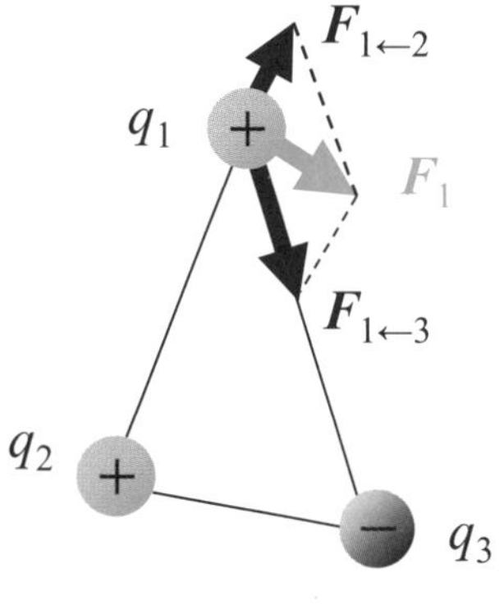

向量和（線性和）

$$F_1 = F_{1\leftarrow 2} + F_{1\leftarrow 3}$$

x 分量：$F_{1x}=F_{1\leftarrow 2x}+F_{1\leftarrow 3x}$

y 分量：$F_{1y}=F_{1\leftarrow 2y}+F_{1\leftarrow 3y}$

z 分量：$F_{1z}=F_{1\leftarrow 2z}+F_{1\leftarrow 3z}$

四選一選擇題

答案在下下頁

問題2.1　計算長導線的電阻

銅線電阻率ρ約為$2\times10^{-8}\,\Omega\,m$。設有條截面積$1cm^2$（$10^{-4}m^2$），長1km的電線。試問該電線的電阻是多少？

① $0.2\mu\Omega$　② $0.2m\Omega$
③ 0.2Ω　④ $0.2K\Omega$

問題2.2　庫侖力有多厲害！？

1kg質點會受到9.8N重力的作用。使某質點帶有$1\mu C$（微庫侖，$10^{-6}C$）的正電荷，以該質點吸引另一個帶有負$1\mu C$電荷的質點，拉起1kg重的物體飄浮在空中。那麼2個點電荷應該要距離多近才行呢？

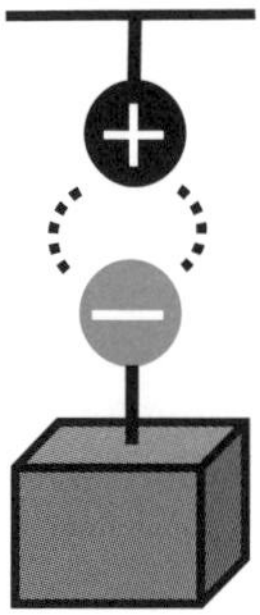

① 0.3mm　② 3mm
③ 3cm　④ 30cm

COLUMN

平方反比完全正確嗎！？

電磁力與萬有引力一樣，都符合平方反比定律（$\propto r^{-2}$）。法國物理學家庫侖，用扭秤裝置直接測定2個電荷間的靜電力，於1785年推導出了庫侖定律。假設電磁力$\propto 1/r^{2+\delta}$，庫侖的實驗結果顯示$|\delta|\sim0.04$。事實上，1773年英國的卡文迪許便已使用2個帶電同心金屬球殼進行高精度實驗，得到$|\delta|\sim0.02$。後來馬克士威用同樣的方法，並提高實驗精度，得到$|\delta|\sim10^{-5}$。平方反比驗證實驗的實驗精度每年都在提升，目前重力的平方反比已降至$|\delta|\sim10^{-9}$，電磁力則是$|\delta|\sim10^{-16}$。

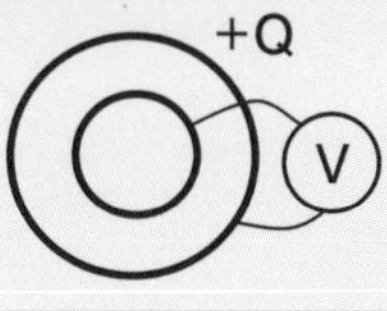

本章問題

每個問題分別對應到各節內容／答案在下一頁

2-1 用賽璐珞製的墊板吸起頭髮的實驗中，摩擦會讓頭髮上的 [ ] 離開，並累積在墊板上。頭髮會帶 [ ] 電荷、墊板則帶 [ ] 電荷。這種電稱為 [ ] 。

2-2 設電子的電荷量為 $-e$，質子是由 [ ] 個電荷量為 [ ] 的上夸克u，與 [ ] 個電荷量為 [ ] 的下夸克d構成。基本電荷 e 取2位有效數字時，為 [ ] C。

2-3 以帶電物體靠近有一定厚度且中空的導體時，導體會因感應而產生相反電荷。這種現象稱為 [ ] 。導體內部空洞無靜電場分布，這種現象稱為 [ ] 。如內部空洞有電荷，電場會洩漏至導體外。我們可以透過 [ ] 動作，消除這種電場。

2-4 導體指的是電阻率約 [[單位]] 以下的物體。長度為 [ ] m，截面積為1mm²(10^{-6}m²)，電阻在 [ ] Ω以下的物體，可做為導體的基準。舉例來說， [ ] 便是導體的基準物質。

2-5 描述速度為 $\boldsymbol{v}$ 之物理量 f 的守恆時，可設通量為 $\boldsymbol{\Gamma}=f\boldsymbol{v}$，源項為 S，那麼 f 的時間連續性方程式可寫成 [ ] 。

2-6 相距 $\boldsymbol{r}$ [m] 的2個電荷 q_1 [C]、q_2 [C]，設庫侖常數為 k_0，那麼電荷間的庫侖力 $\boldsymbol{F}$ [N] 可以用向量式表示成 [ ] 。使用MKSA制時，k_0 可用真空電容率 ε_0 寫成 [ ] 。

2-7 計算多個電荷產生的靜電力時，可透過力的線性，以向量加減得到答案，稱為 [原理] 。

答案

答案2.1　③

【解說】依照電阻公式，銅線的電阻率為$\rho = 2 \times 10^{-8}\ \Omega\,m$，長度為$L = 10^3 m$，截面積$S = 10^{-4} m^2$，故電阻為$R = \rho L/S = (2 \times 10^{-8}) \times 10^3 / 10^{-4} = 2 \times 10^{-1}(\Omega)$。

【參考】有個比較直覺的方法，請先意識到「截面積為$10^{-6} m^2$（$1mm^2$），電阻率為$10^{-6}\ \Omega\,m$的典型細長石墨棒，長度每1m，電阻為1Ω」這件事。依題意，銅線電阻率為石墨的2×10^{-2}倍，截面積為10^2倍則電阻變為10^{-2}倍，長度為10^3倍則電阻變為10^3倍，故所求銅線之電阻為典型細長石墨棒的0.2倍，即0.2Ω。

答案2.2　③

【解說】由庫侖定律可以知道，$F = 9\times10^9 q^2/r^2 = 9.8[N]$。電荷$q = 10^{-6}[C]$，距離$r = 0.030[m]$。

【參考】題目中的電荷量為1μC。事實上，1C是相當大的電荷單位。如果電荷量為1C，那麼即使距離30㎞，也能舉起1kg的重物。順帶一提，距離1m的±1C兩電荷，引力達$9 \times 10^9 N$，可舉起質量為90萬噸（$9\times10^8 kg$）的物體，是全球最大的航空母艦的9倍重。

本章問題答案（滿分20分，目標14分以上）

（2-1）　自由電子、正、負、摩擦起電

（2-2）　$+2e/3$、2、$-e/3$、1、1.6×10^{-19}

（2-3）　靜電感應、靜電屏蔽、接地

（2-4）　$10^{-6}\ \Omega\cdot m$、1、1、石墨

（2-5）　$\partial f/\partial t + \nabla\cdot\boldsymbol{\Gamma} = S$

（2-6）　$\boldsymbol{F} = (k_0 q_1 q_2/r^2)\boldsymbol{e}_r$, $\boldsymbol{e}_r = \boldsymbol{r}/r$、$1/(4\pi\varepsilon_0)$

（2-7）　疊加原理

第3章

〈電荷、靜電場篇〉

電荷與電場

電磁力為空間中的場所產生的力，可以由電荷產生的電場，與電流產生的磁場來定義。第3章中，為了將電場視覺化，會定義電力線。包括電力線的數目、電通量、電通量密度、電場強度與電位等。另外，也會說明與電場有關的高斯定律。

電力線的定義

法拉第提出的電力線，就是一種電場的視覺化方法。帶正電的點電荷，會以球對稱的形式，往三維空間均勻射出電力線。

電力線與等電位面

我們可以在方格上的每個交點，依照該位置的電場向量，畫出特定大小與方向的箭頭，以描述該空間的電場。我們可以畫出一條從正電荷出發的線，沿著電場向量前進，最後抵達負電荷。這條線也稱為電力線（**上圖**）。正電荷會均勻輻射出電力線，負電荷則會有許多電力線輻射射入。「正負相異的兩電荷」與「正負相同的兩電荷」所產生的電力線如**下圖**所示。如果電荷的正負不均，總電荷為正，電力線會一直延伸到無限遠處；如果總電荷為負，電力線會從無限遠處射入。真空中的電力線不會交錯、分岔。不同條電力線傾向彼此分離；同一條電力線則像橡皮筋一樣，傾向沿著徑向收縮。

電力線的條數與電場強度的定義

電力線的密度（間隔的倒數）與該處電場強度成正比。1C電荷伸出的電力線條數為$1/\varepsilon_0$條，也就是1.1×10^{11}條（1100億條）。因此，Q［C］電荷輻射出來的電力線數N如下。

$$N=\frac{Q}{\varepsilon_0} \qquad (3\text{-}1\text{-}1)$$

另外，假設有1條電力線垂直穿過$1\mathrm{m}^2$平面，便定義該處電場強度$E=1\mathrm{V/m}$。因此，Q的球電荷會均勻輻射出共Q/ε_0的電力線。以帶電球為球心，半徑為r［m］的球面，面積S［m^2］$=4\pi r^2$，故電場強度E［V/m］可定義如下。

$$E=\frac{N}{S}=\frac{1}{4\pi\varepsilon_0}\frac{Q}{r^2} \qquad (3\text{-}1\text{-}2)$$

MEMO　簡單來說，就是設定1C的點電荷可均勻輻射出1.1×10^{11}條（1100億條）的電力線。

從電荷到電力線

電力線

從正電荷
輻射出來的電力線

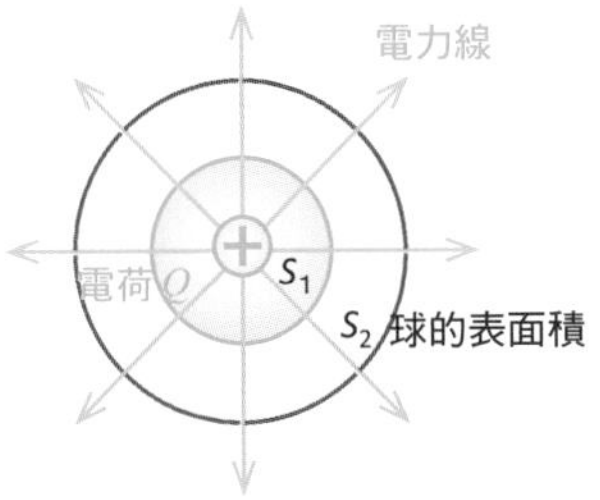

輻射進入
負電荷的電力線

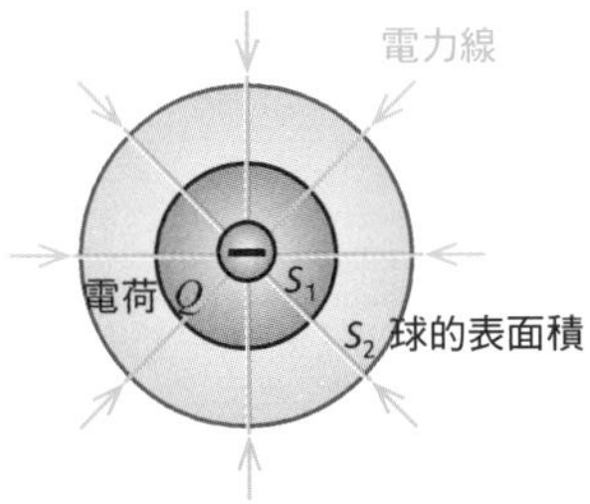

場的向量

電場向量

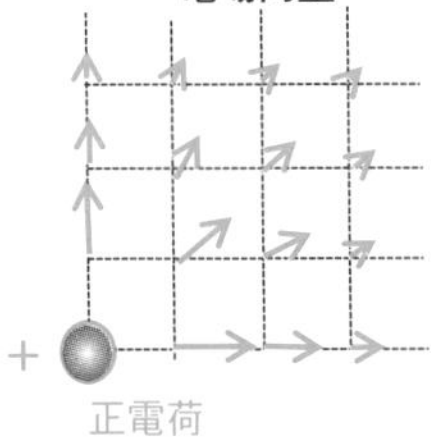

電場向量

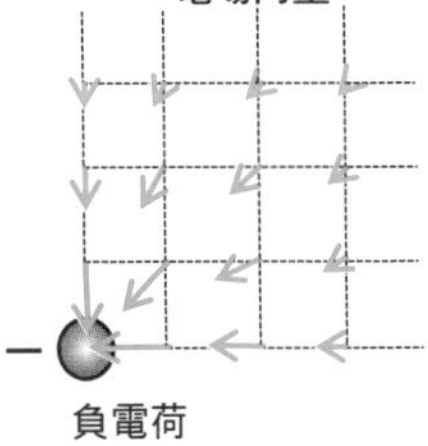

電力線數目與場的強度

電力線數目

$$N = \frac{Q}{\varepsilon_0}$$

1 C 電荷伸出的電力線條數為 $1/\varepsilon_0$ 條，也就是 1.1×10^{11} 條（1100 億條）

場的強度 E[V/m]

$$E = \frac{N}{S} = \frac{1}{4\pi\varepsilon_0}\frac{Q}{r^2}$$

若有 1 條電力線垂直穿過 1m² 平面的電力線，則電場強度 E＝1V/m

2個電荷產生的電力線

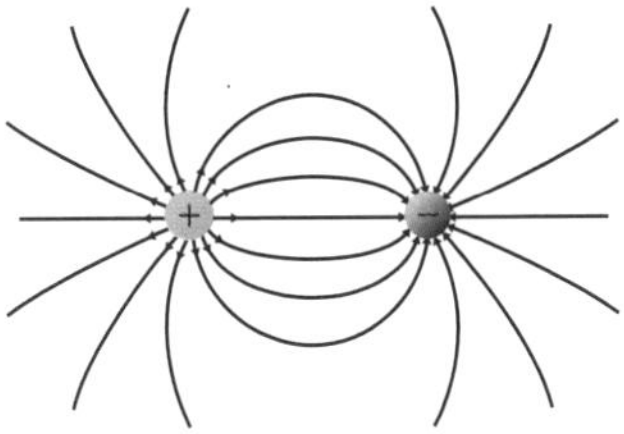

正電荷與負電荷
（電荷量絕對值相等時）

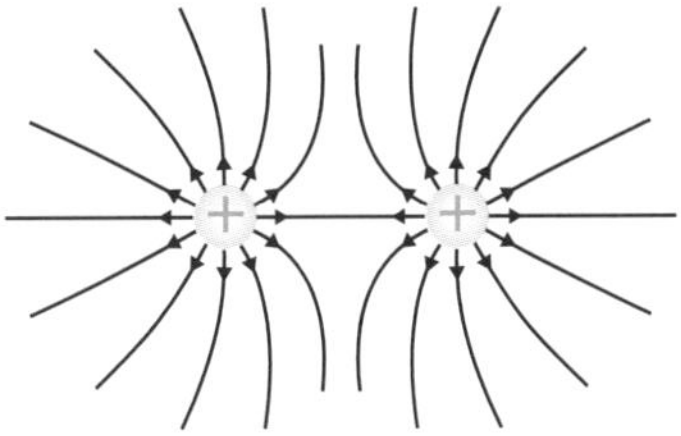

正電荷與正電荷
（電荷量相等時）

電通量、電通量密度、邊界條件

定義 $1/\varepsilon_0$ 條（1100億條）電力線為1個電通量單位。換言之，電通量的數目與電荷量庫侖數相同，並以此定義電通量密度 D。

由1庫侖定義電通量／電通量密度（C/m^2）

聚集成束的電力線稱為電通量。不管在真空中還是介電質中，1C電荷都會輻射出1單位的電通量。因此，若 Q［C］的電荷輻射出 N_Φ 單位電通量，可得到以下關係。

$$N_\Phi = Q \tag{3-2-1}$$

定義單位面積的電通量數為電通量密度。以點電荷為中心，半徑 r［m］的球的表面積為 S［m^2］$=4\pi r^2$，故與電荷距離 r 的位置，電通量密度 D［C/m^2］為電通量數 N_Φ（電荷 Q）除以表面積 S，如下所示（**上圖**）。

$$D = \frac{N_\Phi}{S} = \frac{Q}{4\pi r^2} \tag{3-2-2}$$

真空中電通量密度 D 與電場強度 E［V/m］的關係如下。

$$D = \varepsilon_0 E \tag{3-2-3}$$

其中，真空電容率 $\varepsilon_0 = c^2/(4\pi \times 10^{-7}) = 8.8542 \times 10^{-12}$［C/（V·m）］。相對電容率為 ε_r 的物質內，電容率為 $\varepsilon = \varepsilon_r\varepsilon_0$，如下所示。

$$D = \varepsilon E \tag{3-2-4}$$

電通量密度D與電場強度E的邊界條件

物體邊界的電容率 ε 可能不連續（**下圖**）。若邊界沒有電荷，便可由**3-7節**提到的電場的高斯定律，得到電通量守恆條件，進一步推得圖中圓柱表面的面積內，電通量密度 $\boldsymbol{D}$ 的法線分量 D_n 為連續。另一方面，電場強度 $\boldsymbol{E}$ 處於穩定狀態，符合**8-3節**提到的法拉第定律。由圖中四邊形的閉曲線積分，可以知道電場強度 $\boldsymbol{E}$ 的切線分量 E_t 為連續。

MEMO 「電場強度」或「電通量密度」兩者皆可用 $\boldsymbol{E}$ 表示，也可用 $\boldsymbol{D}$ 表示。這裡統一以 $\boldsymbol{E}$ 表示電場強度，用 $\boldsymbol{D}$ 表示電通量密度，以區別兩者。

電荷Q與電通量密度D

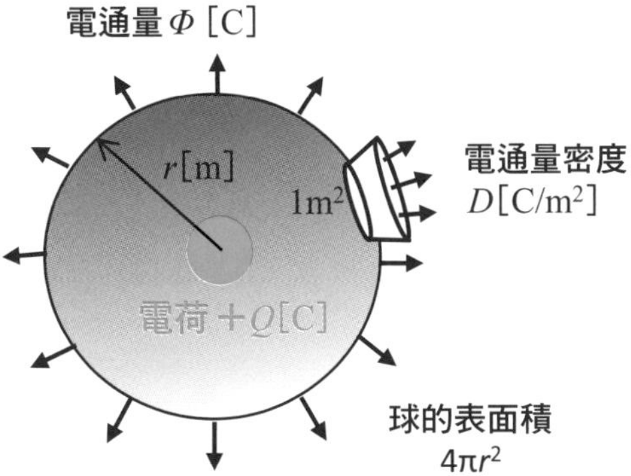

電通量數目　$N_{\Phi}=Q$

電通量　$\Phi=Q$

電通量密度

$$D=\frac{\Phi}{S}=\frac{Q}{4\pi r^2}[\mathrm{C/m^2}]$$

Q的電荷會輻射出Q單位的電通量，
半徑r的電通量密度D為 $Q/(4\pi r^2)$。

電通量密度D與電場強度E的邊界條件

電通量密度 $\boldsymbol{D}$

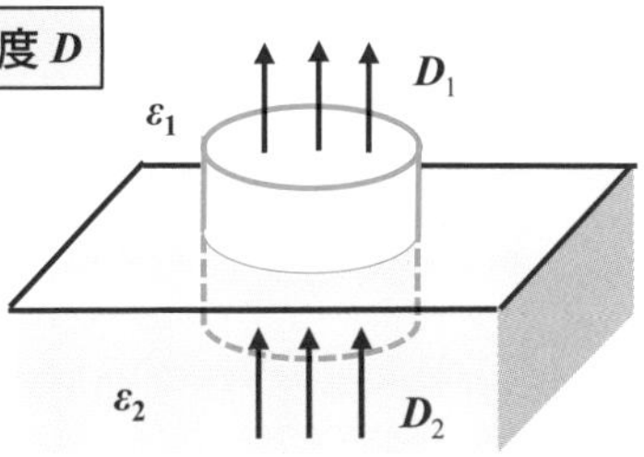

高斯定律

$$\int_S \boldsymbol{D}\cdot \mathrm{d}\boldsymbol{S}=Q \rightarrow 0$$

圓柱體的面積分　　邊界沒有電荷時

⇩

$\boldsymbol{D}_{\mathrm{n1}}=\boldsymbol{D}_{\mathrm{n2}}$　法線方向上的D連續

電場強度$\boldsymbol{E}$

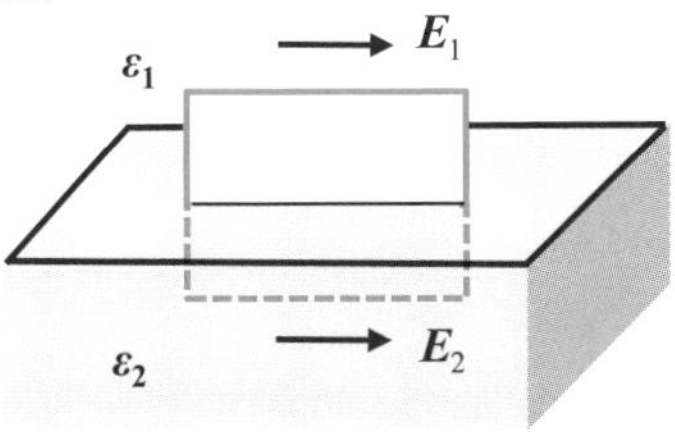

法拉第定律

$$\oint_C \boldsymbol{E}\cdot \mathrm{d}\boldsymbol{\ell}=\int_S \left(\frac{\partial}{\partial t}\boldsymbol{B}\right)\cdot \mathrm{d}\boldsymbol{S} \rightarrow 0$$

方形的線積分　　邊界沒有電通量變化時

⇩

$\boldsymbol{E}_{\mathrm{t1}}=\boldsymbol{E}_{\mathrm{t2}}$　切線方向上的E連續

電場的定義

電荷產生之靜電力所作用的空間，稱為電場。某點的電場強度，可由場內電荷（電荷量），與施加於該點之力（場產生的力）定義。

靜電力向量

力學中，質量為m的測試粒子受重力作用時，重力可表示成$\boldsymbol{F}=m\boldsymbol{g}$。在這個情況下，重力作用的空間稱為重力場，$\boldsymbol{g}$為重力場的重力加速度向量（**上圖**）。同樣的，空間中存在電荷時，靜電力（庫侖力）作用的空間稱為電場。設電荷q［C］施加的靜電力為F［N］，那麼電場強度與向量E的關係如下。

$$\boldsymbol{F}=q\boldsymbol{E} \qquad (3\text{-}3\text{-}1)$$

電場的強度單位為N/C或V/m。舉例來說，點電荷Q［C］周圍會產生電場，在距離r［m］的地方放置電荷q［C］，則庫侖力為$\boldsymbol{F}$［N］$=k_0qQ\boldsymbol{e}_r/r^2$，故點電荷$Q$產生之電場強度$E$如下（**下圖右**）。

$$\boldsymbol{E}=\frac{\boldsymbol{F}}{q}=k_0\frac{Q}{r^2}\boldsymbol{e}_\mathrm{r}=\frac{1}{4\pi\varepsilon_0}\frac{Q}{r^2}\boldsymbol{e}_\mathrm{r} \qquad (3\text{-}3\text{-}2)$$

這裡的k_0為庫侖常數，$\boldsymbol{e}_r$為r方向的單位向量。

電力線的數目與電場強度

電荷Q［C］可輻射出Q/ε_0條電力線（電荷為正時），或者輻射入Q/ε_0條電力線（電荷為負時）。電力線愈密，電場強度E［N/C］愈強，也可定義E為貫穿$1\mathrm{m}^2$的面之電力線數目。由於半徑r的球之表面積為$4\pi r^2$，故以Q/ε_0除以球表面積得到的式子（3-3-2），與電力線產生的電場定義一致。

MEMO　電場單位包括由庫侖力定義的N/C，以及靜電位差定義的V/m。

以靜電力定義電場

重力場 $\boldsymbol{g}=\boldsymbol{F}/m$

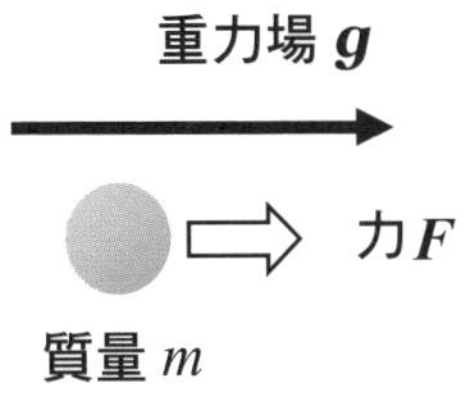

重力場對質量施加的力

電場 $\boldsymbol{E}=\boldsymbol{F}/q$

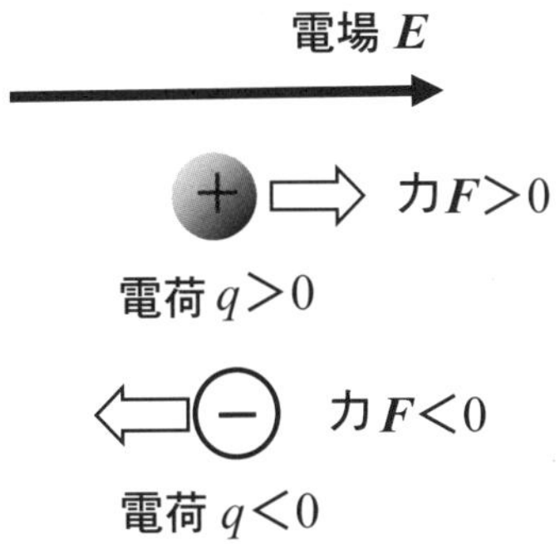

電場對電荷施加的力

比較重力與靜電吸引力，以及電場強度的定義

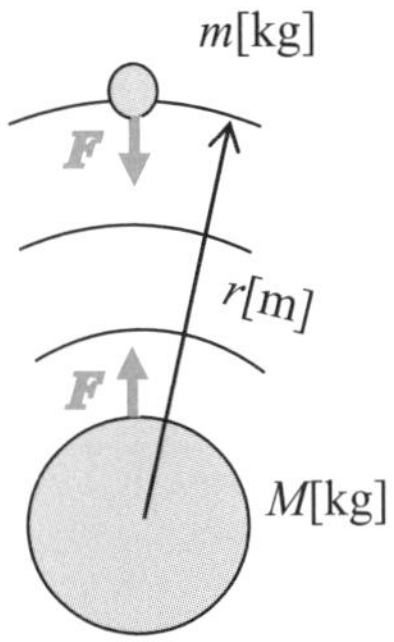

重力
萬有引力定律

$$\boldsymbol{F} = G\frac{mM}{r^2}\boldsymbol{e}_\mathrm{r}$$

重力加速度 $\boldsymbol{g}$ 的定義

重力 $\boldsymbol{F} = m\boldsymbol{g}$

$$\boldsymbol{g} = G\frac{M}{r^2}\boldsymbol{e}_\mathrm{r}$$

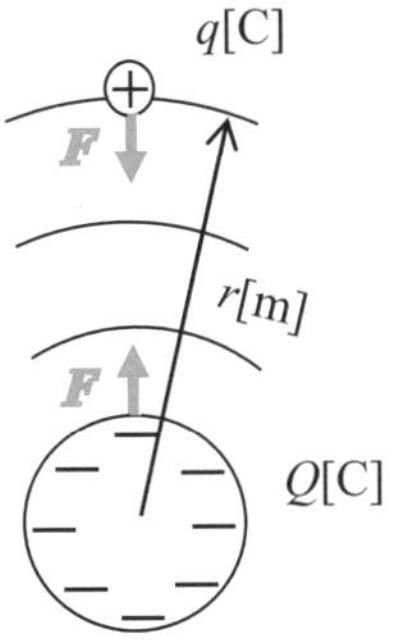

靜電力
庫侖定律

$$\boldsymbol{F} = k_0\frac{qQ}{r^2}\boldsymbol{e}_\mathrm{r}$$

$$\boldsymbol{e}_\mathrm{r} \equiv \frac{\boldsymbol{r}}{r}$$

電場強度 $\boldsymbol{E}$ 的定義

靜電力 $\boldsymbol{F} = q\boldsymbol{E}$

$$\boldsymbol{E} = k_0\frac{Q}{r^2}\boldsymbol{e}_\mathrm{r}$$

電通量密度 $\boldsymbol{D}$ 的定義

電通量 Q 與

球表面積 $4\pi r^2$

$$\boldsymbol{D} = \frac{Q}{4\pi r^2}\boldsymbol{e}_\mathrm{r}$$

電位的定義

靜電場與重力場及彈性力場一樣，都屬於保守力場，可定義電位（靜電位）。本節將說明保守力與電位的定義。

靜電位（電位）與電壓（電位差）

電荷在電場中移動時，靜電力作的功與移動路徑無關，僅由初始位置與最終位置決定，故屬於保守力（**上圖**）。功（能量）的定義為力與距離的乘積。在保守力作用下，只要知道位置便能夠定義位能。在 $-E_0$ [N/C] 的均匀電場（負向電場）中，電荷 q [C] 受到 $-qE_0$ [N] 的作用力，所以當電荷從基準點（$x=0$）往高位勢的地方移動 x [m] 時，電荷所擁有的位能變化 $\Delta U(x)$ [J] 如下。

$$\Delta U(x) = U(x) - U(0) = qE_0x = qV(x) \qquad (3\text{-}4\text{-}1)$$

在上述的算式中，V 為電位或稱為靜電位，單位為伏特（V）。兩點間電位的差異稱為電位差或電壓。

保守力與保守場

若力的向量 $\boldsymbol{F}$ 滿足 $\nabla \times \boldsymbol{F} = 0$，稱力 $\boldsymbol{F}$ 為保守力，該力形成的場為保守場。由向量恆等式 $\nabla \times \nabla U = 0$，可以定義 U 如下。

$$\boldsymbol{F} = -\nabla U = (-\mathrm{d}U/\mathrm{d}x, -\mathrm{d}U/\mathrm{d}y, -\mathrm{d}U/\mathrm{d}z) \qquad (3\text{-}4\text{-}2)$$

這個 U 稱為 $\boldsymbol{F}$ 的位能。定義 U 時，之所以要加上負號，是因為物體會從位能高的地方往位能低的地方移動。施加在電荷 q 上的力 $\boldsymbol{F}$ 與電場 $\boldsymbol{E}$ 的關係為 $\boldsymbol{F} = q\boldsymbol{E}$，故我們可以用電位（靜電位）$V$ 來表示電場 $\boldsymbol{E}$，如下所示。

$$\boldsymbol{E} = -\nabla V = (-\mathrm{d}V/\mathrm{d}x, -\mathrm{d}V/\mathrm{d}y, -\mathrm{d}V/\mathrm{d}z) \qquad (3\text{-}4\text{-}3)$$

位能差 ΔU 與電位差 ΔV 的關係為 $\Delta U = q\Delta V$。

MEMO　靜電位 V 的單位為 J/C（焦耳每庫侖）或 V（伏特）。位能 U 單位為 J（焦耳）。

保守力

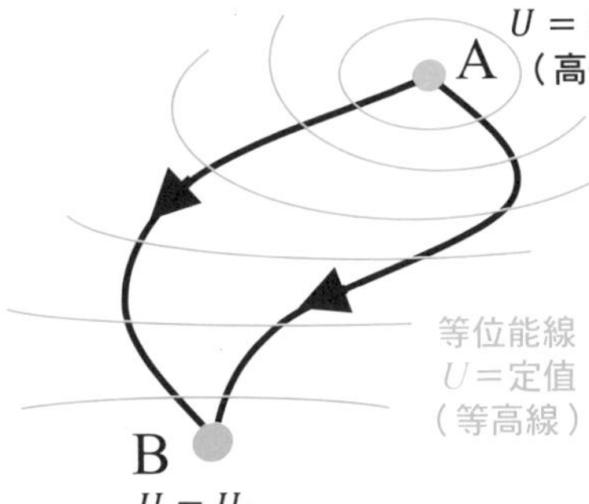

保守力 $\boldsymbol{F}$ 作用下，物體從點 A 移動到點 B 的位能變化與路徑無關。

保守力 $\nabla \times \boldsymbol{F} = 0$

向量微分運算恆等式

$$\nabla \times \nabla U = 0$$

所以

保守場的力 $\boldsymbol{F} = -\nabla U$

保守力作功（從位能高到低處的功）

$$\int_A^B \boldsymbol{F}(\boldsymbol{x}) \cdot d\boldsymbol{l} = -\int_A^B \nabla U \cdot d\boldsymbol{l} = U_A - U_B$$

電位與電壓（電位差）

保守場是什麼

保守力的場，可定義場的位勢 V。

保守力是什麼

保守力可由位能 U 定義。

$$\boldsymbol{F} = -\nabla U$$

$$\nabla \times \boldsymbol{F} = 0$$

電場是什麼

電場為保守場

$$\nabla \times \boldsymbol{E} = 0$$

$$\boldsymbol{E} = -\nabla V$$

靜電場為保守力

$$\boldsymbol{F} = q\boldsymbol{E} = -q\nabla V$$

例：$E = E_0$（固定）時

靜電力

$$F(x) = qE(x)$$

$$F = -\frac{dU}{dx}, \quad E = -\frac{dV}{dx}$$

$$U = qV + C \text{（積分常數）}$$

電位（靜電位）

$$V(x) - V(0) = -\int_0^x \nabla V\, dx$$

$$= \int_0^x E_0\, dx = E_0 x$$

位能

$$U(x) - U(0) = -\int_0^x qE(x)\, dx$$

$$= \int_0^x qE_0\, dx = qE_0 x$$

重力場與電場的比較

重力與靜電力皆為保守力，會產生與距離平方成反比的力場，故可直觀性的理解它們的力場與位勢等高線。

重力場與電場的位能

均勻朝下的重力場（重力加速度$-g$［m/s^2］<0）內，施加在質量為m［kg］之物體上的力為$-mg$［N］。$\boldsymbol{g}$為固定值，與物體的質量無關，表示重力場的強度。高度x［m］處的位能為$U(x)=mgx$［J］。同樣的，電荷q［C］在均勻往下的電場內，受力為$-qE_0$［N］，故可定義E_0［V/m］，即與電荷量無關的電場大小。位置x［m］的位能為$U(x)=qE_0x$［J］。這點與重力場及電場類似（**上圖**）。不過，重力（萬有引力）只有引力，靜電力的電荷則有正負，故有引力與斥力2種作用。

重力與靜電力的純量位勢

我們可以用純量的重力位勢Φ_g［J/kg］來表示重力場。取其負梯度$-\nabla\Phi_g$，可以得到重力向量場與力。

$$\boldsymbol{g}=-\nabla\Phi_g\ ,\quad \boldsymbol{F}=-m\nabla\Phi_g=-\nabla U_g \tag{3-5-1}$$

同樣的，靜電力場的強度可以用純量電場位勢Φ_E［J/C］來表示。

$$\boldsymbol{E}=-\nabla\Phi_E\ ,\quad \boldsymbol{F}=-q\nabla\Phi_E=-\nabla U_E \tag{3-5-2}$$

上述公式表示g與E時，在等號右邊的Φ與U加上了負號，這是因為質量m的物體與正電荷q的帶電粒子傾向從位勢較高的地方移動到位勢較低的地方。Φ的等高線與定義電場E的電力線垂直。引入位勢函數Φ與位能函數U之後，便能將眼睛看不到的超距作用力，理解成由場的接觸產生作用的力。

MEMO 萬有引力作用在反物質上時也只有引力。不過現代物理學中，還有討論到宇宙膨脹力等未知斥力的存在。

重力與靜電力的位能

重力場（均勻重力場）

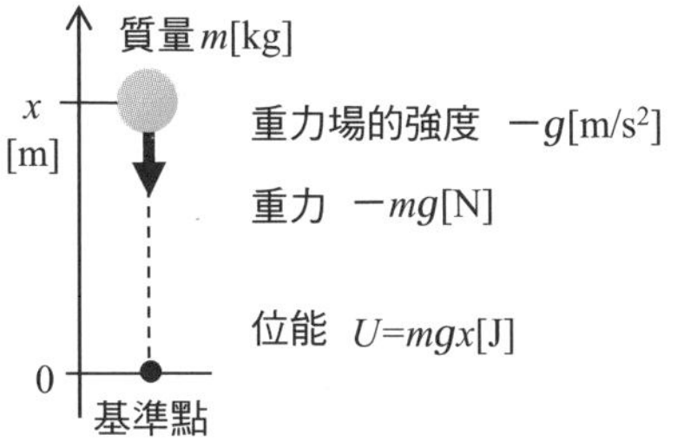

電場（均勻電場）

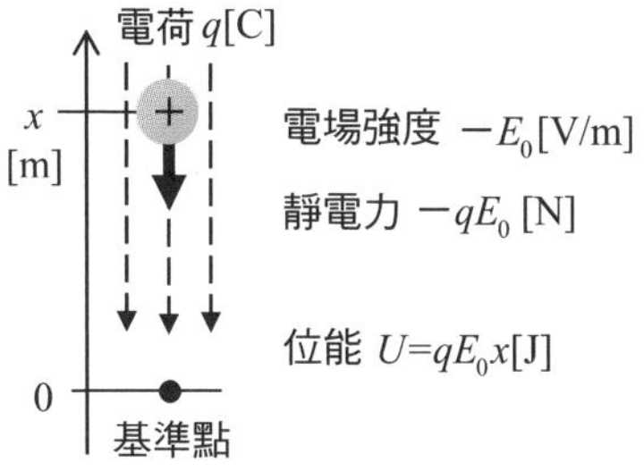

重力位能與電位能的比較

	重力場	**電場**
保守力 $\boldsymbol{F}$ $(=-\nabla U)$ 位能 U	$m\boldsymbol{g}$[N] $U_g=m\Phi_g$[J]	$q\boldsymbol{E}$[N] 或 [CV/m] $U_{\mathrm{E}}=q\Phi_{\mathrm{E}}$[J]
保守場的向量 $\boldsymbol{g}$ 或 $\boldsymbol{E}$ $(=-\nabla\Phi)$ 場的位勢 Φ	$\boldsymbol{g}=-\nabla\Phi_g$ 重力位勢 Φ_g[m^2/s^2]	$\boldsymbol{E}=-\nabla\Phi_{\mathrm{E}}$ 靜電位勢 Φ_{E}[V] 或 [(m^2/s^2)(kg/(A・s))]

平板與球的電位

本節將以無限大平行板這個典型的例子，說明點電荷的電位（靜電位）與位能。

無限大平行板的電位

考慮平行板電極的電場與施加在帶電粒子上的力（**上圖**）。當電場方向為x軸負向的均勻電場（$E(x)=-E_0$）時，帶正電荷的粒子會受到方向為負、大小固定的力作用。在電場$E(x)$內的電荷q的位能$U(x)$，可由靜電力的定義$F(x)=qE(x)=-\mathrm{d}U(x)/\mathrm{d}x$，計算出$U(x)-U(0)=-\int_0^x qE(x)\,\mathrm{d}x=\int_0^x qE_0\mathrm{d}x=qE_0x$。設負電極所在位置的位能$U(0)$為零，那麼$U(x)=qE_0x$。設電極間的距離為$d$，那麼$U(d)=qE_0d$。又電極間的電位差$V=U(d)/q$，故$V=E_0d$。

點電荷的電位

試求與點電荷Q[C]距離r[m]的點P的電位。無限遠處的點不會受到Q的作用，可設此處的電位為零。計算1C的電荷從無限遠處移動到P點時作的功，便可求得點P的電位。P點的電場強度E[V/m]為$Q/(4\pi\varepsilon_0r^2)$。設微小距離dr[m]間的E固定。設有一電荷q[C]，並對此電荷施加$F=qE$的抗力，使其移動dr，需作功$\mathrm{d}U=-F\mathrm{d}r=-qE\mathrm{d}r$。因此，位能$U(r)$如下。

$$U(r)=\int_0^{U(r)}\mathrm{d}U=-q\int_\infty^r E\mathrm{d}r=-\frac{qQ}{4\pi\varepsilon_0}\int_\infty^r\frac{1}{r^2}\mathrm{d}r=\frac{qQ}{4\pi\varepsilon_0 r}\quad(3\text{-}6\text{-}1)$$

位能除以電荷q[C]，便可得到P點的電位$V(r)$[V]。

$$V(r)=\frac{U(r)}{q}=-\int_\infty^r E\mathrm{d}r=\frac{Q}{4\pi\varepsilon_0 r}\quad(3\text{-}6\text{-}2)$$

MEMO 請留意位勢與位能的差別。以電場為例，前者單位為V，後者單位為eV或J。

平行板的電場強度與電位

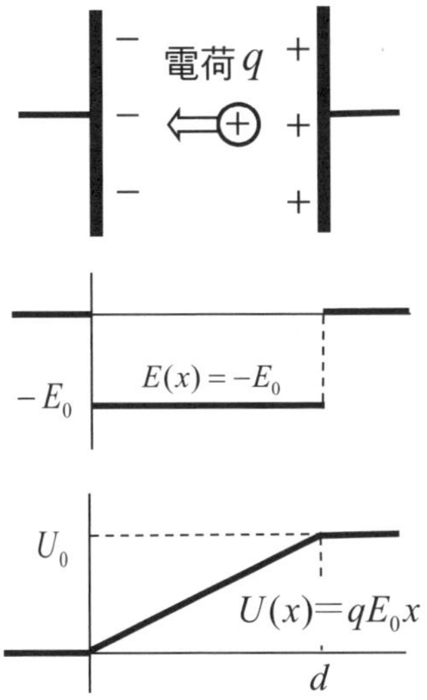

靜電力

$$F(x) = qE(x)$$
$$F = -\nabla U$$
$$E = -\nabla V$$

電場

$\boldsymbol{E} = -\boldsymbol{E}_0$（固定）

電位能

$$U(x) - U(0) = -\int_0^x qE(x)\,dx$$
$$= \int_0^x qE_0\,dx = qE_0 x$$

$$\boxed{U(x) = qE_0 x} \quad (0 \le x \le d)$$

靜電位

$$\boxed{V(x) = E_0 x} \quad (0 \le x \le d)$$

點電荷的電場強度與電位

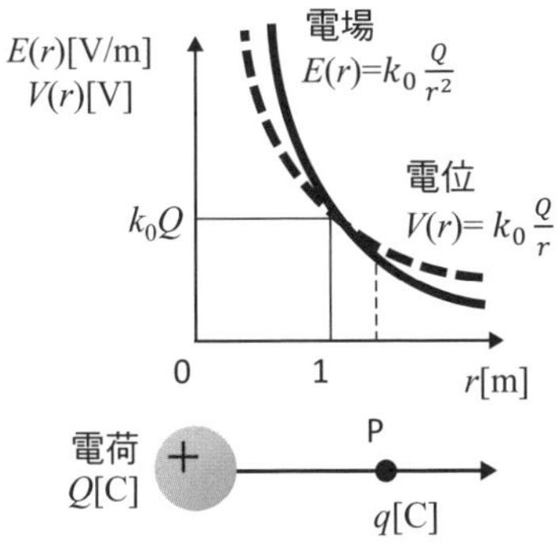

施加於點 P 上電荷 q 的力

$$F = k_0 \frac{qQ}{r^2} \qquad k_0 \equiv \frac{1}{4\pi\varepsilon_0}$$

點 P 的電場

$$E = k_0 \frac{Q}{r^2}$$

位能

電荷所受靜電 $F=qE$，施加對抗的力使電荷移動 Δr 需要作功 ΔU[J]，則

$$\Delta U = -F\Delta r = -k_0 \frac{qQ}{r^2}\Delta r$$

$$U(r) - U(\infty) = -\int_\infty^r k_0 \frac{qQ}{r^2}\mathrm{d}r = k_0 \frac{qQ}{r}$$

$$\boxed{U(r) = k_0 \frac{qQ}{r}}$$

靜電位

$$\boxed{V(r) = \frac{U(r)}{q} = k_0 \frac{Q}{r}}$$

電場的高斯定律（積分形式）

求算電場強度時，會用到電場的高斯定律。讓我們用平行板與帶電球等典型的例子，說明電場強度的計算方式。

由電荷總和求算電力線的方式

在沒有電荷的空間，電力線不會增加也不會減少。因此，通過任意閉曲面的電力線數，為閉曲面內部電荷總和的$1/\varepsilon_0$，這也叫做（電場的）高斯定律。設S為包圍電荷Q［C］的閉曲面，那麼通過S的電力線數目為Q/ε_0條。將閉曲面分割成N個，設第i個微小的面的面積為ΔS_i［m^2］，與之垂直的電場為$E_{\perp i}$［V/m］，那麼貫穿這個微小的面的電力線數目就是$E_{\perp i}\Delta S_i$條，故$\sum_{i=1}^{N} E_{\perp i}\Delta S_i = Q/\varepsilon_0$，如下所示。

$$\int_S \boldsymbol{E}\cdot \mathrm{d}\boldsymbol{S} = \frac{Q}{\varepsilon_0} \tag{3-7-1}$$

電通量密度$D(=\varepsilon E)$［C/m^2］與電荷密度ρ［C/m^3］如下所示。

$$\int_S \boldsymbol{D}\cdot \mathrm{d}\boldsymbol{S} = \int_V \rho \mathrm{d}V \equiv Q \tag{3-7-2}$$

高斯定律的例子（平行板電場）

我們可以用面積為S［m^2］、帶有$\pm Q$［C］電荷之兩平行板所產生的電場，說明高斯定律。兩平行板面電荷密度σ［C/m^3］為$\sigma = Q/S$。**下圖**中，圓柱閉曲面的截面積為ΔS，圓柱內總電荷為$\sigma\Delta S$。兩平行板間的電場強度E［V/m］固定，外部電場為零。圓柱側面法線方向的電場分量$\boldsymbol{E}\cdot \mathrm{d}\boldsymbol{S}=0$，故式（3-7-1）的等號左邊可寫成$E\Delta S$，等號右邊可寫成$\sigma\Delta S/\varepsilon_0$。

$$E = \frac{\sigma}{\varepsilon_0} = \frac{Q}{\varepsilon_0 S} \tag{3-7-3}$$

因此，若兩平行板的間隔為d，那麼平行板間電壓就是$V = Ed = Qd/(\varepsilon_0 S)$。

MEMO 高斯定律是由卡爾・弗瑞德呂希・高斯（1777～1855年）發現的定律，是電場各定律的基礎。

電荷總和與電通量積分的關係（高斯定律）

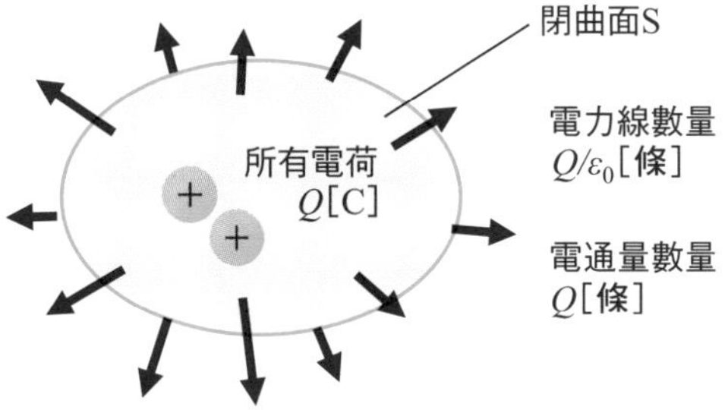

電荷總和

$$Q \equiv \int_V \rho \mathrm{d}V$$

電場強度的面積分與電力線數目

$$\int_S \boldsymbol{E} \cdot \mathrm{d}\boldsymbol{S} = \frac{Q}{\varepsilon_0}$$

電通量密度的面積分與電通量數目

$$\int_S \boldsymbol{D} \cdot \mathrm{d}\boldsymbol{S} = Q$$

高斯定律

高斯定律的應用例子

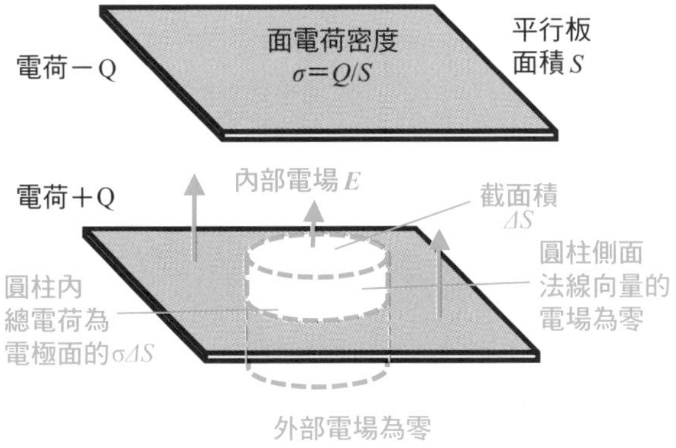

高斯定律

$$\int_S \boldsymbol{E} \cdot \mathrm{d}\boldsymbol{S} = \frac{Q}{\varepsilon_0}$$

↓ ↓

$E\Delta S$　　$\sigma\Delta S/\varepsilon_0$

所以

$$E = \frac{\sigma}{\varepsilon_0} = \frac{Q}{\varepsilon_0 S}$$

兩平行板間電壓 $V = Ed = \dfrac{\sigma d}{\varepsilon_0} = \dfrac{Qd}{\varepsilon_0 S}$

（d：平行板間的距離）

3-8 〈電荷、靜電場篇〉

導體與鏡像法

導體帶電後，本身的電位會變得如何呢？電荷的分布與電力線又會如何改變呢？

導體的電位

導體內的電子可自由移動，故電位會保持固定。若帶有正電荷或負電荷，那麼電荷之間會彼此排斥，使電荷僅分布於導體表面，導體內部不會有電場，所以電力線會垂直於導體表面射出或射入。由電場高斯定律可以知道，表面附近的電壓（電位差）與電荷面密度成正比（**上圖左**）。

相隔一段距離的一大一小導體球，以導體棒連接時，電位、電壓會是如何呢（**上圖右**）？兩導體球表面的電位相等，由電位Φ的公式可以知道電荷量Q與半徑r成正比，面積電荷密度σ與半徑r成反比，所以小球的表面附近電場強度E比較大，電壓較集中。

鏡像法

假設有個接地的寬廣平板導體，以及1個靜止點電荷，那麼我們可以透過虛擬電荷，用鏡像法（鏡像電荷法）來描述兩者間的電場。電力線由點電荷輻射出來，穿過導體平板時，與導體的平面垂直。此時電力線的結構，與假設平板另一側有個虛擬負電荷（鏡像負電荷）時的電力線相同。與平板的情況相比，描述正負雙電荷時的空間中電位、電壓等靜電場分析相對容易許多。將電荷放置於任意位置時，靜電力$\boldsymbol{F}$（1C電荷時為電場強度$\boldsymbol{E}$）可由庫侖力的疊加求得。因此，導體板因靜電感應而產生的面電荷，可由導體面上（$z=0$）的電場強度，以高斯定律求得（**下圖**）。另外，導體板受感應後產生的面電荷，對點電荷施加的靜電力，也可透過較簡便的計算求出。

MEMO　賦予導體電荷後，電荷不會均勻分布於導體，而是會依照導體形狀而有不同的電荷分布，使各位置的電位相同。

導體、電位、電壓

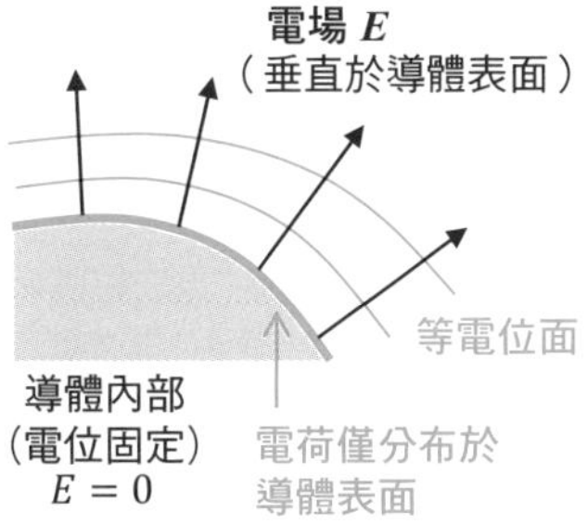

$$E=\frac{\sigma}{\varepsilon_0}$$

$r_1 > r_2$　　$\phi_1=\phi_2$（導體表面）

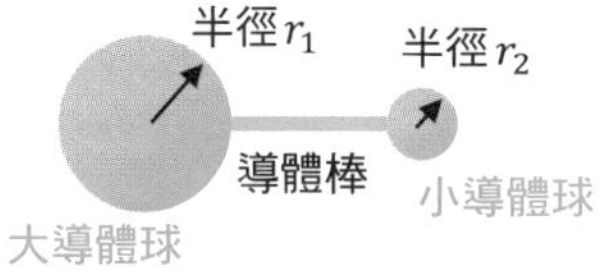

$Q_1 > Q_2$

$E_1 < E_2$

電壓與半徑成反比，
小球電壓較大。

$$\phi_{\mathrm{i}}=\frac{1}{4\pi\varepsilon_0}\frac{Q_{\mathrm{i}}}{r_{\mathrm{i}}}\quad(i=1,2)\qquad Q_{\mathrm{i}}\propto r_{\mathrm{i}}$$

$$\sigma_{\mathrm{i}}=\frac{Q_{\mathrm{i}}}{4\pi {r_{\mathrm{i}}}^2}\qquad \sigma_{\mathrm{i}}\propto\frac{1}{\mathrm{r_i}}$$

$$E_{\mathrm{i}}=\frac{\sigma_{\mathrm{i}}}{\varepsilon_0}\qquad E_{\mathrm{i}}\propto\frac{1}{\mathrm{r_i}}$$

靜電感應與鏡像法

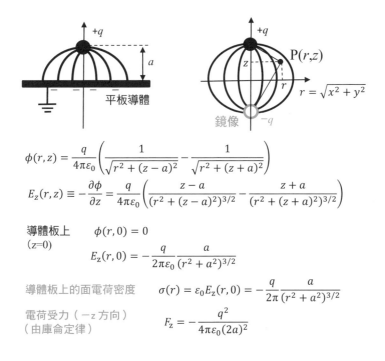

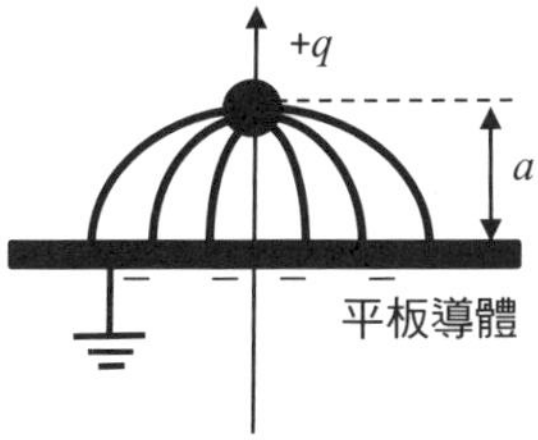

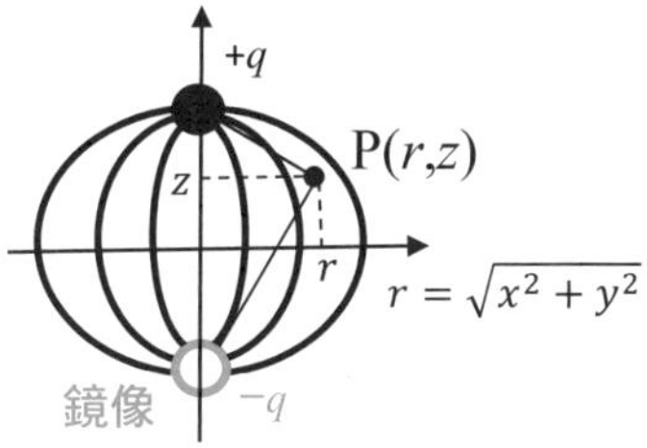

$$\phi(r,z)=\frac{q}{4\pi\varepsilon_0}\left(\frac{1}{\sqrt{r^2+(z-a)^2}}-\frac{1}{\sqrt{r^2+(z+a)^2}}\right)$$

$$E_z(r,z)\equiv-\frac{\partial\phi}{\partial z}=\frac{q}{4\pi\varepsilon_0}\left(\frac{z-a}{(r^2+(z-a)^2)^{3/2}}-\frac{z+a}{(r^2+(z+a)^2)^{3/2}}\right)$$

導體板上
(z=0)

$$\phi(r,0)=0$$

$$E_z(r,0)=-\frac{q}{2\pi\varepsilon_0}\frac{a}{(r^2+a^2)^{3/2}}$$

導體板上的面電荷密度　$\sigma(r)=\varepsilon_0 E_z(r,0)=-\frac{q}{2\pi}\frac{a}{(r^2+a^2)^{3/2}}$

電荷受力（－z 方向）
（由庫侖定律）　$F_z=-\frac{q^2}{4\pi\varepsilon_0(2a)^2}$

四選一選擇題

答案在下下頁

問題3.1　將導體球殼置於電場內，電場會如何變形？

在2個平行板電極之間，電力線由左而右水平射出。將不帶電的中空金屬球殼置於電場中，此時電力線的分布較接近哪個選項？

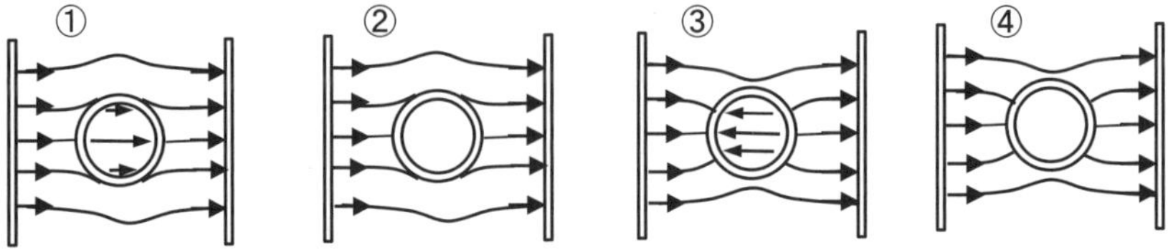

問題3.2　金屬球的靜電位

真空中有個帶負電荷$-Q$，半徑為a的金屬導體球。其周圍的電位（靜電位）$V(r)$較接近 ① ～ ④ 哪個選項？

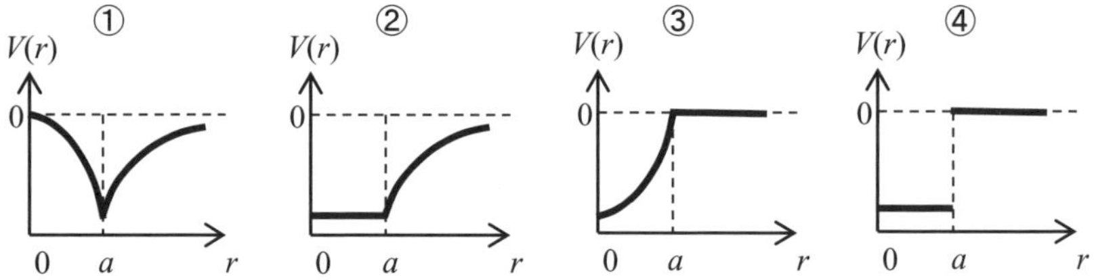

【追加問題】除了正確答案之外，試推測其他選項所代表的電荷狀態。

COLUMN

雷其實是往上打!?

地球電離層（＋）與地表（－）之間的大氣存在電場，宇宙射線使空氣離子化時，會產生微弱的穩定電流（整體約～ 1kA）。維持這個電場的是雷雨雲。雷雨雲中，有許多冷卻的冰粒隨上升氣流上升，再因重力而下落，這個過程反覆進行會因摩擦而產生靜電。雷雨雲上端會聚集大顆冰粒（＋），下端會聚集小顆冰粒（－）。當地面產生靜電感應時，雷雨雲的電子會形成閃電。不過真正的落雷本體，是從地表上升的離子電流。這是地球規模的電路。

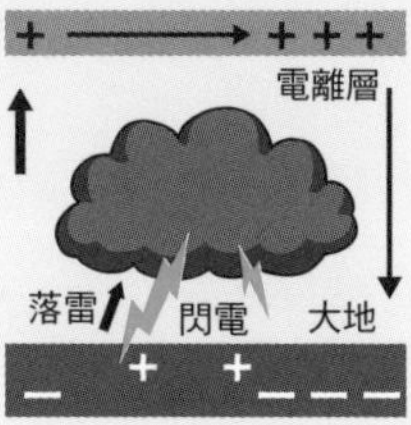

本章問題

每個問題分別對應到各節內容／答案在下一頁

3-1 [人名] 提出電力線的概念以描述電場。設真空中的電容率為 ε_0，定義1C的電荷可輻射出 [　　] 條電力線，約為 [$10^{\square}$] 條。

3-2 1個單位的電通量，包含 [　　] 條真空中的電力線，1C有 [　　] 單位的電通量。電場強度 E 與電通量密度 D 的關係為 [　　]。

3-3 在有電場的空間內放置電荷 q [C]，當靜電力 $\boldsymbol{F}$ [N] 作用時，電場強度向量為 [　　[單位]]。

3-4 在有力作用的場內移動物體時，若做功大小只由起點與終點決定，與路徑無關，那麼這種力 $\boldsymbol{F}$ 叫做 [　　]，可以用算子 ∇ 寫成 [$\quad = 0$]，或是用位能 U 寫成 [$\boldsymbol{F} =$]。重力與靜電力皆屬之。

3-5 重力加速度向量 $\boldsymbol{g}$，可以用純量的重力位勢 Φ_g [J/kg]，寫成 [$\boldsymbol{g} =$ 　[單位]]。同樣的，電場 $\boldsymbol{E}$ 可以用純量的靜電位勢 Φ_E [J/C]，寫成 [$\boldsymbol{E} =$ 　[單位]]。

3-6 設有一電荷 Q [C]、半徑為 R [m] 的球面導體。那麼在距離球心 r [m] 的球外某位置，電場 E 為 [　　[單位]]。設無限遠處的靜電位勢為零，那麼球內部的位勢 Φ 為 [　　[單位]]，球外部的位勢 Φ 為 [　　[單位]]。

3-7 電荷 Q 輻射出來的電力線條數 Q/ε_0，等於包圍該電荷之任意閉曲面 $\boldsymbol{S}$ 上的電場 $\boldsymbol{E}$ 與閉曲面面積的積分。這個概念可寫成數學式 [　　]，稱為 [人名] 定律。由這個定律可知，面電荷密度 σ [C/m^2] 的平行板內部電場 E [V/m] 為 [　　]。

3-8 將感應電荷靠近帶正電荷之導體板時，可想像導體板另一側有個 [　　] 的虛擬電荷，以方便計算。這種方法叫做 [　　]。

答案

答案3.1　④

【解說】「靜電感應」會移動球殼的自由電子，使球殼左側帶負電荷，右側帶正電荷。在球殼內部，原電場與感應產生的電場彼此抵消歸零。這種內部電場歸零的效應稱為「靜電屏蔽」。球殼導體外部的電力線，會被球殼上的電荷吸引過去，使電力線的分布往球殼凹陷。

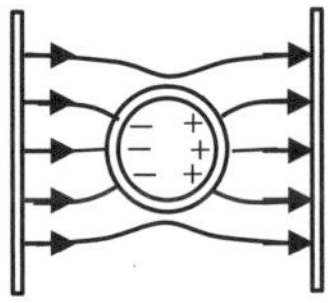

答案3.2　②

【解說】無限大的地方電位為零。帶電粒子分布於表面，故該處的電位（電壓）不連續。導體內部沒有電場，所以電位固定。球帶負電荷，故愈靠近球面，電位負得愈多；愈往外，電位愈高。

【追加問題】① 為球內體電荷密度一致，均勻帶負電荷的狀態。③ 為球內體電荷密度一致，均勻帶正電荷，且表面球殼帶有等量負電荷，外部電場為零的狀態。④ 為極薄的雙層球殼結構，內部帶負電荷，外部帶正電荷，內外電場合計為零的狀態。

本章問題答案（滿分20分，目標14分以上）

（3-1）　法拉第、$1/\varepsilon_0$、10^{11}

（3-2）　$1/\varepsilon_0$、1、$D=\varepsilon_0 E$

（3-3）　$\boldsymbol{F}/q$[N/C]或[V/m]

（3-4）　保守力、$\nabla\times\boldsymbol{F}=0$、$\boldsymbol{F}=-\nabla U$

（3-5）　$\boldsymbol{g}=-\nabla\Phi_g$[m/s^2]或[N/kg]、$\boldsymbol{E}=-\nabla\Phi_E$[V/m]或[N/C]

（3-6）　$Q\boldsymbol{e}_r/(4\pi\varepsilon_0 r^2)$ [V/m], $\boldsymbol{e}_r=\boldsymbol{r}/r$、$Q/(4\pi\varepsilon_0 R)$ [V]、$Q/(4\pi\varepsilon_0 r)$ [V]

（3-7）　$\int_S \boldsymbol{E}\cdot d\boldsymbol{S}=Q/\varepsilon_0$、高斯、$\sigma/\varepsilon_0$

（3-8）　電荷量相等之負電荷、鏡像法（鏡像電荷法）

第4章

〈電荷、靜電場篇〉

介電質

與真空不同，介電質可用於製作電容量大的電容器。第4章中將說明介電極化，並以具體的例子定義電容（電容量），也會提到含有電容器的電路與靜電能量。

介電極化

對導體施加電場時，會產生靜電感應；對絕緣體施加電場時，則會產生介電極化現象。本節將介紹介電極化的機制與性質。

靜電感應與介電極化

將帶正電的棒狀物（譬如壓克力棒）靠近金屬（導體）球時，金屬內的部分自由電子會被帶電棒的正電荷吸引過去，移動到靠近帶電棒的表面。所以金屬球靠近帶電棒一側的表面，會感應成電性相反的負電荷，遠離帶電棒一側的表面則會感應成正電荷（**上圖**）。這種現象稱為靜電感應。靜電感應所產生的正負電荷量相等。

另一方面，幾乎無法導電的絕緣體（譬如玻璃或塑膠）則不同。帶電體靠近時，絕緣體內部的電子無法離開原本的原子或分子，各原子內部的電子卻會偏向一邊，在原子內形成正負兩極。此時稱原子有極化現象。絕緣體內部的正負電荷彼此抵消，但靠近帶電體的絕緣體表面，仍會產生與帶電體電性相反的電荷（**下圖**）。這種現象稱為介電極化，產生的電荷稱為極化電荷。這就是由絕緣體產生的靜電感應。絕緣體會產生介電極化現象，故也稱為介電質。極化電荷無法從絕緣體中分離出來。

物質的電容率

設介電極化向量為$\boldsymbol{P}$［$\mathrm{C/m^2}$］、電極化率χ_e（無因次）、相對電容率為ε_r（無因次），那麼電通量密度$\boldsymbol{D}$［$\mathrm{C/m^2}$］與電場強度$\boldsymbol{E}$［V/m］間的關係如下。

$$\boldsymbol{D} = \varepsilon_0\boldsymbol{E} + \boldsymbol{P} = (1+\chi_e)\varepsilon_0\boldsymbol{E} = \varepsilon_r\varepsilon_0\boldsymbol{E} \qquad (4\text{-}1\text{-}1)$$

物質的相對電容率ε_r表見**4-6節**。嚴格來說，空氣電容率與真空電容率不同，但實務上將兩者數值視為相等並不會有太大的問題（誤差在0.1%以下）。相對電容率大的鈦酸鋇為優異的介電質，可用於製作積層陶瓷電容。

MEMO 本節說明中，設電極化率為χ_e[無因次]，得到$P=\varepsilon_0\chi_e E$。但有時會設χ_e[F/m]，將前式改寫成$P=\chi_e E$。

靜電感應（導體）

帶電棒靠近導體時

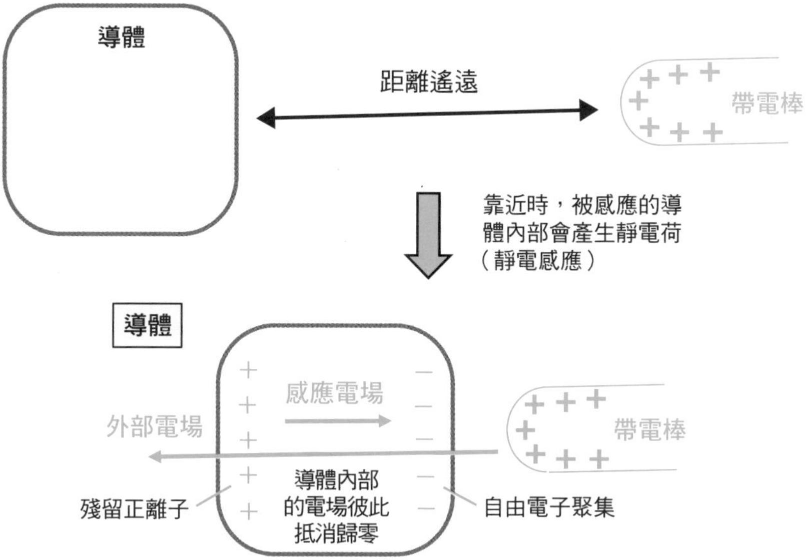

介電極化（絕緣體）

帶電棒靠近絕緣體（介電質）時，會產生電場。
自由電子不會移動，而是使原子極化（**介電極化**）。

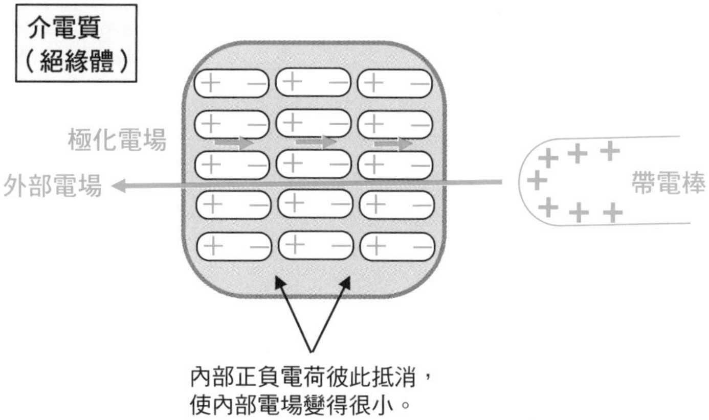

電容

電容（電容量）可表示電容器（蓄電器）儲存電能的性能。本節將介紹其定義。

電容的定義與電容的單位法拉第（F）

假設有2個一組的物體，分別帶有正負電荷 $\pm Q$［C］，那麼兩物體間就會產生電壓 V［V］。換個角度來看，若在兩物體間施加電壓 V［V］，就能儲存電荷 Q［C］（**上圖**）。此時，儲存的電荷量 Q［C］與物體間的電壓 V［V］成正比。

$$Q = CV \tag{4-2-1}$$

在上方的式子中，比例係數 C 為電容器的電容或電容量。單位為庫侖每伏特（符號為C/V），國際單位制（SI制）中使用的導出單位為法拉第（符號為F）。

在日本，儲存電荷的電子零件以前唸做condenser，近年則普遍改稱為capacitor。分別源自英文的condense（濃縮）與capacity（收容能力）。熱交換機的冷凝器在英文中也叫做condenser。有蓄電器之意的capacity則是世界通用的稱呼。

平行板的電位與電容量

平行板電容器的電位與電容可由它們的定義分別求算出來（**上圖**）。設平行板電極的面積為 S［m^2］，兩平行板的距離為 d[m]，兩電極的電荷為 $\pm Q$［C］，便可由高斯定律求出電場 E［V/m］。將電場與電位的方程式 $\boldsymbol{E} = -\nabla V$ 積分，便可求出電位 $V(x)$，故可得到兩電極板的電位差 V 為 $Qd/(\varepsilon_0 S)$。接著再由電容量 C［F］$=Q/V$，可得到以下關係式。

$$C = \varepsilon_0 \frac{S}{d} \tag{4-2-2}$$

MEMO　電容量的單位為法拉第（F），$1F=1C/V=1m^{-2}kg^{-1}s^4A^2$。名稱源自英國科學家麥可．法拉第。

電容量

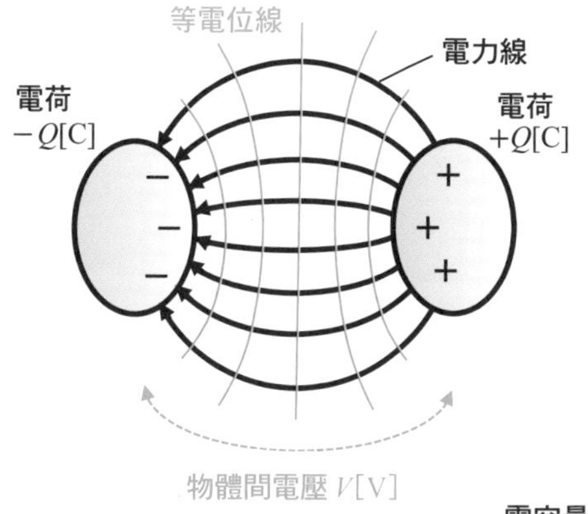

累積的電荷 $\pm Q$[C]
與電極間的電壓 V[V] 成正比。
比例係數即為電容 C。

$$\boxed{Q = CV}$$

電容量 C 的單位
為 F 或 C/V。

電容量 $C[\mathrm{F}]=\frac{Q}{V}$

平行板電容器的電位與電容量

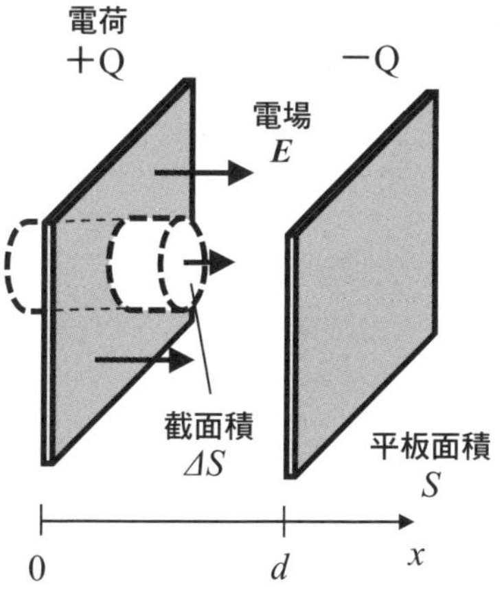

$$Q = \sigma S$$
$$V = Ed$$
$$C = \frac{Q}{V}$$

設極板上有與之垂直的圓柱體，
套用高斯定律後如下。

$$E\Delta S = \frac{\sigma \Delta S}{\varepsilon_0}$$

$$\boxed{\therefore E = \frac{\sigma}{\varepsilon_0} = \frac{Q}{\varepsilon_0 S}}$$

$\boldsymbol{E} = -\nabla V$

$V(0) = 0$　因此

$$V(x) = -\int_0^x E(x)\,\mathrm{d}x = -\frac{Q}{\varepsilon_0 S}x$$

以負電荷電極的電位 (x=d) 為基準，
考慮正電荷電極的電位 (x=0)，
可得到電極間的電位差（電壓）V 如下。

$$V = V(0) - V(d) = \frac{Qd}{\varepsilon_0 S}$$

$$\boxed{\therefore C = \frac{Q}{V} = \varepsilon_0 \frac{S}{d}}$$

各種電容①

除了前節介紹的平行板電容器之外，同軸圓柱電容器也是典型的一維電容器。本節讓我們來看看同軸圓柱的電容量計算。

平行板電容器

設面積 S［m^2］、電極間距離 d［m］的平行板，帶有電荷 $\pm Q$［C］。面電荷密度為 σ［$\mathrm{C/m}^2$］$= Q/S$，由電場高斯定律可計算出真空中的平板間電場強度 E［V/m］，在**3-7節**中也有提過這點。

$$E = \frac{\sigma}{\varepsilon_0} = \frac{Q}{\varepsilon_0 S} \tag{4-3-1}$$

極板間電壓為電場強度乘上距離 V［V］$=Ed$，故電容 C［F］如下（**上圖**）。

$$C = \frac{Q}{V} = \varepsilon_0 \frac{S}{d} \tag{4-3-2}$$

這裡假設平板間距離很小（$d \ll \sqrt{S}$）。

同軸圓柱電容器

設某細長同軸圓柱電容器的內徑為 a，外徑為 b，長為 L（$L \gg b$），內軸帶有電荷 $+Q$［C］，外側圓柱則帶有電荷 $-Q$［C］（**下圖**）。由高斯定律可以知道，距離中心軸 r（$a<r<b$）處的內部電場 E（r）如下。

$$E(r) = \frac{Q}{2\pi\varepsilon_0 rL} \quad (a < r < b) \tag{4-3-3}$$

以 $r = b$ 的電位為基準，可得到電位 V（r）［V］如下。

$$V(r) = -\int_b^r E(r)\mathrm{d}r = -\int_b^r \frac{Q}{2\pi\varepsilon_0 rL}\mathrm{d}r = \frac{Q}{2\pi\varepsilon_0 L}\log\frac{b}{r} \tag{4-3-4}$$

因此，由電位差 $V = V(a) - V(b)$，可求得電容量 C［F］。

$$C = \frac{Q}{V} = \frac{2\pi\varepsilon_0 L}{\log(b/a)} \tag{4-3-5}$$

MEMO　同軸圓柱的內部電場$\propto 1/r$，故電位與對數函數（$\log b - \log r$）成正比，$r \geq b$ 時則為零。

平行板電容器的電容

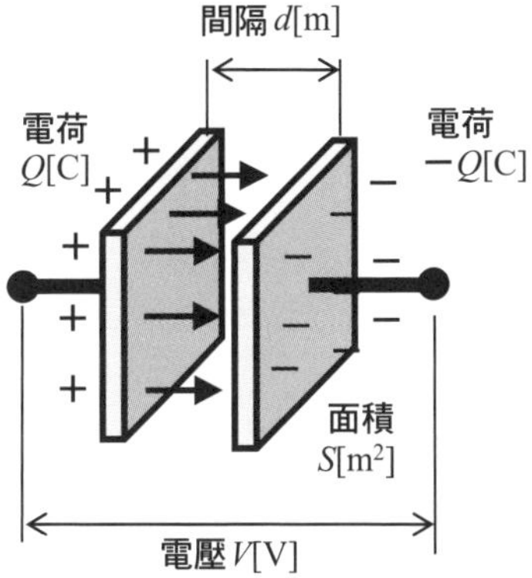

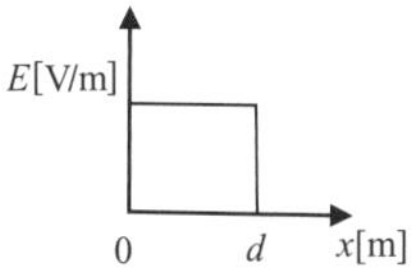

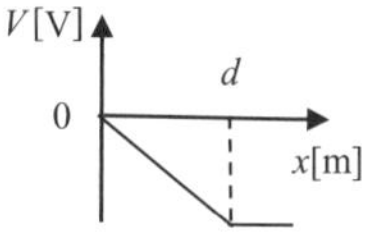

由高斯定律可以知道

$$E(x) = \frac{Q}{\varepsilon_0 S}$$

將電位的定義式

$E(x) = -\nabla V$ 積分，可得

$$V(x) = -\int_0^x E\mathrm{d}x$$

$$= -\int_0^x \frac{Q}{\varepsilon_0 S}\mathrm{d}x = -\frac{Q}{\varepsilon_0 S}x$$

因此，極板間的電位差為

$$V = V(0) - V(d) = \frac{Q}{\varepsilon_0 S}d$$

電容量為 $C = \frac{Q}{V}$，故

$$\boxed{C = \varepsilon_0 \frac{S}{d}}$$

同軸圓柱電容器的電容

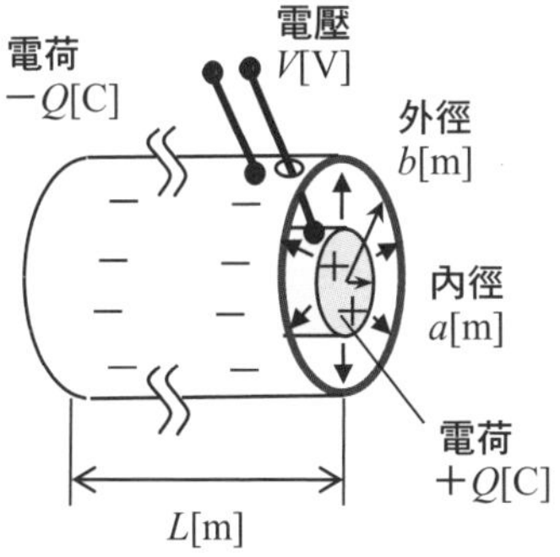

由高斯定律可以知道 $E(r) = \frac{Q}{2\pi\varepsilon_0 rL}$

$$V(r) = -\int_b^r E\mathrm{d}r = -\int_b^r \frac{Q}{2\pi\varepsilon_0 rL}\mathrm{d}r = \frac{Q}{2\pi\varepsilon_0 L}\log\frac{b}{r}$$

極板間電位差 $V = V(a) - V(b)$

電容量為 $C = \frac{Q}{V}$，故

$$\boxed{C = \frac{2\pi\varepsilon_0 L}{\log(b/a)}}$$

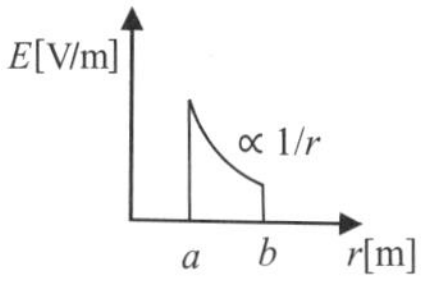

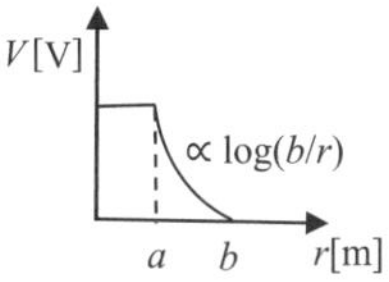

各種電容②

導體內部的電位固定，只有導體表面存在電荷。本節將介紹球形電容器、同心球殼電容器等其他典型電容器的電容量。

球形電容器的電容量

考慮帶有電荷Q［C］，半徑為R［m］的球形電容器（**上圖**）。由高斯定律可以知道，半徑r（$r \geqq R$）處的外部電場$E(r) = Q/(4\pi\varepsilon_0 r^2)$。設無限遠處的電位為零，則$r$處電位$V(r)$如下。

$$V(r) = -\int_{\infty}^{r} E(r)\mathrm{d}r = -\int_{\infty}^{r} \frac{Q}{4\pi\varepsilon_0 r^2}\mathrm{d}r = \frac{Q}{4\pi\varepsilon_0 r} \quad (4\text{-}4\text{-}1)$$

因此，由定義可以知道，球形電容器的電容為C［F］$= Q/V(R)$，如下所示。

$$C = 4\pi\varepsilon_0 R \quad (4\text{-}4\text{-}2)$$

同心球殼電容器的電容量

半徑a的球外面包覆半徑b的球殼所形成的電容器，稱為同心球殼電容器（**下圖**）。設中心導體球的電荷為Q［C］，外側球殼電荷為$-Q$［C］。半徑$r = a$的導體內與$r = b$的球殼外，電場皆為零，兩者間的電場如下。

$$E(\mathrm{r}) = \frac{Q}{4\pi\varepsilon_0 r^2} \qquad (a \leqq r \leqq b) \quad (4\text{-}4\text{-}3)$$

設無限遠處的電位為零，半徑r處的電位$V(r)$為$-E(r)$的積分如下。

$$V(a) - V(b) = \frac{Q}{4\pi\varepsilon_0}\left(\frac{1}{a} - \frac{1}{b}\right)$$

因此，由兩極板的電位差$V = V(a) - V(b)$可以得到電容量C［F］如下。

$$C = \frac{Q}{V} = \frac{4\pi\varepsilon_0 ab}{(b-a)} \quad (4\text{-}4\text{-}4)$$

令半徑b為無限大，便可得到半徑a之球形電容器的電容量。

MEMO　帶電球的外部電場$\propto 1/r^2$，外部電位為電場積分後取負數，故電位$\propto 1/r$。

球形電容器的電容量

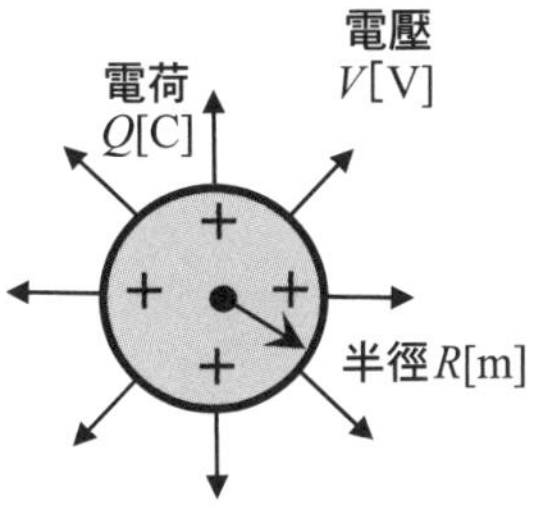

由高斯定律可以知道 $E(r)4\pi r^2=\frac{Q}{\varepsilon_0}$

以無限遠處為基準的電位 V 如下

$$V=-\int_{\infty}^{R}E(r)\mathrm{d}r=-\int_{\infty}^{R}\frac{Q}{4\pi\varepsilon_0 r^2}\mathrm{d}r=\frac{Q}{4\pi\varepsilon_0 R}$$

電容量 $C=\frac{Q}{V}$，故

$$\boxed{C=4\pi\varepsilon_0 R}$$

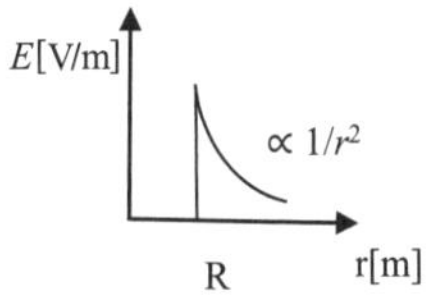

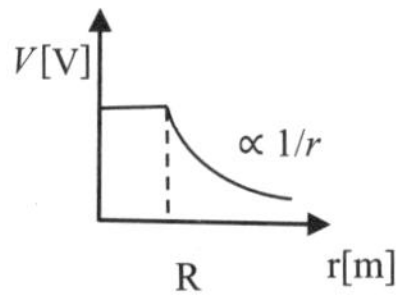

同心球殼電容器的電容量

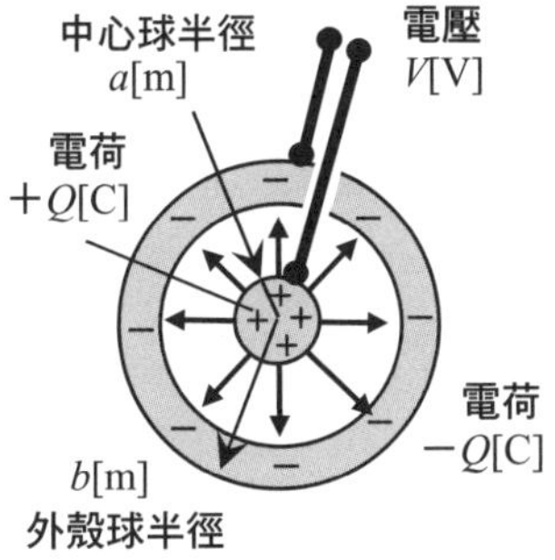

由高斯定律可以知道

$$E(r)=0 \qquad (r<a,\ b<r)$$

$$E(r)=\frac{Q}{4\pi\varepsilon_0 r^2} \qquad (a\leqq r\leqq b)$$

由電位的定義可得 $V(r)=-\int_{\infty}^{r}E\mathrm{d}r$

$$V(r)=0 \qquad (b<r)$$

$$V(r)=\frac{Q}{4\pi\varepsilon_0}\left(\frac{1}{r}-\frac{1}{b}\right) \qquad (a\leqq r\leqq b)$$

$$V(r)=\frac{Q}{4\pi\varepsilon_0}\left(\frac{1}{a}-\frac{1}{b}\right) \qquad (r<a)$$

因此，由電極間電位差 $V=V(a)-V(b)$

電容量 $C=\frac{Q}{V}$ 可得

$$\boxed{C=\frac{4\pi\varepsilon_0 ab}{(b-a)}}$$

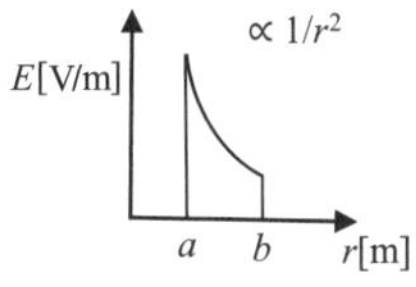

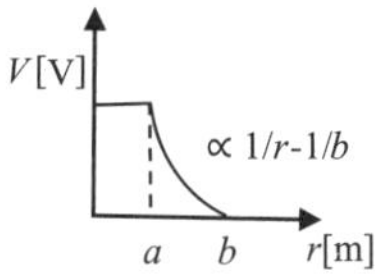

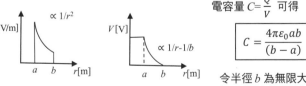

令半徑 b 為無限大，
便可得到球形電容器的電容。

第4章 介電質

電容器的並聯與串聯

電容器並聯時，相當於平行板的面積增加，電容量也會增加。那麼將電容器串聯時又會如何呢？

並聯電路

如**上圖**所示，電容C_1與C_2的2個電容器並聯相接，於端子間施加電壓V，2個電容器的電荷分別為$Q_1=C_1V$、$Q_2=C_2V$，兩端子間的總電荷$Q=Q_1+Q_2=C_1V+C_2V=(C_1+C_2)V$，故並聯電路的合成電容如下。

$$C=\frac{Q}{V}=C_1+C_2 \quad (4\text{-}5\text{-}1)$$

一般而言，電容為C_1、C_2、C_3、…、C_n的n個電容器並聯時，合成電容如下所示。

$$C=C_1+C_2+C_3+\cdot\cdot\cdot+C_n=\sum_{i=1}^{n}C_i \quad (4\text{-}5\text{-}2)$$

串聯電路

如**下圖**所示，電容C_1與C_2的2個電容器串聯相接，2個電容器一開始都不帶電荷，所以對整體施加電壓V時，2個電容器產生的電荷皆為Q。設2個電容器的電壓分別為V_1、V_2，那麼，$Q=C_1V_1=C_2V_2$。因此，端子間的電位差為$V=V_1+V_2=Q/C_1+Q/C_2=Q(1/C_1+1/C_2)$，從端子的角度看來，串聯電路的合成電容如下。

$$C=\frac{Q}{V}=1/\left(\frac{1}{C_1}+\frac{1}{C_2}\right)=\frac{C_1C_2}{(C_1+C_2)} \quad (4\text{-}5\text{-}3)$$

一般而言，電容為C_1、C_2、C_3、…、C_N的N個電容器串聯時，合成電容如下所示。

$$\frac{1}{C}=\frac{1}{C_1}+\frac{1}{C_2}+\frac{1}{C_3}+\cdots+\frac{1}{C_N}=\sum_{i=1}^{N}\frac{1}{C_i} \quad (4\text{-}5\text{-}4)$$

MEMO　電容器並聯時，各電容器的電壓彼此相等，電荷依比例分配（∝電容量）；串聯時，電荷彼此相等，電壓依比例分配（∝ 1/電容量）。

電容器並聯

2 個電容並聯

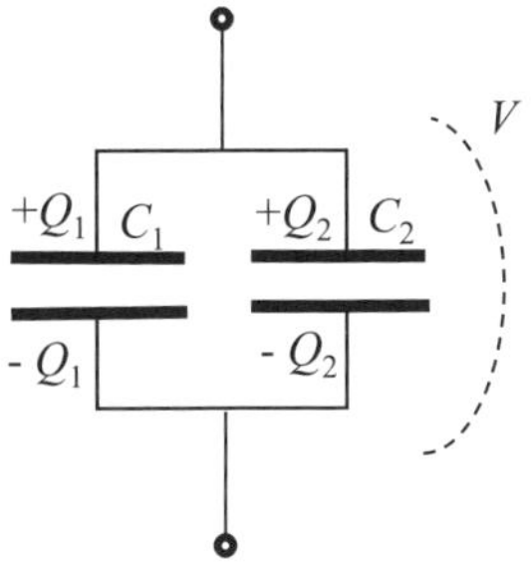

總電荷量 Q 分配至兩電容器

$$Q=Q_1+Q_2=C_1V+C_2V=(C_1+C_2)V$$

合成電荷與各電荷的關係如下

$$Q_1=C_1V=\frac{C_1}{C}Q=\frac{C_1}{C_1+C_2}Q$$

$$Q_2=C_2V=\frac{C_2}{C}Q=\frac{C_2}{C_1+C_2}Q$$

因此，合成電容為

$$C=\frac{Q}{V}=C_1+C_2$$

多個電容並聯

$$C=C_1+C_2+C_3+\cdot\ \cdot\ \cdot+C_n=\sum_{i=1}^{n}C_i$$

電容器串聯

2 個電容串聯

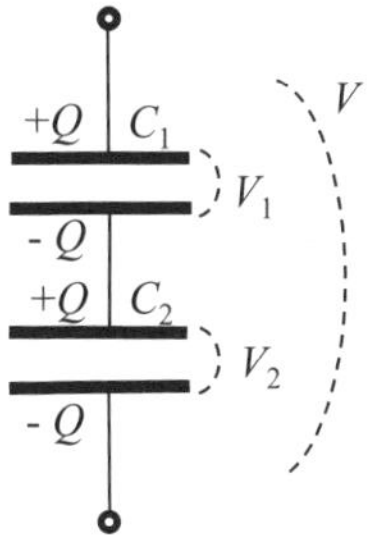

總電壓 V 分配至兩電容器

$$V=V_1+V_2=\frac{Q}{C_1}+\frac{Q}{C_2}=\left(\frac{1}{C_1}+\frac{1}{C_2}\right)Q$$

總電壓與各電壓的關係如下

$$V_1=\frac{Q}{C_1}=\frac{C}{C_1}V=\frac{C_2}{(C_1+C_2)}V$$

$$V_2=\frac{Q}{C_2}=\frac{C}{C_2}V=\frac{C_1}{(C_1+C_2)}V$$

因此，合成電容為

$$C=\frac{Q}{V}=1/\left(\frac{1}{C_1}+\frac{1}{C_2}\right)=\frac{C_1C_2}{(C_1+C_2)}$$

多個電容串聯

$$\frac{1}{C}=\frac{1}{C_1}+\frac{1}{C_2}+\frac{1}{C_3}+\cdots+\frac{1}{C_N}=\sum_{i=1}^{N}\frac{1}{C_i}$$

靜電能量與電容率

可儲存於電容器的電能，其與電壓與電容率之間有何關係呢？

電荷移動的功

考慮使電容量為C［F］的電容器之累積電荷量從0增加到Q［C］需做的功（能量）。電壓從初始值0增加至終值V［V］。過程中，電荷量為q［C］時，電壓v［V］為$v = q/C$。此時，每增加Δq［C］的電荷，做功量ΔW［J］為電壓與電荷的乘積，故$\Delta W = v\Delta q = q\Delta q/C$（**上圖左**）。因此，只要計算電容器內的電位能U_C［J］，即從0到Q的ΔW之和（三角形面積）即可，由圖形可以看出以下關係（**上圖右**）。

$$U_C = \frac{1}{2}CV^2 \qquad (4\text{-}6\text{-}1)$$

或者設q從0到Q，計算$dW = v dq$的積分如下。

$$U_C = \int dW = \int_0^Q \frac{1}{C} q dq = \frac{1}{2C}Q^2 = \frac{1}{2}CV^2 \qquad (4\text{-}6\text{-}2)$$

物質的電容率

面積A［m^2］，間隔d［m］的平行板電容中，極板間空間體積為Ad［m^3］，單位體積的電位能密度為u_C［J/m^3］$= U_C/(Ad)$。因電場強度E［N/C］$= V/d$［V/m］，可得真空狀況下的電位能密度如下。

$$u_C = \frac{1}{2}\varepsilon_0 E^2 \qquad (4\text{-}6\text{-}3)$$

當電容器內充滿相對電容率為ε_r的物質時，電容率$\varepsilon = \varepsilon_r\varepsilon_0$，電位能密度如下。

$$u_C = \frac{1}{2}\varepsilon E^2 \qquad (4\text{-}6\text{-}4)$$

典型物質的相對電容率如**右頁下表**。

MEMO　空氣的相對電容率為1.00057，可視為與真空電容率相等。紙為2.0～2.6，水為80。

電容器的電位能

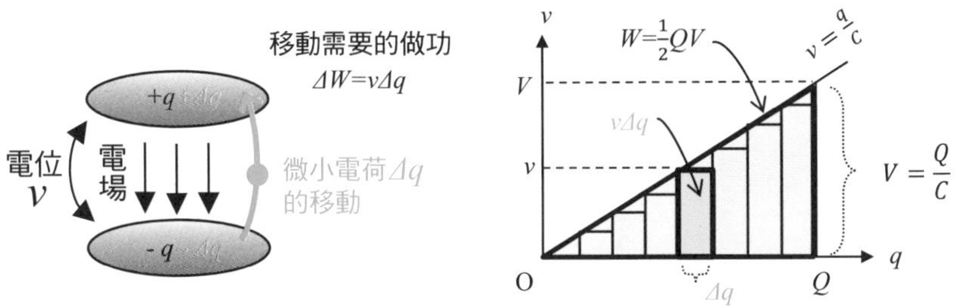

物質的相對電容率

電容率　$\varepsilon = \varepsilon_r \varepsilon_0$

真空電容率　$\varepsilon_0 = \frac{1}{\mu_0 c^2} = 8.85 \times 10^{-12}$ F/m

物質名稱	相對電容率 ε_r
真空	1.00000
空氣	1.00059
紙、橡膠	2.0 ~ 3.0
雲母	7.0 ~ 8.0
氧化鋁（Al_2O_3）	8.5
水	80
鈦酸鋇	~ 5000

嚴格來說，空氣電容率比真空電容率高了萬分之 6 左右，
但一般狀況下，假設兩者數值相同並不會產生太大的問題。

平行板電極的受力

電容器內部累積正電荷與負電荷時，會彼此吸引。這種引力與電荷量的平方成正比。

電場能量產生的引力

假設平行板電極電容器的電荷量固定為 $\pm Q$ [C]，那麼內部電場 E [V/m] 與電極間距 d [m] 無關，而是會保持固定數值 $E=Q/(\varepsilon_0 A)$。假設這個電容器的兩電極之間作用力為 F [N]。若試著對抗引力，將其中一個電極板拉遠 Δx [m]，此時做的功為 $F\Delta x$ [J]。另外，移動距離 Δx [m] 造成的兩電極間體積變化為 $S\Delta x$，故這段期間內的空間能量變化量為 $u_C S\Delta x$（**上圖**）。這裡的 $u_C=(1/2)\varepsilon_0 E^2$，為電場的能量密度，相當於電場的壓力。因為能量守恆，所以 $F\Delta x + u_C S\Delta x = 0$，可求出平行板電容器的受力如下。

$$F = -u_C S = -\frac{\varepsilon_0}{2}\frac{V^2}{d^2}S = -\frac{Q^2}{2\varepsilon_0 S} \quad [\mathrm{N}] \qquad (4\text{-}7\text{-}1)$$

計算過程有用到平行板電容量 $C=\varepsilon_0 S/d$，以及 $Q=CV$、$V=Ed$ 等關係式。平行板間的力（負值，故為引力）與平行板面積成正比，與電壓平方成正比，與平行板間隔 d 的平方成反比，與電荷的平方成正比。

電場中的引力

電極的受力也可以由電場中電荷受力 $F=qE$ 計算出來。單一平行板的兩側電壓為 $E/2$（**下圖**），平板的電場不會對自己施力。因此，只有1個平行板電極產生的電場，會吸引另一個帶電荷、產生電場之平行板電極，受力如下。

$$\boldsymbol{F} = -\frac{1}{2}Q\boldsymbol{E} \qquad (4\text{-}7\text{-}2)$$

這個式子與式（4-7-1）相同。

MEMO 靜止流體的能量密度在任意方向的壓力相同，具等向性。另一方面，電磁場的壓力（馬克士威應力）為非等向性。

平行板電容的做功

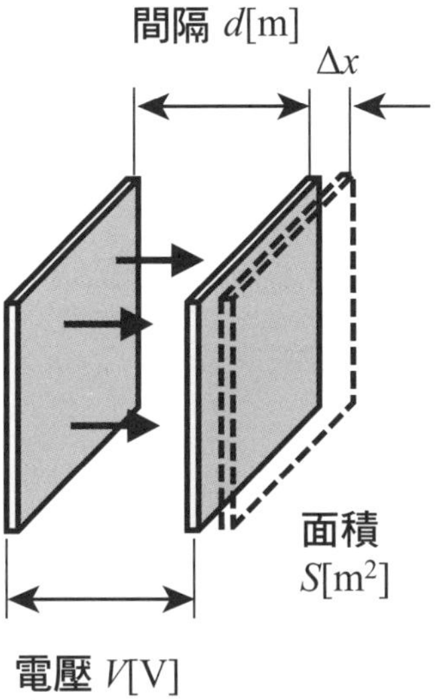

$$u_C = (1/2)\varepsilon_0 E^2$$

$$\Delta U_C = u_C S \Delta x$$

$$F\Delta x + u_C S \Delta x = 0$$

$$F = -u_C S = -\frac{\varepsilon_0}{2}\frac{V^2}{d^2}S = -\frac{Q^2}{2\varepsilon_0 S}$$

無限大平行板的電場

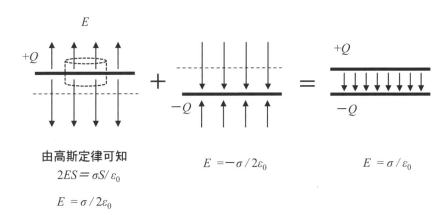

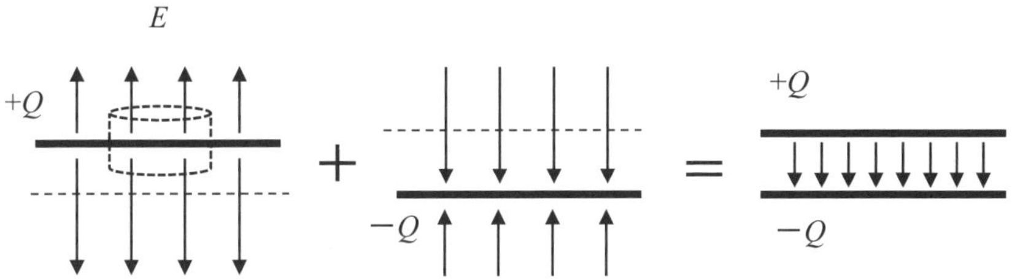

由高斯定律可知

$$2ES = \sigma S/\varepsilon_0$$

$$E = \sigma/2\varepsilon_0$$

$$E = -\sigma/2\varepsilon_0$$

$$E = \sigma/\varepsilon_0$$

1 個電極的電壓與另一個電極產生之電壓的和，
就是平行板內部的電壓。

介電質電容器

若要增加電容器的電容量，可在電極間插入電容率高的介電質。此時，電容器內部的電壓會如何變化呢？

電容量與相對電容率成正比

比較平行板電容器的極板間為真空，以及充滿介電質2種狀態下的電容量。真空時（**上圖左**）的靜電容量如下。

$$C_0 = \frac{\varepsilon_0 S}{d} \qquad (4\text{-}8\text{-}1)$$

若電容上有電荷 $\pm Q_0$，那麼極板間電壓 V_0，電場 E_0 分別如下。

$$V_0 = \frac{Q_0}{C_0}, \quad E_0 = \frac{V_0}{d} = \frac{Q_0 d}{\varepsilon_0 S} \qquad (4\text{-}8\text{-}2)$$

此時，若在極板間插入相對電容率為 ε_r（$\varepsilon_r>1$）的介電質，介電質的分子會極化（**上圖右**），使電容器的電容量 C 變為 C_0 的 ε_r 倍。

$$C = \varepsilon_r C_0 \qquad (4\text{-}8\text{-}3)$$

電荷量固定與電壓固定的差別

若固定極板的電荷，即 $Q = Q_0$。插入介電質後，極板間電壓 V 與內部電場強度 E（$= V/d$）皆會變成原本的 $1/\varepsilon_r$ 倍。累積的能量會變成 $W=(1/2)Q^2/C$，同樣是真空時能量 W_0 的 $1/\varepsilon_r$ 倍。

$$Q = Q_0 \text{ 時：} V = \frac{V_0}{\varepsilon_r},\ E = \frac{E_0}{\varepsilon_r},\ W = \frac{W_0}{\varepsilon_r} \qquad (4\text{-}8\text{-}4)$$

若使用外部電源，即固定電壓 $V = V_0$，那麼電容量 C 會變成 ε_r 倍，累積的電荷量 Q 也會變成 ε_r 倍，內部電場則不會改變。由於累積的能量為 $W=(1/2)CV^2$，故累積能量會變成 ε_r 倍。

$$V = V_0 \text{ 時：} Q = \varepsilon_r Q_0,\ E = E_0,\ W = \varepsilon_r W_0 \qquad (4\text{-}8\text{-}5)$$

MEMO　插入介電質時，也可能讓累積的電能減少（固定電荷量時）。

比較真空或插入介電質的平行板電容器

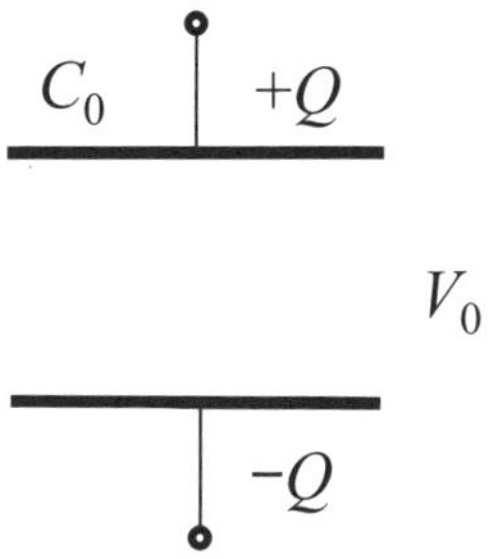

真空平行板電容器

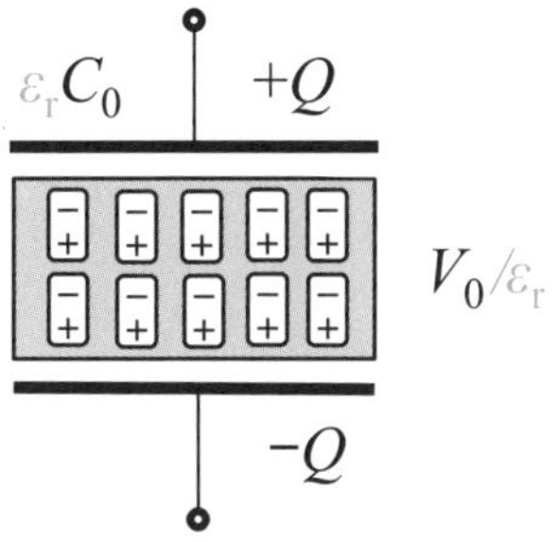

插入介電質的平行板電容器

介電質的效果

固定電荷 ($Q=Q_0$)　　固定電壓 ($V=V_0$)

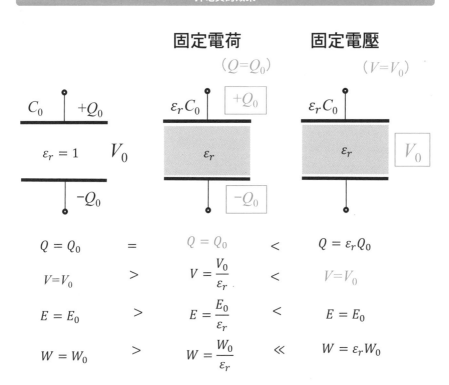

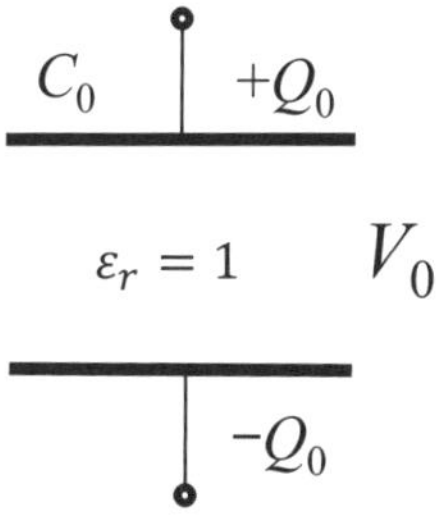

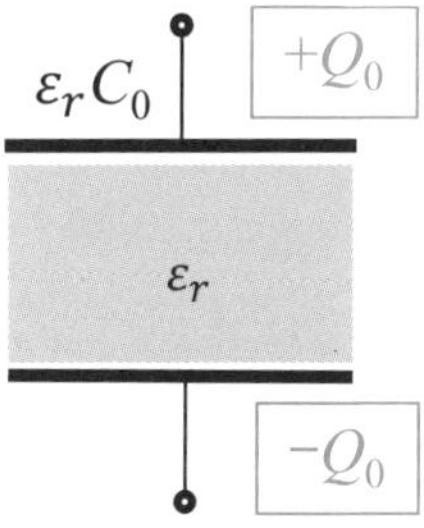

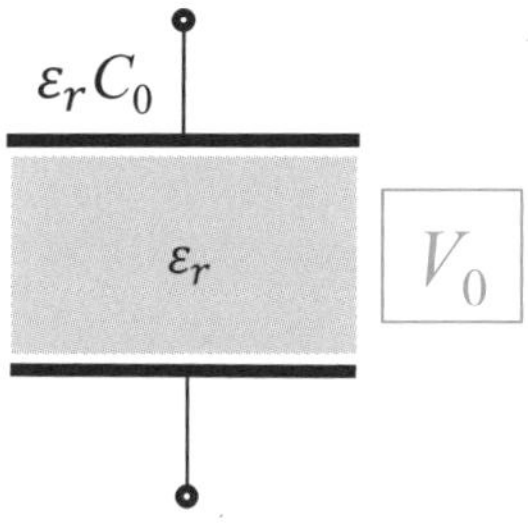

$Q = Q_0$	$=$	$Q = Q_0$	$<$	$Q = \varepsilon_r Q_0$
$V=V_0$	$>$	$V = \frac{V_0}{\varepsilon_r}$	$<$	$V=V_0$
$E = E_0$	$>$	$E = \frac{E_0}{\varepsilon_r}$	$<$	$E = E_0$
$W = W_0$	$>$	$W = \frac{W_0}{\varepsilon_r}$	$\ll$	$W = \varepsilon_r W_0$

四選一選擇題

答案在下下頁

問題4.1　如何保存電容器的能量？

假設有2個電容量相同的電容器，連接方式如下圖。1個電容器儲存了電荷$\pm Q$，另一個電容器則沒有儲存電荷。2個電容器累積的總能量會如何變化呢？

① 全部保留下來
② 逐漸減少
③ 變成一半
④ 變成四分之一

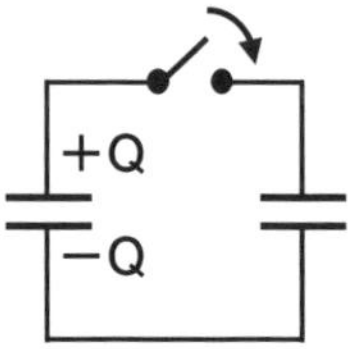

問題4.2　插入介電質後會有什麼變化？

設平行板極板面積S，極板間距離d，電容量C_0，極板間為空氣。空氣的相對電容率約為1。

(1) 若在電容器右半邊（面積$S/2$）插入相對電容率為ε_r的介電質，那麼電容量C_0會變成多少倍？

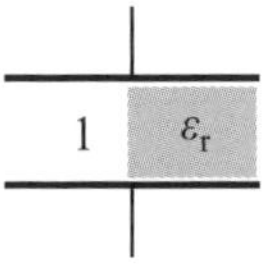

① $1+\varepsilon_r$　② $(1+\varepsilon_r)/2$　③ $\varepsilon_r/(1+\varepsilon_r)$　④ $2\varepsilon_r/(1+\varepsilon_r)$

(2) 若在電容器的下半部（占間隔的$d/2$）插入介電質，那麼電容量C_0會變成多少倍？

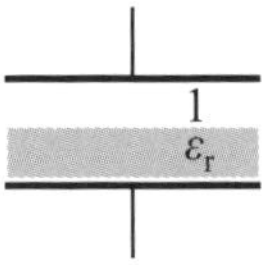

① $1+\varepsilon_r$　② $(1+\varepsilon_r)/2$　③ $\varepsilon_r/(1+\varepsilon_r)$　④ $2\varepsilon_r/(1+\varepsilon_r)$

COLUMN

電雙層電容器的應用!?

我們周遭的各種通訊裝置多以電池為電源。電雙層電容器（EDLC）中，使活性碳與電解液接觸以增加其電壓，製成電雙層結構，便能儲存電荷。蓄電量雖然是鋁電解電容器的數千倍到十萬倍，卻只有充電電池的10分之1左右。利用化學反應充電的充電電池，可以充放電數千次，EDLC卻能充放電10萬次以上。而且EDLC可以迅速充放電，故被認為可以運用在能源採集等各式各樣的領域。不過，EDLC的電壓與電荷成正比，電荷低時電壓也很低，這點需特別注意。

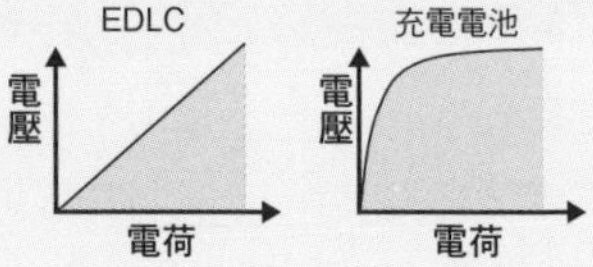

本章問題

每個問題分別對應到各節內容／答案在下一頁

4-1 設真空電容率為ε_0，極化向量為$\boldsymbol{P}$，那麼電通量密度$\boldsymbol{D}$與電場強度$\boldsymbol{E}$之間的關係，可以寫成 ☐ 。設電極化率為χ_e，則$\boldsymbol{P}$與$\boldsymbol{E}$的關係為 ☐ 。

4-2 對一物體施加電壓V［V］，若物體產生電荷$\pm Q$［C］，則定義該物體電容量C為 ☐［單位］。

4-3 設平行板電容器的面積S［m^2］，電極間距離d［m］。若帶有電荷$\pm Q$［C］，那麼電場強度E為 ☐［單位］，電容量C為 ☐［單位］。另外，設細長同軸圓柱電容器的內徑為a，外徑為b，長度為L（$L \gg b$），同樣帶有電荷$\pm Q$［C］，那麼內部電場強度$E(r)$為 ☐［單位］，電容量為 ☐［單位］。

4-4 設一帶電球殼的電荷為Q［C］，半徑為R［m］，無限遠處的電位為零，那麼在r處的電位$V(r)$為 ☐［單位］，電容量C為 ☐［單位］。

4-5 設2個電容器的電容量分別為C_1與C_2，那麼並聯後的合成電容為 ☐ ，串聯後的合成電容為 ☐ 。

4-6 設一電容器的電容量為C［F］，施加電壓V［V］時，電容器內的電位能U_c為 ☐［單位］。設此時電場為E［V/m］，那麼單位體積的靜電能量密度u_C為 ☐［單位］。

4-7 當電荷量為$\pm Q$［C］的平行板電容器內部電場為E［V/m］時，單一平行板產生的電場為 ☐ ，故單一平行板的受力為 ☐［單位］。

4-8 設一電容器在空氣中的電容量為C_0，插入相對電容率ε_r的介電質後，電容器的電容量會變成 ☐ 。若在插入介電質時固定電荷量，那麼電場強度會變成 ☐ 倍，累積能量會變成 ☐ 倍；若固定電壓，那麼電場強度會變成 ☐ 倍，累積能量會變成 ☐ 倍。

答案

答案4.1　③ 變成一半

【解說】連接前，總能量為$W_0=(1/2)CV_0^2=(1/2)(Q^2/C)$。連接後，依照電荷守恆定律，左右兩邊的電荷皆為$Q/2$，故總能量$W_1=2\times(1/2)[(Q/2)^2/C]=(1/4)(Q^2/C)=W_0/2$。

【參考】連接時，會因電流振盪而產生電磁波，使電容器原本能量的一半隨著電磁波與電阻效應產生的焦耳熱消失。

答案4.2　(1) ②　(2) ④

【解說】

（1）將電容器的左右兩邊分開考慮。左邊的電容量為$C_0/2$，左邊為$\varepsilon_r C_0/2$，可視為2個電容器並聯相接，合成電容會變成$(1+\varepsilon_r)C_0/2$，為C_0的$(1+\varepsilon_r)/2$倍。

（2）將電容器的上下兩邊分開考慮。上面的電容量為$2C_0$，下面為$2\varepsilon_r C_0$，可視為2個電容器串聯相接，合成電容會變成$2C_0\times 2\varepsilon_r C_0/(2C_0+2\varepsilon_r C_0)=2\varepsilon_r C_0/(1+\varepsilon_r)$，為$C_0$的$2\varepsilon_r/(1+\varepsilon_r)$倍。

【參考】當$\varepsilon_r \gg 1$時，（1）的答案$\rightarrow \varepsilon_r/2$，（2）的答案$\rightarrow 2$。

極限情況下，並聯時，電容量較大的一邊的電容量$\varepsilon_r C_0/2$會變成整體電容器的電容量；串聯時則相反，電容量較小的一邊的電容量$2C_0$會變成整體電容器的電容量。

本章問題答案（滿分20分，目標14分以上）

（4-1）$\boldsymbol{D}=\varepsilon_0\boldsymbol{E}+\boldsymbol{P}$、$\boldsymbol{P}=\chi_e\varepsilon_0\boldsymbol{E}$（或是$\boldsymbol{P}=\chi_e\boldsymbol{E}$，參考第68頁的MEMO）

（4-2）Q/V [C/V] 或 [F]

（4-3）$Q/(\varepsilon_0 S)$ [V/m]、$\varepsilon_0 S/d$ [F]、$Q/(2\pi\varepsilon_0 rL)$ [V/m]、$2\pi\varepsilon_0 L/(\log(b/a))$ [F]

（4-4）$Q/(4\pi\varepsilon_0 r)$ [V/m]、$4\pi\varepsilon_0 R$ [F]

（4-5）C_1+C_2、$C_1C_2/(C_1+C_2)$

（4-6）$(1/2)CV^2$ [J]、$(1/2)\varepsilon_0 E^2$ [J/m^3]

（4-7）$E/2$、$-(1/2)QE$ [N]（負號為引力的意思）

（4-8）$\varepsilon_r C_0$、$1/\varepsilon_r$、$1/\varepsilon_r$、1、ε_r

第5章

〈電流、靜磁場篇〉

直流電路

我們周遭的小型電子裝置常裝有電池並搭載著各式各樣的電路。第5章中，我們將說明電流與電阻的物理意義，並介紹電路基礎中的歐姆定律與消耗電力。也會提到電阻合成、電路網的克希荷夫定律等概念。

電流與電阻

帶電粒子連續移動時所產生的電荷流動，就是所謂的電流。一般規定正電荷從陽極移動到陰極的流動方向，為電流的正向。

導體與電解質溶液內的電流

假設有微小的電荷ΔQ［C］在微小時間Δt［s］內，通過某個剖面，那麼電流I［A］就是$\Delta Q/\Delta t$，可寫成微分形式如下。

$$I = \frac{\mathrm{d}Q}{\mathrm{d}t} \tag{5-1-1}$$

在MKSA制中，電流單位為安培（符號為A）。

金屬導體內有帶負電荷（$-e$）的自由電子，電流的本體是自由電子的流動；在金屬導體內，電流方向與電子的流動方向相反。另一方面，不同於導體，若對含有陽離子與陰離子的電解質溶液施加電壓，離子就會在正極、負極兩端之間產生電流。氣體放電時，正離子與負電子同時在移動，並非只有電子在傳遞電流（**上圖**）。

電阻與電阻率

設一金屬導體的截面積為S［m^2］，長度為L［m］，施加電壓後，自由電子便會開始朝著電壓的相反方向移動，不過移動時會衝撞到其他電子或原子，如**下圖**所示。在電壓V［V］下，電流I［A］的通過難度可以寫成$R = V/I$。R為電阻，單位是歐姆（符號為Ω）。當L變為2倍時，電阻R［Ω］也會變成2倍；當S變為2倍時，電阻會變成一半，故可列出以下式子。

$$R = \rho\frac{L}{S} \tag{5-1-2}$$

這裡的比例常數ρ［Ω·m］叫做電阻率。不同種類的物質，電阻率各不相同。

MEMO　電阻率ρ[Ω · m]的倒數為電導率 σ [S/m]，單位為西門子每公尺。

物質內的電流

金屬導體內的電流

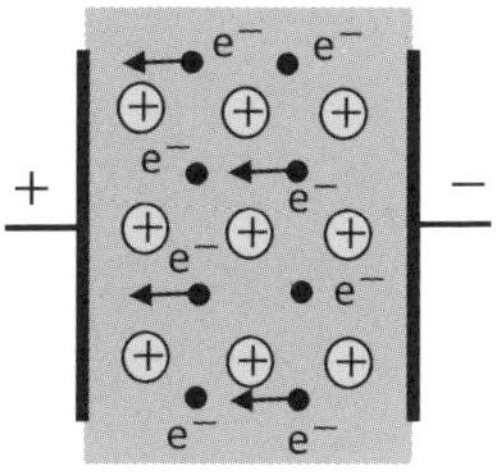

（固態）

原子核不會移動，只有自由電子由右往左移動，電流方向則定義為由左往右。

電解質內的電流

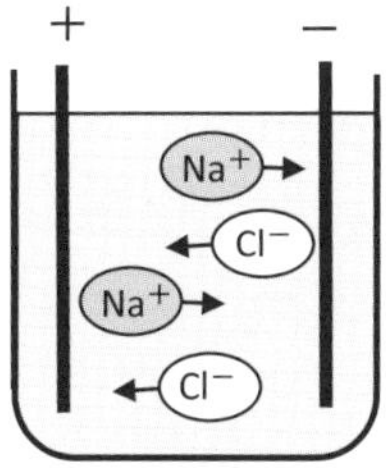

（液態）

以食鹽水為例，陽離子與陰離子會同時移動。

放電管內的電流

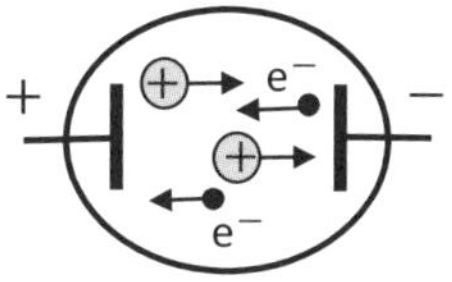

（氣態）

陰極釋放出來的電子會游離氣體。帶正電之離子與帶負電的粒子會同時移動。

$$I = \frac{\mathrm{d}Q}{\mathrm{d}t}$$ 電流為正電荷的時間變化率

金屬導體內的自由電子運動

自由電子的移動與電流（施加電壓 V 時）

自由電子會朝著電壓的相反方向移動，不過移動時會衝撞到其他電子或原子。

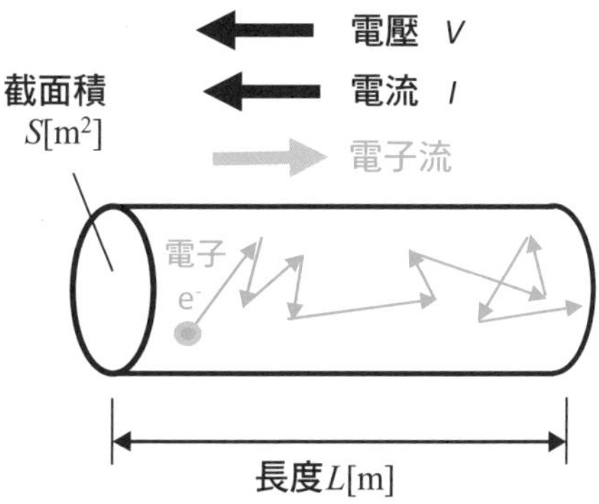

電阻

$$R[\Omega] = \rho\frac{L}{S}$$

$\rho[\Omega \cdot \mathrm{m}]$ 為電阻率，

ρ 會隨溫度改變（參考第 5 章第 4 節）

歐姆定律

電路學中有個著名的定律，那就是（電壓）＝（電阻）×（電流），本節將說明這個定律的物理意義。

歐姆定律

在導體兩端施加電壓V［V］，導體上的電流I［A］會與電壓成正比增加。這是1826年時歐姆發現的定律（歐姆定律），寫成公式如下（**上圖左**）。

$$V = RI \qquad (5\text{-}2\text{-}1)$$

這裡的比例常數R為前節提到的電阻，單位為歐姆（符號為Ω）。之所以使用希臘字母的Ω（omega），是因為如果使用人名首字母O的話，容易與數字零混淆。國際標準中，電阻器（電阻）的符號為長方形，如**上圖右**所示。

微觀性的解釋

設導體的截面積為S［m^2］，長度為L［m］，不同材質的導體，通過的電流I［A］大小也不一樣。假設1個電子（電量為$-e$［C］）以v［m/s］的速度移動。設導體內的電子密度為n［m^{-3}］，那麼經過時間Δt［s］後，通過導體截面的電子共有$nv\Delta tS$個，共有$-env\Delta tS$［C］的電量流過。這個電量等於$-I\Delta t$，故電流I與電流密度j［A/m^2］如下。

$$I = envS \ , \quad j = \frac{I}{S} = env \qquad (5\text{-}2\text{-}2)$$

另一方面，若在導體兩端施加電壓V［V］，電場強度為$E = V/L$，那麼單一電子的受力就是$eE = eV/L$（**下圖**）。導體內的離子與雜質會產生阻力κv［N］（κ為比例常數）阻礙電子移動，故電子的運動由靜電力eE與阻力κv的平衡決定。因此，電子的速度為$v = eE/\kappa = eV/(\kappa L)$，得到以下關係式。

$$\frac{V}{I} = \frac{\kappa}{ne^2}\frac{L}{S} \ \text{（固定）} \qquad (5\text{-}2\text{-}3)$$

這就是歐姆定律的微觀解釋。

MEMO　自由電子受到的阻力與速度成正比。這與雨滴受到的空氣阻力類似。如果是火箭般的高速，阻力會與速度的平方成正比。

歐姆定律與電阻

歐姆定律

記憶用示意圖

電壓 $V=R\times I$
電流 $I=V\div R$
電阻 $R=V\div I$

電阻的符號

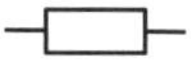

新JIS標準符號
國際 IEC 標準

舊JIS傳統符號
過往標準

金屬導體內的電子受到的靜電力與阻力

（歐姆定律的微觀解釋）

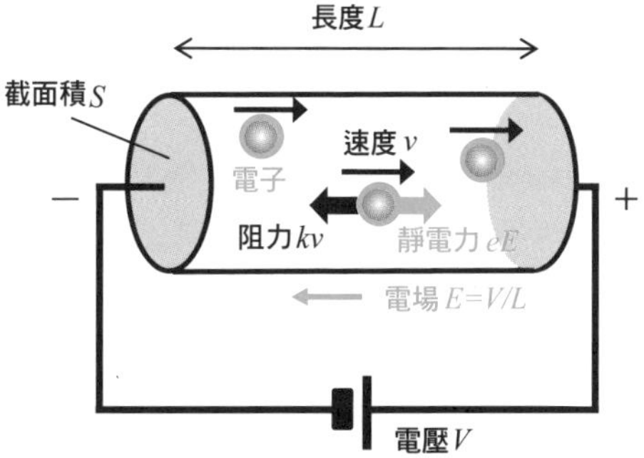

靜電力 eE 與阻力 κv 達到平衡。

$$eE = \kappa v \qquad \therefore v = \frac{eE}{\kappa}$$

阻力與電子速度成正比，
設比例係數為 $\boldsymbol{\kappa}$。

這裡　電壓　$V=EL$
　　　電流　$I=nevS$
　　　電流密度　$j=nev$

$$\therefore\ I = ne\left(\frac{eE}{\kappa}\right)S = \left(\frac{ne^2S}{k}\right)E$$

電阻　$R=\dfrac{V}{I}=\left[\dfrac{k}{ne^2}\right]\dfrac{L}{S}$

電阻率　$\rho=\dfrac{E}{j}=\boxed{\dfrac{k}{ne^2}}$

↑
僅由物質的性質決定。

電力與焦耳熱

電流通過有電阻的導體時產生的熱，稱為焦耳熱，與電流的平方成正比，會消耗電力。

電力與電能

由電源驅動電流I［A］，在時間Δt［s］內，共有Q［C］$= I\Delta t$的電荷流過。若電源施加的電壓為V［V］，那麼電源在時間Δt［s］內做的功為W［J］$= QV$。單位時間做的功P叫做功率，定義為P［W］$= W/\Delta t$，故可得到以下關係式。

$$P = VI \qquad (5\text{-}3\text{-}1)$$

功率單位為瓦（符號為W）。電源產生的功率稱為電力，電源做的功（能量）稱為電能。舉例來說，100V下電流為1A的機器，消耗電力為100W，表示1秒內會使用100J（焦耳）的電能。常見的電能實用單位為千瓦小時（kWh），為1kW電力使用1小時（3600秒）所做的功，$1\text{kWh} = 3.6 \times 10^6\text{J}$。

焦耳熱

設一電路上的電阻R［Ω］有電流I［A］通過，且電阻兩端電壓為V［V］，那麼由歐姆定律$V = RI$，電阻消耗的電力$P = VI = RI^2 = V^2/R$。電源對電路做功的功率為P［W］，而施加在電阻上的電力會轉變成熱，稱為焦耳熱，單位為J（焦耳）。設通電時間為t［s］，那麼產生的總熱能如下。

$$W = Pt = VIt = RI^2t = \frac{V^2}{R}t \qquad (5\text{-}3\text{-}2)$$

我們生活周圍的例子則包括陶瓷暖爐、IH（感應加熱）調理器等，都是用焦耳熱來加熱。

MEMO　詹姆士·普雷史考特·焦耳（1818～1889年），發現了式（5-3-2）的$P \propto I^2$，這個規則稱為焦耳定律。

電力與電能

電力（W）= 電壓（V）× 電流（A）

$$P = VI = RI^2 = \frac{V^2}{R}$$

電能 U（Wh）= 電力 P（W）× 時間 t（h）

$$U = Pt = VIt = RI^2t = \frac{V^2}{R}t$$

1 kWh = 3.6×10^6 J

1kW 的電力使用 1 小時消耗的電能

1 Ws = 1 J

1W 的電力使用 1 秒消耗的電能

1 cal = 4.184 J

1g 的水上升 1℃需要的熱能

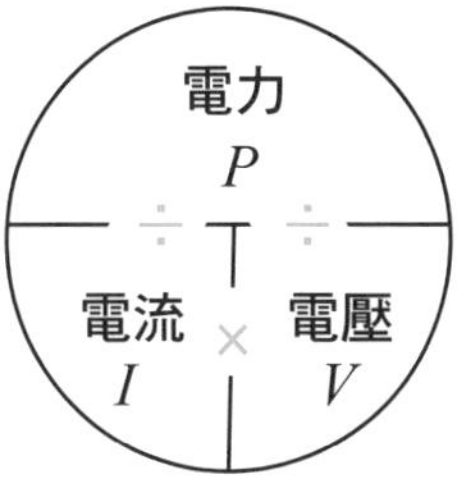

P、I、V 的相關圖

電力 $P = I \times V$

電流 $I = P \div V$

電壓 $V = P \div I$

焦耳熱

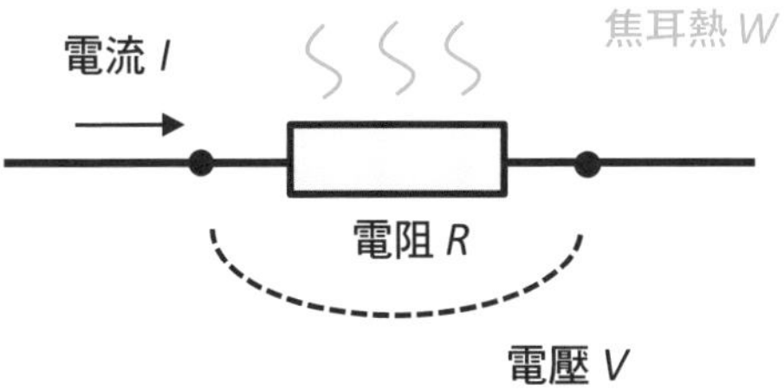

焦耳熱

$$W = Pt = VIt = RI^2t = \frac{V^2}{R}t$$

W [J] 焦耳熱
P [W] 電力
V [V] 電壓
I [A] 電流
R [Ω] 電阻
t [s] 通電時間

1 cal = 4.2 J ：1g 的水上升 1℃需要的熱能

電流與水流的迴路比較與阻礙

比較電路的電壓、電流，以及水流迴路模型的水壓、水流，以理解看不到的電流概念。

電流與水流的閉迴路

電流迴路中的電壓與電流，與水從高處沿著水管流下時的水壓與水流概念相似（**上圖**）。高處的高度變成2倍時，水壓（電壓）也會變成2倍。若水管的粗細（相當於電阻）不變，那麼水流（電流）也會跟著倍增。可將水路低處的水送往高處的泵浦，其作用相當於電流迴路中的電池。就像歐姆定律中，電壓與電流成正比一樣，水壓與水流也會成正比。電壓與電流的比例係數就是電阻。

電阻率會隨溫度改變

若水管的截面積變為2倍，阻礙就會變成一半，水流（電流）會變成2倍。另外應該不難想像，如果水路中相當於電阻部分的細管處變長，水流便較難以通過該處。同樣的，假設電路中的電阻截面積為S［m^2］，長度為L［m］，那麼電阻R［Ω］會與L成正比，與S成反比。

$$R = \rho \frac{L}{S} \qquad (5\text{-}4\text{-}1)$$

這裡的比例常數ρ［Ω·m］稱為電阻率。符號為希臘字母的ρ（rho）。電阻率由物質的種類與溫度T決定。假設基準溫度為T_0［℃］，那麼溫度改變時，電阻率的近似公式如下。

$$\rho = \rho_0(1+\alpha(T-T_0)) \qquad (5\text{-}4\text{-}2)$$

這裡的α［1/℃］叫做溫度係數。電子移動時，會撞到其他電子或原子。溫度高時，陽離子的振動也會變得更為劇烈，阻礙自由電子的移動。ρ_0與α的數值如**右頁表**所示，不過材料內是否有雜質也會影響到數值大小。

MEMO　與導體相反，半導體的溫度愈高，電阻率愈低。高溫時，許多電子會跨過能隙開始流動，成為自由電子。

比較水流迴路與電流迴路

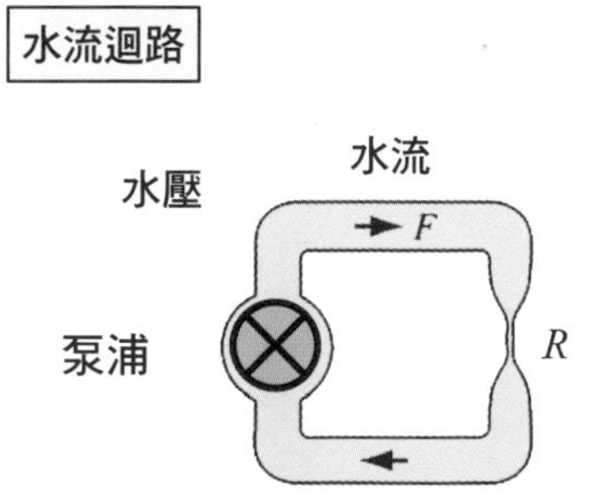

泵浦可產生水壓，
驅動水流。

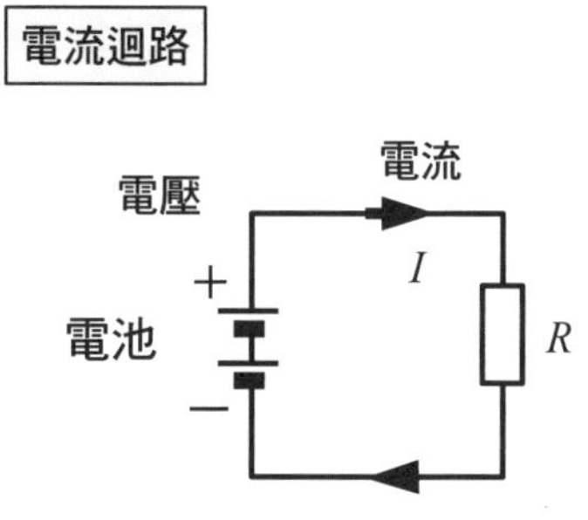

電池可產生電壓，
驅動電流。

電阻會隨形狀改變，電阻率會隨溫度改變

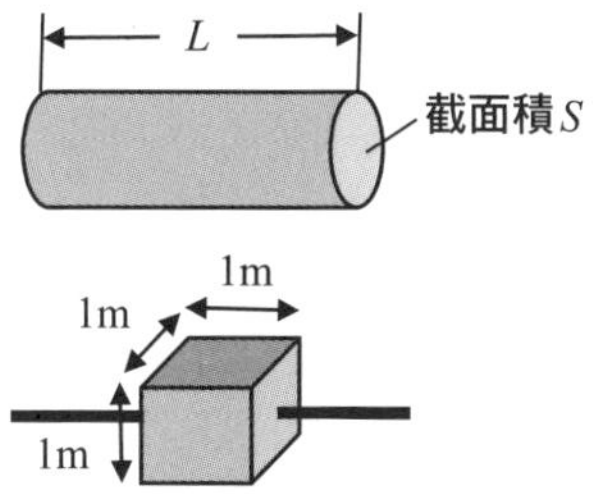

電阻　$R = \rho \frac{L}{S}$

$\rho[\Omega\cdot m]$ 為電阻率

電阻率 $\rho[\Omega\cdot m]$

相當於邊長 1m 之立方體的電阻值 $R[\Omega]$

（L=1m、S=1×1m^2 時 $R=\rho$）

電阻率會隨溫度改變

$\rho = \rho_0(1+\alpha(T-T_0))$

導體溫度上升時，背景的原子等粒子運動也會變得劇烈，增加阻礙。

物質種類	0°C時的電阻率 ρ_0 [×10^{-8} Ω·m]	溫度係數 α [×10^{-3} /°C]
銅	1.55	4.4
鐵	8.9	6.5
鎢	4.9	4.9
鎳鉻合金	107	0.21

鐵的電阻率為銅的 6 倍左右。同樣長度下，若要製作電阻值相同的電阻器，那麼鐵電阻器的截面積必須是銅的 6 倍才行。

電阻合成

就水路而言，如果將2個細管並聯，流量就會變成2倍；如果將2個細管串聯，流量就會變成一半。電路也一樣。

串聯合成電阻

2個電阻R_1、R_2串聯時（**上圖**），通過2個電阻的電流同為I，電壓在電阻R_1處下降量為$V_1 = R_1 I$，在電阻R_2處下降量為$V_2 = R_2 I$。總電壓下降量為$V = V_1 + V_2 = (R_1 + R_2)I$。由$RI = V$可以知道，串聯電阻的合成電阻$R$如下。

$$R = R_1 + R_2 \qquad (5\text{-}5\text{-}1)$$

一般來説，將R_1、R_2、R_3、…、R_n等n個電阻串聯相接時，合成電阻R如下。

$$R = R_1 + R_2 + R_3 + \cdot\cdot\cdot + R_n = \sum_{i=1}^{n} R_i \qquad (5\text{-}5\text{-}2)$$

並聯合成電阻

另一方面，2個電阻R_1、R_2並聯時（**下圖**），通過電阻R_1的電流$I_1 = V/R_1$，通過電阻R_2的電流$I_2 = V/R_2$，總電流$I = I_1 + I_2 = (1/R_1 + 1/R_2)V$。由$V/R = I$可以知道，並聯電阻的合成電阻$R$如下。

$$\frac{1}{R} = \frac{1}{R_1} + \frac{1}{R_2} \qquad (5\text{-}5\text{-}3)$$

$$\therefore\ R = \frac{R_1 R_2}{R_1 + R_2} \qquad (5\text{-}5\text{-}4)$$

一般來説，將R_1、R_2、R_3、…、R_n等n個電阻並聯相接時，合成電阻R如下。

$$\frac{1}{R} = \frac{1}{R_1} + \frac{1}{R_2} + \frac{1}{R_3} + \cdots + \frac{1}{R_n} = \sum_{i=1}^{n} \frac{1}{R_i} \qquad (5\text{-}5\text{-}5)$$

MEMO　串聯電阻時，各電阻的電流相等，各電阻的電壓（∝電阻值）總和為總電壓；並聯電阻時，各電阻的電壓相等，各電阻的電流（∝ 1/電阻值）總和為總電流。

串聯電阻

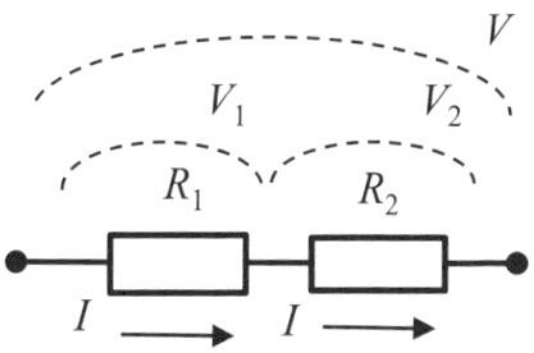

$$V = V_1 + V_2 = R_1 I + R_2 I = (R_1 + R_2) I$$

$$\therefore R = V/I = R_1 + R_2$$

長度 L 變成 2 倍
電阻值 R 也會變成 2 倍

$$R = \rho \frac{L}{S}$$

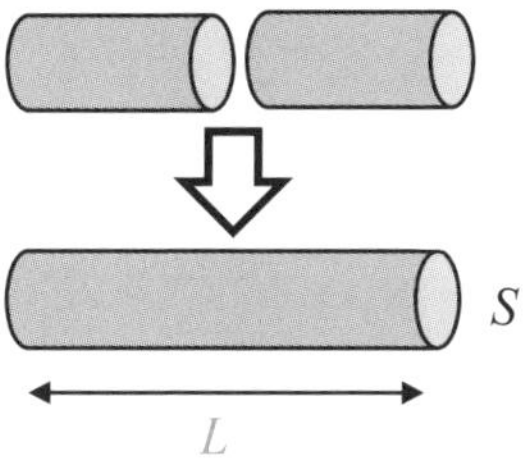

多個電阻串聯

$$R = R_1 + R_2 + R_3 + \cdot\cdot\cdot + R_n = \sum_{i=1}^{n} R_i$$

並聯電阻

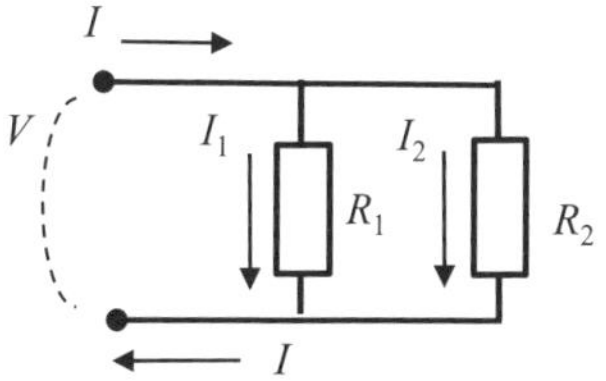

$$I = I_1 + I_2 = \frac{V}{R_1} + \frac{V}{R_2} = \left(\frac{1}{R_1} + \frac{1}{R_2}\right) V$$

$$\therefore \frac{1}{R} = \frac{I}{V} = \frac{1}{R_1} + \frac{1}{R_2}$$

截面積 S 變成 2 倍
電阻值 R 會變成 1/2 倍

$$R = \rho \frac{L}{S}$$

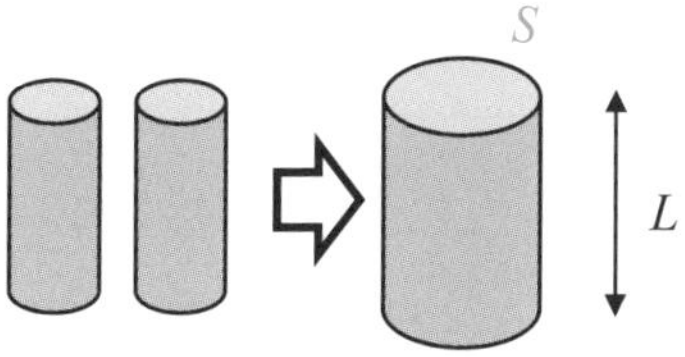

多個電阻並聯

$$\frac{1}{R} = \frac{1}{R_1} + \frac{1}{R_2} + \frac{1}{R_3} + \cdots + \frac{1}{R_n} = \sum_{i=1}^{n} \frac{1}{R_i}$$

電源電路

電池可做為電路電源使用。乾電池、蓄電池為化學電池，在計算外部電路的電流、電壓時，也需考慮電池的內部電阻。

電池的種類

電池是透過化學反應或物理反應，將能量直接轉換成電力的裝置總稱，有各式各樣的種類（**上圖**）。乾電池等化學電池稱為一次電池，可充電的電池稱為二次電池。另外還有將氫的化學能轉換成電能的燃料電池。用物理反應產生電力的電池則包括太陽能電池、熱電池等，這些電池是透過半導體元件，將光或熱轉換成電能。

電動勢與內部電阻

電池產生的電壓E［V］稱為電動勢。若設電池正極與負極間的電壓（端電壓）為V［V］，那麼在沒有電流通過時，$V=E$。不過一般情況下，$V<E$。如**下圖**所示，電池內部存在內部電阻r［Ω］，當有電流I［A］通過時，電壓會下降rI［V］，端電壓會改變如下。

$$V = E - rI \qquad (5\text{-}6\text{-}1)$$

內部電阻為零的理想電源，在外部電阻為零時，可產生龐大的電流。但實際電池有內部電阻，可產生的最大電流數值僅為E/r［A］。

不只是電池，一般的穩定化電源都可以視為對應的等價電路。定電壓電源的狀況下，需考慮有個小小的內部電阻（輸出阻抗）與電壓來源串聯，得到等價電路，如**下圖**所示。另一方面，定電流電源的狀況下，需考慮有個很大的輸出阻抗與電流來源並聯，得到等價電路。

MEMO　將銅板（＋）與鋅板（－）插入檸檬果實內，可製成水果電池。與伏打電池類似，都屬於使用酸性電解液的化學電池。

電池的種類

電池：可將能量轉換成直流電能的裝置

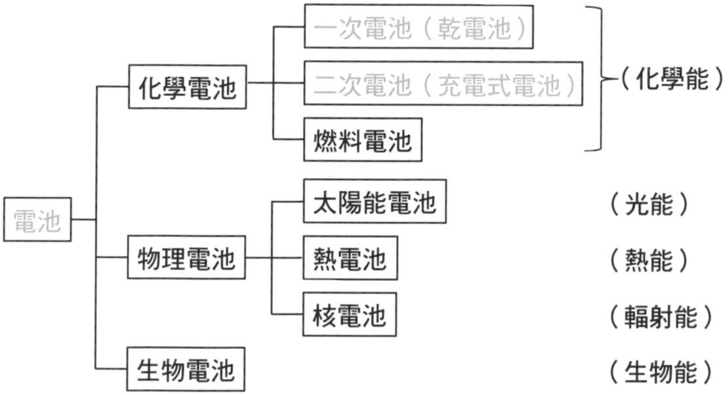

電池的電動勢與內部電阻

電池與電阻的電路

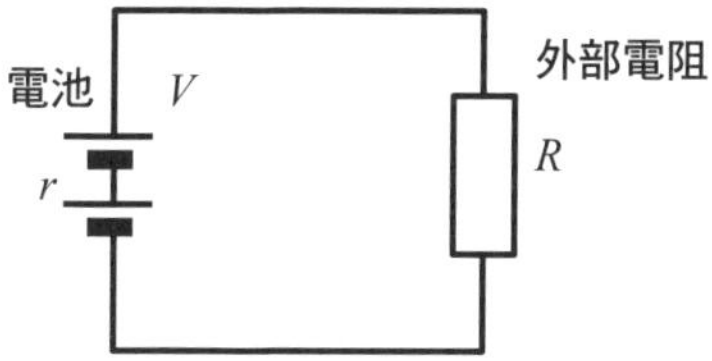

電池沒有內部電阻時，若外部電阻 R 為零，電流會變成無限大！?

必定存在內部電阻 r，所以電流不會是無限大。最大電流為（電動勢）÷（內部電阻）。

電池與等價電路

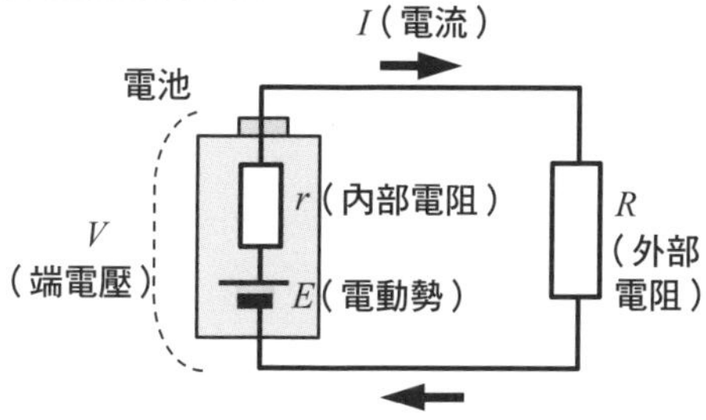

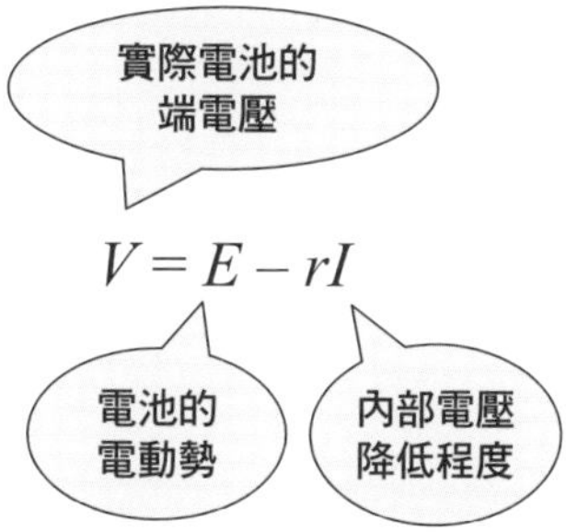

克希荷夫定律

計算含有多個電阻與電源之複雜電路（電路網）時，會用到將電荷守恆定律、歐姆定律一般化的克希荷夫定律。

第一定律（電流定律）

電流為電荷的流動，電荷守恆定律恆成立，由此可以推導出電流流入、流出的克希荷夫定律。克希荷夫定律的第一定律為『電路網中任一點的流入電流總和，等於流出電流總和』，也稱為克希荷夫電流定律。設流入電流為正（或負），流出電流為負（或正），可以得到以下關係式（**上圖**）。

$$\sum_i I_i = 0 \qquad (5\text{-}7\text{-}1)$$

第二定律（電壓定律）

對於電路網中任意閉迴路，第 i 個端子間的電位差 V_i，除了包括電池產生的電動勢 E_i 之外，還要加上由電阻造成的電壓下降 R_iI_i（由歐姆定律計算出）。因此，『電路網中，沿著任意閉迴路繞一圈，電動勢之總和會等於電壓下降的總和』。這就是克希荷夫第二定律，也叫做克希荷夫電壓定律。決定閉迴路電壓方向時，我們一般會選擇順時針方向的電壓為正，逆時針方向的電壓為負，如**下圖**所示。

$$\sum_i V_i = 0 \qquad (5\text{-}7\text{-}2)$$

以上是以直流電路為例的說明，圖中的 R 為電阻。套用到交流電路時會用到複數，而且除了純粹的電阻之外，還會推廣到電感、電容等阻抗（電壓與電流的比）。

MEMO　這是俄羅斯物理學家古斯塔夫．克希荷夫（1824～1887年）在1845年時發現的定律。

克希荷夫電流定律（第一定律）

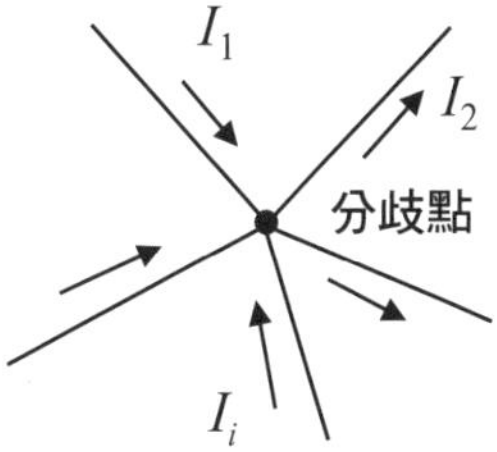

設流入或流出某個分歧點的第 i 個電流為 I_i，那麼電流的流入、流出總和為零。

其中，設流入電流為正（或負），流出電流為負（或正）。

$$\sum_i I_i = 0$$

相當於電荷守恆定律。

克希荷夫電壓定律（第二定律）

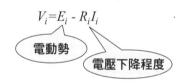

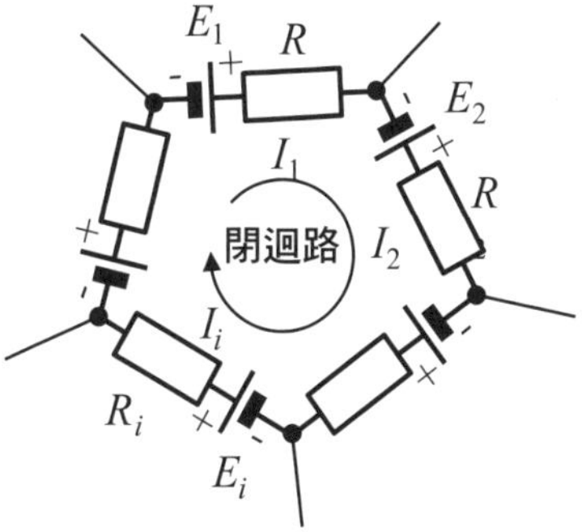

第 i 個分歧點間的電壓 V_i 如下。

$$V_i = E_i - R_i I_i$$

電動勢

電壓下降程度

對任意閉迴路而言，
繞一圈時經過的電壓總和為零。
其中，令順時針電壓（電位差）為正，逆時針電壓為負。

$$\sum_i V_i = 0$$

相當於歐姆定律。

四選一選擇題

答案在下下頁

問題5.1　正立方體電路的電阻是多少？

用金屬線製作一邊電阻為r的正立方體，如圖所示。對其對角線頂點施加電壓V。試考慮通過各部位的電流，求算合成電阻。

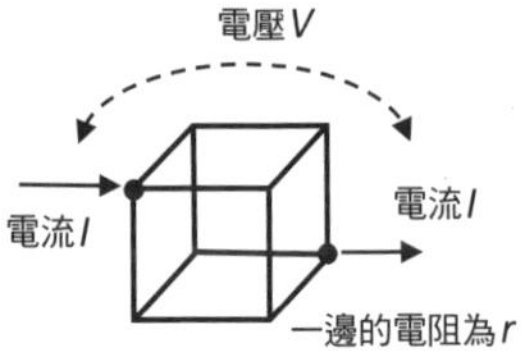

① (2/3) r　② (5/6) r　③ r　④ (7/6) r

問題5.2　電池串聯與並聯後，電壓會變得如何？

將3個1.5V的電池連接如圖。在未連接外部負載的情況下，請問AB間的電壓會是多少？

① 3V
② 2.25V（3個電池的一半）
③ 2V
④ 1.5V

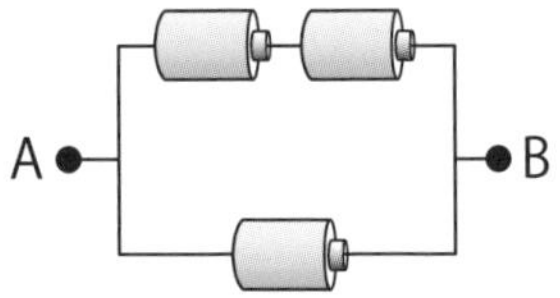

COLUMN

從愛迪生燈泡到LED燈泡!?

1879年，湯瑪斯·愛迪生發明了白熾燈。他在棉線表面塗上煤炭，使燈泡壽命延長到約40小時。後來他改用日本竹炭製成的燈絲，再後來則使用鎢絲。一般白熾燈的燈座尺寸為E26（直徑26mm），這個E就是源自愛迪生的首字母。現在人們紛紛將白熾燈換成LED（發光二極體）燈泡。不只能減少耗電量，還能減少紫外線、紅外線，對食品、美術品而言較為安全。LED燈泡還能從暖色、中間色、冷色中選擇需要的顏色。此外還有許多優點，譬如發熱量少，可減少空調的耗電量等等。

E26 (Edison Screw)

本章問題

每個問題分別對應到各節內容／答案在下一頁

5-1 電流I［A］與電荷Q［C］的關係式為 ______ 。當某物質的截面積S［m^2］，長度L［m］時，電阻為R［Ω］，則可定義該物質的電阻率為 ______［單位］。

5-2 電壓V［V］、電流I［A］、電阻R［Ω］的關係式可寫成歐姆定律 ______ 。微觀下，施加在1個 ______ 上的 ______ 力，與電子運動時與 ______ 成正比的 ______ 力會達到平衡，此時也可推導出歐姆定律。

5-3 若施加電壓V［V］，產生電流為I［A］時，電力P為 ______［單位］。另外，電流I［A］通過電阻R［Ω］時，產生的電力為 ______［單位］，經過時間t［分］所消耗的電能為 ______［單位］。這些能量會轉換成熱，所以這種熱也叫做 ______ 。

5-4 以水路比喻電路時，水壓泵浦相當於 ______ ，水流的阻礙相當於 ______ 。電阻會隨著溫度改變，以銅為例，上升25℃時，電阻約增加 ______ %左右。

5-5 2個電阻R_1、R_2串聯時的合成電阻為 ______ ，並聯時的合成電阻為 ______ 。

5-6 電池產生的電壓（開路）E［V］稱為 ______ 。若電流為I［A］，內部電阻為r［Ω］，那麼電源的端電壓為 ______ 。

5-7 克希荷夫電流定律相當於 ______ 定律的推廣，克希荷夫電壓定律相當於 ______ 定律的推廣。

答案

答案5.1　②

【解說】 設總電流為I，由對稱性可以知道立方體各邊電流如圖所示。一開始分岔成3條電路，每條電流為$I/3$；接著分成6條，每條電流為$I/6$；然後再匯合成3條，每條電流為$I/3$。由克希荷夫定律，每條迴路都會經過3個電壓下降的地方，加總後得$V=(I/3)r+(I/6)r+(I/3)r=(5/6)Ir$。因此，總電阻為$(5/6)r$。

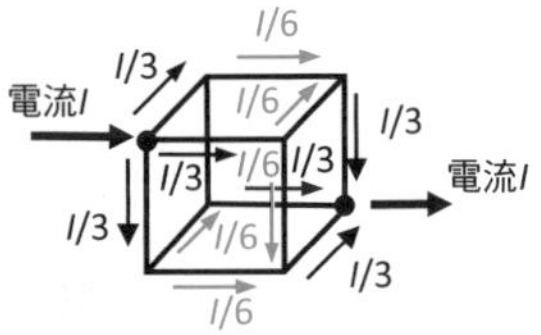

答案5.2　③

【解說】 電池的端電壓V，由電動勢E與內部電阻r決定。上方電路的電動勢為$2E$，內部電阻為$2r$；下方電路的電動勢為E，內部電阻為r。沒有接上外部電阻，故可考慮封閉迴路的內部電流I，得到$2E-2rI-E-rI=0$，計算得$I=E/(3r)$。因此AB間的電壓V，可由上方電路計算得$V=2E-2rI=4E/3=2$[V]，或由下方電路計算得$V=E+rI=4E/3=2$[V]。

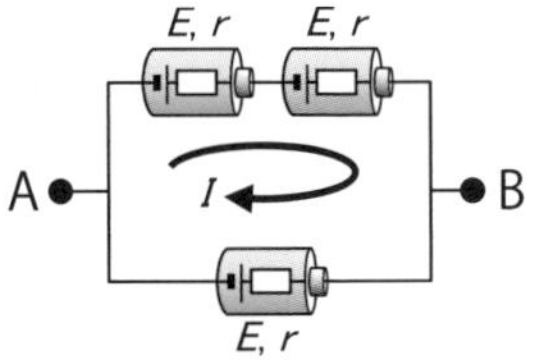

【注意】 這種接線方式下，電池內部也會消耗電力，所以請不要這樣接線。

本章問題答案（滿分20分，目標14分以上）

（5-1） $I=\mathrm{d}Q/\mathrm{d}t$、$RS/L$ [Ω・m]

（5-2） $V=RI$、自由電子、靜電（力）、速度、阻（力）

（5-3） VI [W]、RI^2 [W]、$60tRI^2$ [J]、焦耳熱

（5-4） 電壓電源、電阻、10

（5-5） R_1+R_2、$R_1R_2/(R_1+R_2)$

（5-6） 電動勢、$E-rI$

（5-7） 電荷守恆、歐姆

第6章

〈電流、靜磁場篇〉

電流與磁場

電荷流動產生電流時，也會同時產生磁場。第6章中，將會描述電流與磁場的基本定律——安培定律，說明作用在電線、帶電粒子上的磁力，也會提到一般化的必歐—沙伐定律，以及與磁場有關的高斯定律。

電流產生的磁場

歷史上有許多人做實驗，確認磁石與帶電體之間是否有力的作用。最後確認到電荷移動時，會產生磁場。

奧斯特的實驗

不移動的電荷與磁石之間不會產生作用力，但是當電荷移動時，就會出現交互作用。奧斯特（丹麥）於1820年發現，電流流動時可以讓指向北方的磁針往東或往西偏移（**上圖**），表示電流產生了磁場。這個電流造成磁場作用的實驗，是電場與磁場這2門學問統一的契機。

直線電流產生的磁場

同樣在1820年，法國的安培進一步釐清了電流與磁場的關係。電流流動時，在電流的周圍會產生環狀的逆時針方向磁場。電流周圍的磁場強度H或是磁通量密度B，會隨著與電流的距離增加而減少，兩者成反比。假設有條無限長的長直導線，電流為I［A］，在距離為r［m］的地方，磁場強度H［A/m］與磁通量密度B［T］分別如下（**下圖**）。

$$H=\frac{I}{2\pi r}、\quad B=\frac{\mu_0 I}{2\pi r} \tag{6-1-1}$$

這裡的磁場強度H的單位為安培每公尺（符號為A/m），磁通量密度B的單位為特斯拉（符號為T）或是韋伯每平方公尺（符號為Wb/m^2）。$\mu_0=4\pi\times10^{-7}$［T·m/A］為真空磁導率，是定義A（安培）時使用的人為常數。真空中$B=\mu_0 H$。

提到磁場（強度）時，通常是指磁通量密度B。前面提到我們會用電場來定義電場強度E與電通量密度D，相對於此，我們會用磁荷來定義磁場強度H，用電荷的流動（電流）定義磁通量密度B。考慮真空中（空氣中）電磁場時，一般會使用E與B（參考**7-4節**）。

MEMO　一般來說，H、B可以表示「磁場」，也能表示「磁場強度」，不過本書會用統一H表示磁場強度，用B表示磁通量密度。

奧斯特的實驗（1820年）

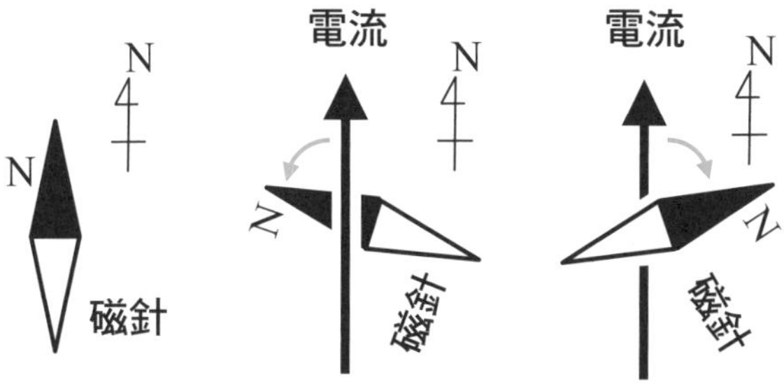

磁針 N 極指向北邊。奧斯特的實驗發現，若使電流（電荷的流動）從磁針上方通過，磁針會往西偏；若從磁針下方通過，磁針會往東偏。

直線電流產生的磁場

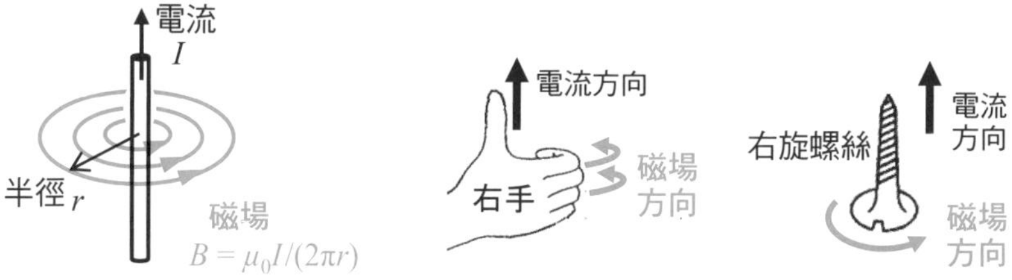

磁場的右手定則　　右手螺旋定則

電流 I[A]可產生右旋方向的磁場。
半徑 r[m]處的磁場強度 H 與
磁通量密度 B 如下。

$$H\,[\mathrm{A/m}] = \frac{1}{2\pi}\frac{I}{r}$$

$$B\,[\mathrm{T}] = \frac{\mu_0}{2\pi}\frac{I}{r}$$

1 A/m = 1 N/Wb
1 T = 1 Wb/m^2

6-2 〈電流、靜磁場篇〉

安培定律

安培證明了沿著環繞電流的任意閉曲線將磁場積分，積分結果會與貫穿該閉曲線的電流總和成正比。

電流產生的磁場強度

設有一條無限長的長直導線，電流為I［A］，在半徑r［m］處會產生同心圓狀的逆時針磁場（磁場B固定）。此時，周長$2\pi r$與磁通量密度B［T］的乘積，會等於通過該圓的電流I與磁導率μ_0的乘積。

$$2\pi rB = \mu_0 I \quad (6\text{-}2\text{-}1)$$

將其一般化，閉曲線C上的微小距離$\Delta \boldsymbol{l}$與該處的磁通量密度$\boldsymbol{B}$之乘積（向量內積）的總和，會等於貫穿以閉曲線C為邊緣之任意曲面S的總電流I與磁導率μ_0的乘積。

$$\sum_C \boldsymbol{B}\cdot\Delta\boldsymbol{l} = \sum_C \boldsymbol{j}\cdot\Delta\boldsymbol{S} = \mu_0 I \quad (6\text{-}2\text{-}2)$$

這裡的$\boldsymbol{j}$為電流密度，$\Delta\boldsymbol{S}$為S的面元素（向量的方向為面的法線方向）。我們可以寫成線積分形式如下。

$$\oint_C \boldsymbol{B}\cdot \mathrm{d}\boldsymbol{l} = \int_S \boldsymbol{j}\cdot \mathrm{d}\boldsymbol{S} = \mu_0 I \quad (6\text{-}2\text{-}3)$$

這個關係式稱為安培定律。

這個定律可適用於任何形狀的電線，計算時會用到貫穿任意閉曲線C的電流總和I（**圖**）。因為電流守恆，所以只要是以閉曲線C為邊界的曲面，通過曲面的總電流數值都相同。磁場方向可由磁場的右手定則或右手螺旋定則得出。

在與無限長之直線電流I［A］距離半徑r［m］的位置，磁通量密度B［T］與磁場強度H［A/m］可由前節列出的式（6-1-1）計算出來。安培定律則可單從式（6-2-1）輕易推導出來。具體的數值計算式則如**右頁下方**所示。

MEMO　安培（法國，1775～1836年）的安培定律中需要的磁場方向，可透過右手定則或右手螺旋定則得知。

安培定律（1820年）

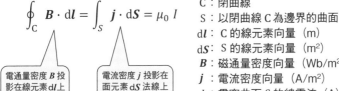

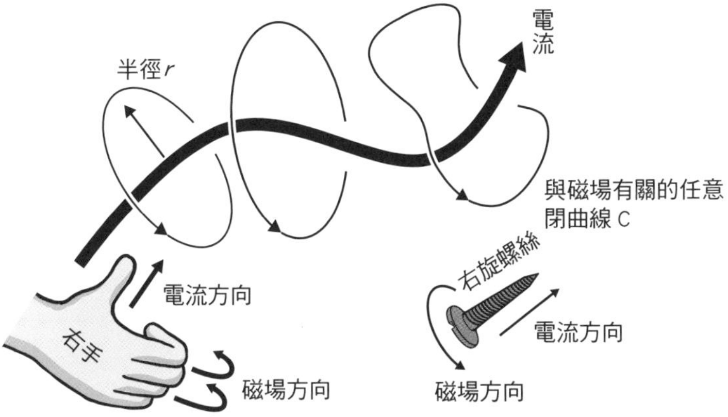

磁場的右手定則　　　　右手螺旋定則

安培定律

包圍電流的任意閉曲線上，
各點磁場的加總與電流值成正比。

$$\oint_C \boldsymbol{B} \cdot \mathrm{d}\boldsymbol{l} = \int_S \boldsymbol{j} \cdot \mathrm{d}\boldsymbol{S} = \mu_0 I$$

電通量密度 $\boldsymbol{B}$ 投影在線元素 $\mathrm{d}\boldsymbol{l}$ 上的分量

電流密度 $\boldsymbol{j}$ 投影在面元素 $\mathrm{d}\boldsymbol{S}$ 法線上的分量

C：閉曲線
S：以閉曲線 C 為邊界的曲面
$\mathrm{d}\boldsymbol{l}$：C 的線元素向量（m）
$\mathrm{d}\boldsymbol{S}$：S 的線元素向量（m^2）
$\boldsymbol{B}$：磁通量密度向量（Wb/m^2 或 T）
$\boldsymbol{j}$：電流密度向量（A/m^2）
I：貫穿曲面 S 的總電流（A）
μ_0：真空磁導率（H/m）

具體的計算式

磁通量密度 $B\,[\mathrm{T}] = \dfrac{\mu_0}{2\pi}\dfrac{I}{r} = 2\times10^{-7}\dfrac{I[\mathrm{A}]}{r[\mathrm{m}]}$

磁場強度 $H\,[\mathrm{A/m}] = \dfrac{1}{2\pi}\dfrac{I}{r} = 0.159\dfrac{I[\mathrm{A}]}{r[\mathrm{m}]}$

對電流施力的磁力

磁場中的導體通以電流後，會產生一股與磁場方向及電流方向垂直的力，與磁場強度與電流值皆成正比。力的方向可由弗萊明左手定則決定。

磁場對電流施力

均勻磁場會對磁場內有電流的導線施加電磁力F［N］，這個電磁力與磁場的磁通量密度B［T］及電流大小I［A］的乘積成正比，也與磁場中的導體長度L［m］成正比。如**上圖左**所示，當電流方向與磁場方向垂直時，上述各物理量有以下關係。

$$F = IBL \ [\mathrm{N}] \quad (6\text{-}3\text{-}1)$$

如**上圖右**所示，若電流方向與磁場方向夾角為θ［°］，作用於導體的力F如下所示。

$$F = IBL\sin\theta \quad [\mathrm{N}] \quad (6\text{-}3\text{-}2)$$

若進一步一般化，可以用向量外積寫成以下關係式。

$$\boldsymbol{F} = (\boldsymbol{I}L)\times\boldsymbol{B} \quad [\mathrm{N}] \quad (6\text{-}3\text{-}3)$$

若左手食指方向為磁場$\boldsymbol{B}$的方向，左手中指方向為電流$\boldsymbol{I}$的方向，左手拇指方向便可表示力$\boldsymbol{F}$的方向，這叫做弗萊明左手定則。從拇指開始算起，分別是『$\boldsymbol{F}\cdot\boldsymbol{B}\cdot\boldsymbol{I}$』；從中指開始算起，則是『電・磁・力』。弗萊明左手定則可用於判斷$\boldsymbol{F}$的方向。事實上，不管是弗萊明左手定則還是弗萊明右手定則，都可以改用右手手掌來表示（**8-8節**），是判斷受力方向時相對簡單的方法。

磁力線的磁壓

這種由磁場產生的力，可以用另一種方式理解。均勻磁場與電流產生之同心圓磁場合成後，下方磁力線較密，磁壓較大，故會將導線往上推（**下圖**）。磁力線就像彈力帶一樣，會朝著軸的方向收縮，產生張力，並在垂直方向上施加壓力往外推。這個推力的強度與磁場的平方成正比。

MEMO　2條平行電流會像磁石一樣彼此吸引。2條無限長導體所產生的引力，可用於定義安培這個單位（1-7節）。

均勻磁場中電流導體的受力

磁場與電流垂直

$F=IBL$

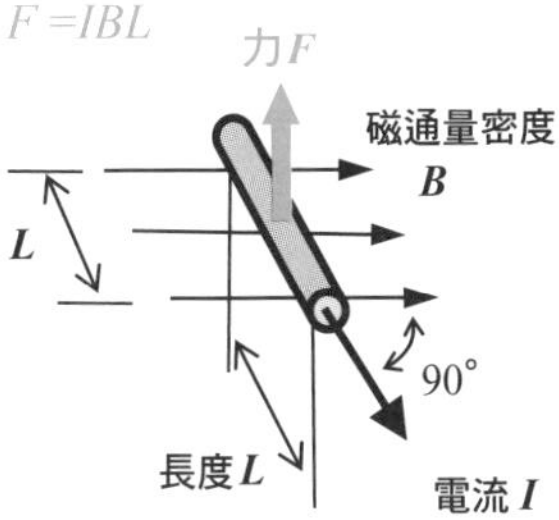

磁場與電流的夾角為 θ

$F=IBL\sin\theta$

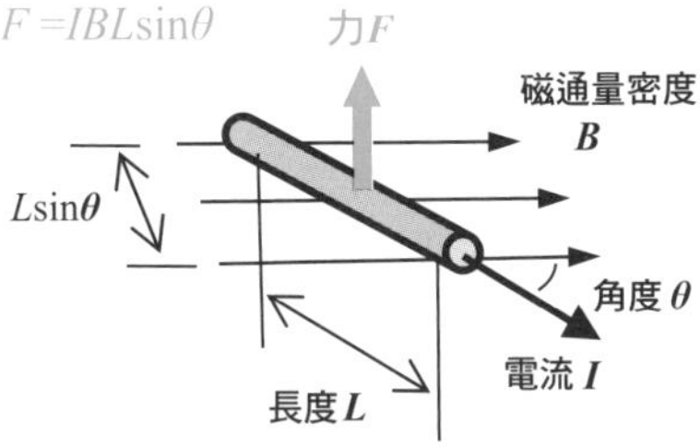

若以向量外積表示，則是 $F=LI\times B$

弗萊明左手定則

亦可用「右手開掌定則」判斷受力方向（第 8 章第 8 節）。（這種方法較簡便）

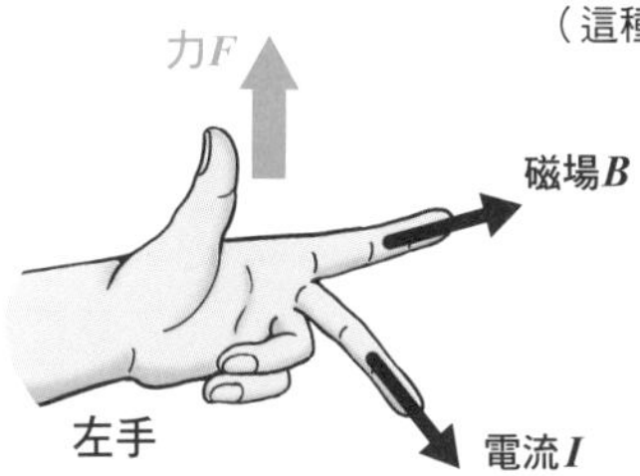

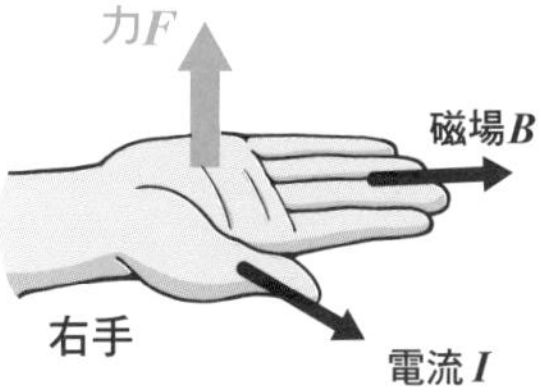

右手手掌的方向，即為受力方向。

磁壓作用於載流導線的力

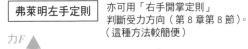

均勻外部磁場

電流周圍的環狀磁場

合成磁場

合成磁力線的結構會產生往上的磁壓。

6-4 電場或磁場內的帶電粒子

靜電力可為帶電粒子加速或減速。另一方面，靜磁力無法讓帶電粒子從磁場中獲得能量。

電場的加速

帶有電荷q［C］的帶電粒子在電場$\boldsymbol{E}$［V/m］中的受力為$\boldsymbol{F}$［N］，如下。

$$\boldsymbol{F} = q\boldsymbol{E} \qquad (6\text{-}4\text{-}1)$$

這也是電場$\boldsymbol{E}$的定義。設帶電粒子的質量為m_q［kg］，在均勻電場中會保持加速度$\boldsymbol{\alpha}$［m/s^2］$=q\boldsymbol{E}/\mathrm{m_q}$，移動$d$［m］時，共可獲得能量$W_f$［J］$=qEd$。設初速為零，末速為$v_f$，可以得到（1/2）$mv_f^2 = W_f$，整理後得$v_f =$（$2qEd/m_q$）$^{1/2}$。計算達到末速需要的時間$t_f$［s］時，可由$\alpha t_f = v_f$得到$t_f =$（$2m_q d/qE$）$^{1/2}$。

磁場造成的圓周運動

磁場中，只有當帶電粒子移動時會受磁力作用，受力方向恆與帶電粒子的速度垂直。在靜磁場中，帶電粒子不會加速或減速。與電場中的運動不同，帶電粒子的能量不會增減。

考慮帶電粒子的運動時，需將速度分成與磁場平行的分量，以及與磁場垂直的分量。在均勻磁場中，帶電粒子在磁場方向上不會受力，故在磁場方向上為等速度直線運動。若帶電粒子速度與磁場$\boldsymbol{B}$垂直的分量為$v_\perp$，那麼帶電粒子會受到與磁場方向及速度方向垂直的向心力$qv_\perp B$，使帶電粒子產生**迴旋運動**。旋轉半徑為$m_q v_\perp/(qB)$，電子與陽離子的旋轉方向相反。一般來說電子的旋轉半徑較小，陽離子的旋轉半徑較大。磁力$\boldsymbol{F}$［N］可用向量表示如下。

$$\boldsymbol{F} = q\boldsymbol{v}\times\boldsymbol{B} \qquad (6\text{-}4\text{-}2)$$

以上提到由電場$\boldsymbol{E}$與磁場$\boldsymbol{B}$造成的力，合稱為**勞侖茲力**。

$$\boldsymbol{F} = q(\boldsymbol{E}+\boldsymbol{v}\times\boldsymbol{B}) \qquad (6\text{-}4\text{-}3)$$

MEMO　勞侖茲力與勞侖茲收縮（11-6節）的名字皆源自荷蘭理論物理學家亨德里克·勞侖茲（1853～1928年）的名字。

電場對電荷的作用力

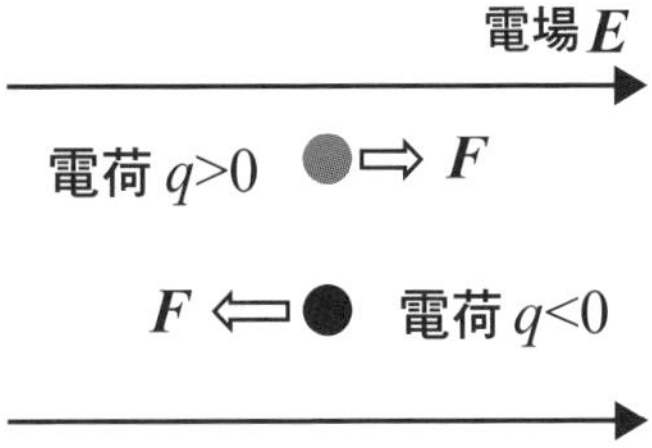

電場對帶電粒子的作用力為

$$\boldsymbol{F} = q\boldsymbol{E}$$

磁場對電荷的作用

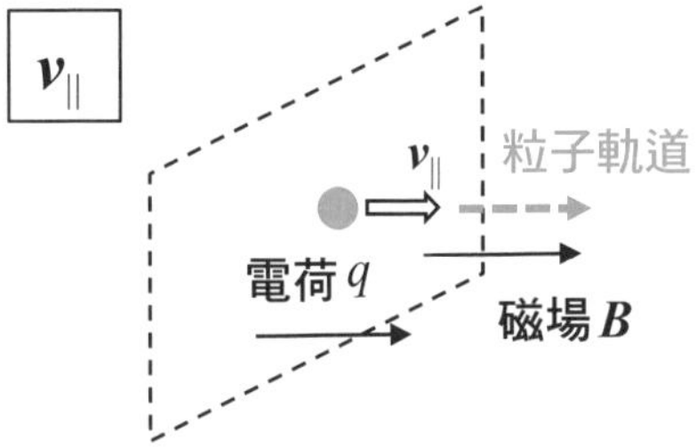

帶電粒子的速度
可分為 $\boldsymbol{v}=\boldsymbol{v}_{\parallel}+\boldsymbol{v}_{\perp}$ 來思考。

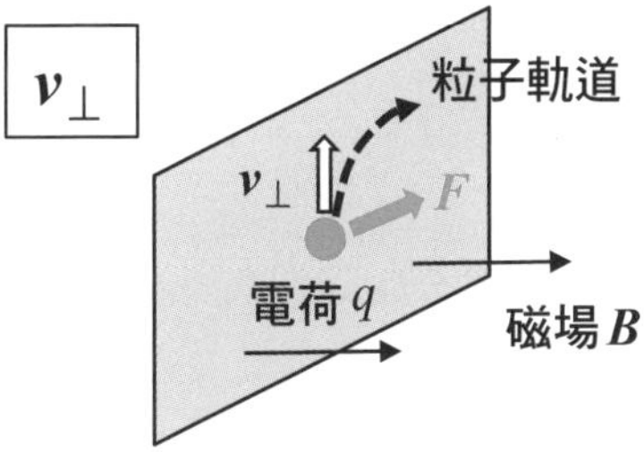

與磁場垂直的速度為 $\boldsymbol{v}_{\perp}$ 時，
會產生與 $\boldsymbol{v}$ 及 $\boldsymbol{B}$ 垂直的
作用力如下。

$$F = qv_{\perp}B$$

以向量可表示如下。

$$\boldsymbol{F} = q\boldsymbol{v}\times\boldsymbol{B}$$

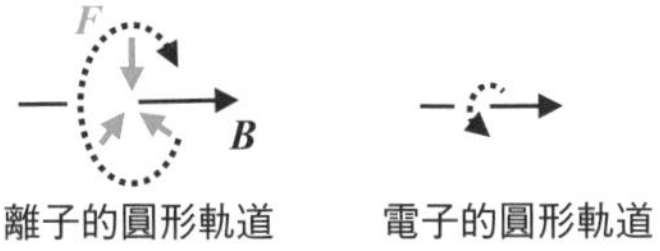

勞侖茲力

加上電場產生的力，可得到以下關係式。

$$\boldsymbol{F} = q(\boldsymbol{E}+\boldsymbol{v}\times\boldsymbol{B})$$

註：有時勞侖茲力僅指 $q\boldsymbol{v}\times\boldsymbol{B}$

6-5 導線的形狀與磁場結構

本節將說明由直線電流與環狀電流產生的典型磁場，也會提到圈數多的螺線管線圈、環狀線圈的磁場。

直線電流與環狀電流

設有一無限長的直線電流I［A］（**上圖左**），由安培定律可以知道半徑為r［m］處的磁通量密度B［T］如下所示。

$$B = \frac{\mu_0 I}{2\pi r} \tag{6-5-1}$$

若是只有1圈的圓形線圈，則產生的磁場大小與方向較複雜一些。假設電流強度為I［A］，線圈半徑為a［m］，那麼在線圈中心（**上圖右**）的磁通量密度B［T］可由下一節提到的必歐－沙伐定律計算如下。

$$B = \frac{\mu_0 I}{2a} = 2\pi\times10^{-7}\ \frac{I[\mathrm{A}]}{a[\mathrm{m}]} \tag{6-5-2}$$

螺線管線圈與環狀線圈

空心的長螺線管線圈（**下圖左**）中，假設每1m的圈數為n［圈/m］，線圈電流為I［A］，線圈內部的磁通量密度B［T］均勻分布，那麼由安培定律可以得到以下關係式。

$$B = \mu_0 n I \tag{6-5-3}$$

螺線管內的磁場方向可透過右手定則判斷。

另外，若將電流I，半徑a的螺線管線圈彎成甜甜圈狀（環狀），大半徑為R_0，共繞了N圈，線圈的密度處處相等，稱為環狀線圈（**下圖右**）。半徑$R = R_0 + \Delta(-a<\Delta<a)$的線圈內，水平面的磁通量密度$B$如下。

$$B = \frac{\mu_0 I}{2\pi R} \tag{6-5-4}$$

線圈外（$R < R_0 - a$、$R > R_0 + a$）的磁通量密度B為零。

MEMO　超導環狀線圈可應用在磁場核融合、SMES（超導電力儲存裝置）中。

直線電流與環狀電流產生的磁場

直線電流

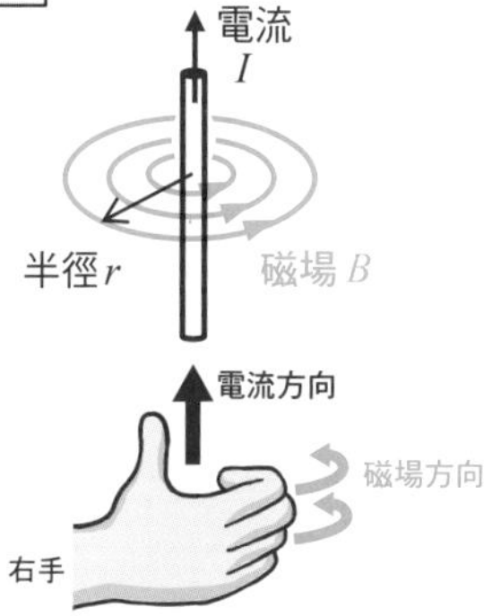

直線電流的磁場

$$H=\frac{I}{2\pi r}$$

$$\boxed{B=\frac{\mu_0 I}{2\pi r}}$$

由安培定律
可得
$2\pi B=\mu_0 I$

環狀電流

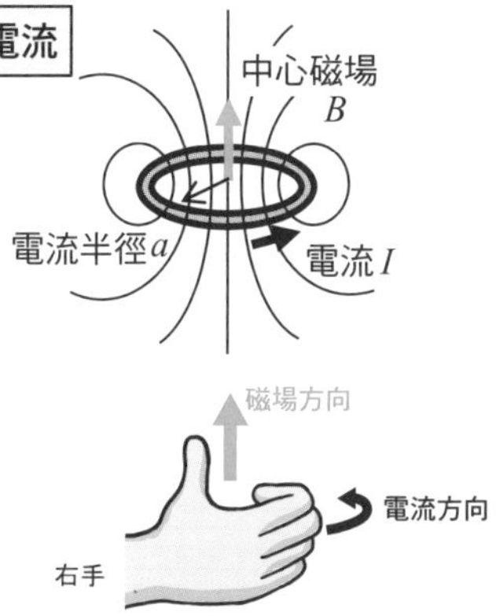

環狀電流的中心磁場

$$H=\frac{I}{2a}$$

$$\boxed{B=\frac{\mu_0 I}{2a}}$$

螺線管線圈與環狀線圈產生的磁場

螺線管線圈

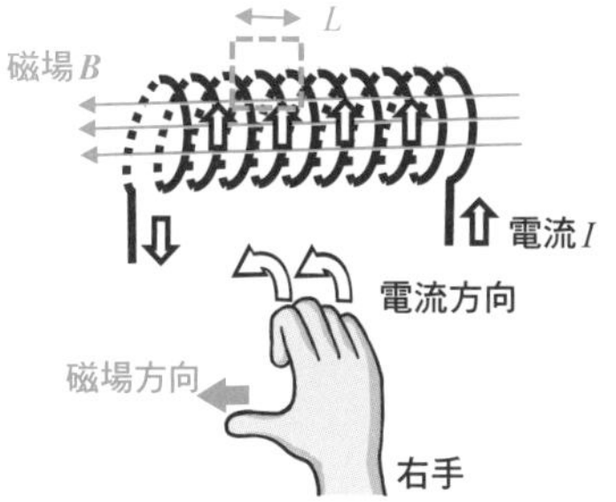

螺線管線圈內部磁場

$$H=nI$$

$$\boxed{B=\mu_0 nI}$$

由安培定律
可得
$LB=\mu_0 nLI$

H：磁場強度（A/m）
B：磁通量密度（T）
I：單一圈環狀電流（A）
n：每1m的圈數（1/m）

環狀線圈

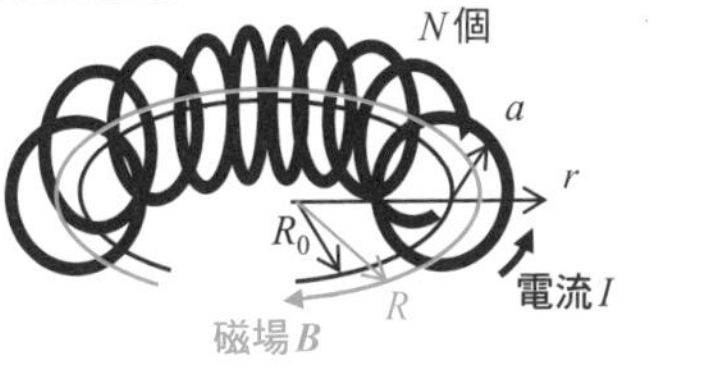

環狀線圈內部磁場

$$H=\frac{NI}{2\pi R}$$

$$\boxed{B=\frac{\mu_0 NI}{2\pi R}}$$

由安培定律
可得
$2\pi RB=\mu_0 NI$

H：磁場強度（A/m）
B：磁通量密度（T）
I：線圈電流（A）
N：圈數
R：大半徑（m）

必歐—沙伐定律

不同於使用閉曲線積分的安培定律，我們可透過必歐—沙伐定律求出電流線元素的磁場分量。

電流線元素產生的磁場

如果通有電流的導線並非直線或環狀，而是任意形狀時，我們可以將導線每個微小部分貢獻的磁場加總起來，得到總磁場大小。

假設通有電流I［A］之一小段導線為$\mathrm{d}\boldsymbol{\ell}$，考慮電流線元素$I\mathrm{d}\boldsymbol{\ell}$。在與電流距離$\boldsymbol{r}$［m］的點P，磁場$\mathrm{d}\boldsymbol{B}$［T］如下（**上圖**）。

$$\mathrm{d}\boldsymbol{B} = \frac{\mu_0}{4\pi}\frac{I\mathrm{d}\boldsymbol{\ell}\times\boldsymbol{r}}{r^3} \quad 或 \quad \mathrm{d}B = \frac{\mu_0}{4\pi}\frac{I\mathrm{d}\ell\sin\theta}{r^2} \tag{6-6-1}$$

這是1820年時，法國的尚—巴蒂斯特．必歐與菲利克斯．沙伐發現的定律，稱為必歐—沙伐定律。式中的×為向量外積，θ為$\mathrm{d}\boldsymbol{\ell}$方向與$\boldsymbol{r}$方向的夾角。向量$\mathrm{d}\boldsymbol{B}$的方向與「點P及$I\mathrm{d}\boldsymbol{\ell}$決定的平面」垂直，並由電流方向與右手螺旋定則決定$\mathrm{d}\boldsymbol{B}$的方向。

必歐—沙伐定律套用在環狀電流

必歐—沙伐定律可推導出各種形狀之電流的磁場。舉例來說，假設有個半徑a、電流大小為I的環狀導線，在中心軸上距離中心z的地方為點P，推導後可得到點P的磁場（磁通量密度）B如下（**下圖**）。

$$B = \frac{\mu_0 I a^2}{2(a^2+z^2)^{3/2}} \tag{6-6-2}$$

軸上磁場僅有z分量，沿著線元素線積分後可以得到前節的式（6-5-2）。其中，$z=0$所在的圓心，磁場$\mathrm{d}B=\mu_0 I\mathrm{d}l/(4\pi a^2)$，將線元素$\mathrm{d}l$改為周長$2\pi a$，便可得到$B=\mu_0 I/(2a)$。

MEMO　磁場的必歐—沙伐定律可對應到電場的庫侖定律。同方向的線元素$I_1\mathrm{d}\ell_1$與$I_2\mathrm{d}\ell_2$之間的引力為$\mathrm{d}F=-(\mu_0/4\pi)I_1I_2\mathrm{d}\ell_1\mathrm{d}\ell_2/r^2$。

電流線元素的磁場強度

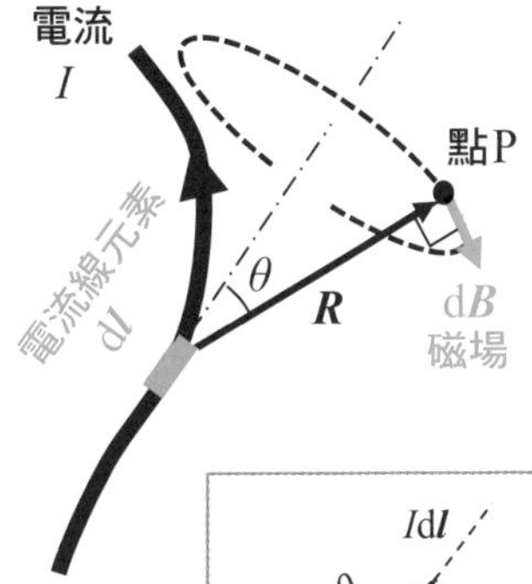

必歐—沙伐定律

電流線元素 dl 在點 P 產生的磁場如下。

$$\mathrm{d}\boldsymbol{B} = \frac{\mu_0}{4\pi}\frac{I\mathrm{d}\boldsymbol{l}\times\boldsymbol{R}}{R^3} = \frac{\mu_0}{4\pi}\frac{I\mathrm{d}l\,\sin\theta}{R^2}\boldsymbol{e}_{\mathrm{d}B}$$

$$\boldsymbol{e}_{\mathrm{d}B} = \frac{\mathrm{d}\boldsymbol{l}\times\boldsymbol{R}}{|\mathrm{d}\boldsymbol{l}\times\boldsymbol{R}|}$$

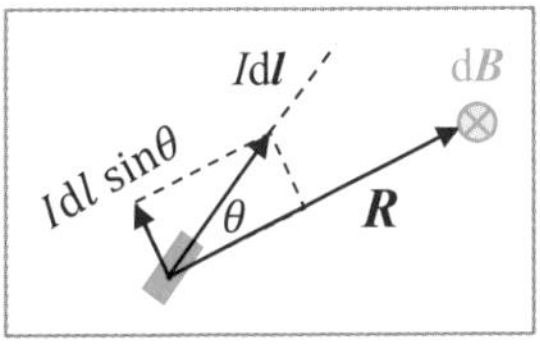

磁場方向為與紙面垂直穿入紙面

環狀電流中心軸上的磁場

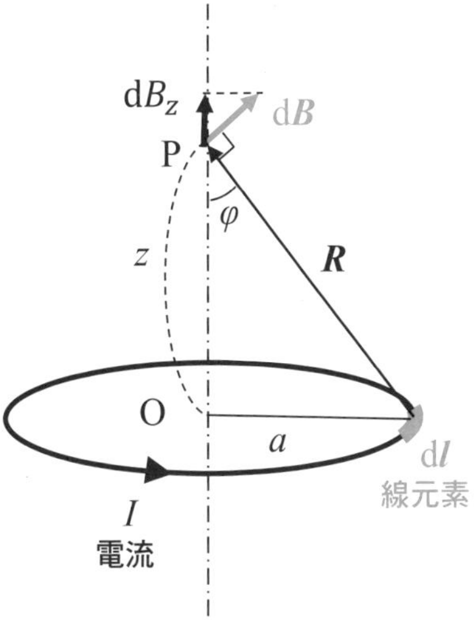

電流線元素 $I\mathrm{d}\boldsymbol{\ell}$ 與點 P 之間的距離如下。

$$|\boldsymbol{R}| = \sqrt{a^2+z^2}$$

由必歐—沙伐定律可以知道

$$\mathrm{d}\boldsymbol{B} = \frac{\mu_0}{4\pi}\frac{I\mathrm{d}\boldsymbol{\ell}\times\boldsymbol{R}}{R^3}$$

其 z 分量為

$$\mathrm{d}B_z = \mathrm{d}B\sin\varphi = \frac{\mu_0 I a}{4\pi R^3}\mathrm{d}\ell$$

由對稱性可以知道，軸上磁場只有 z 分量，可得

$$B = \oint \mathrm{d}B_z = \frac{\mu_0 I a}{4\pi R^3}\int_0^{2\pi a}\mathrm{d}\ell$$

$$= \frac{\mu_0 I a^2}{2R^3} = \frac{\mu_0 I a^2}{2(a^2+z^2)^{3/2}}$$

高斯磁定律

電流周圍的磁場呈環狀，磁力線不會從某點往外或往內輻射。這就是高斯磁定律。

積分形式

電場中，電荷Q［C］射出的電通量守恆，由電場高斯定律可以知道，電通量密度$\boldsymbol{D}$（$=\varepsilon\boldsymbol{E}$）［$\mathrm{C/m^2}$］在閉曲面$S$上的積分為$\oint_S \boldsymbol{D}\cdot \mathrm{d}\boldsymbol{S}=Q$。與電場的情況相似，磁通量密度$\boldsymbol{B}$［$\mathrm{Wb/m^2}$］對應電通量密度$\boldsymbol{D}$，磁荷$Q_m$［Wb］對應電荷$Q$，可以得到相似的定律（**上圖**）。不過，與電荷不同，磁荷實際上並不存在，故可得到以下關係式。

$$\oint_S \boldsymbol{B}\cdot \mathrm{d}\boldsymbol{S}=0 \tag{6-7-1}$$

這就是高斯磁定律。由這個式子可以知道，出入任意區域之表面S的磁通量加總後恆為零，所以不存在可往外輻射出磁力線的點，也不存在可往內輻射入磁力線的點，磁力線必定為閉曲線。這就是磁通量守恆定律。

微分形式

數學中的高斯散度定理為「閉曲面S所包圍區域V中，向量場$\boldsymbol{B}$之散度的體積分，等於閉曲面S上向量場$\boldsymbol{B}$的面積分」。

$$\int_V \nabla\cdot\boldsymbol{B}\mathrm{d}V=\oint_S \boldsymbol{B}\cdot \mathrm{d}\boldsymbol{S} \tag{6-7-2}$$

運用這點，可以將積分形式的式（6-7-1）改寫成微分形式。關於磁場向量場$\boldsymbol{B}$，由高斯磁定律可以知道上式等號右邊為零。對於任意微小體積而言，式（6-7-2）的左邊為零，故可得到以下微分形式。

$$\nabla\cdot\boldsymbol{B}=0 \tag{6-7-3}$$

這樣便會形成**下圖**般的均勻磁場或環狀磁場，而不會形成輻射散開的磁場（有輻射點的磁場）。

MEMO　一般來說，數學的演繹方向為「公理」→「定理」。不過在物理領域中則會透過歸納方式，推導方向為「規則」→「原理」。

高斯磁定律的積分形式

電通量		磁通量
$\oint_S \boldsymbol{D}\cdot \mathrm{d}\boldsymbol{S} = Q$	⟷	$\oint_S \boldsymbol{B}\cdot \mathrm{d}\boldsymbol{S} = Q_m = 0$

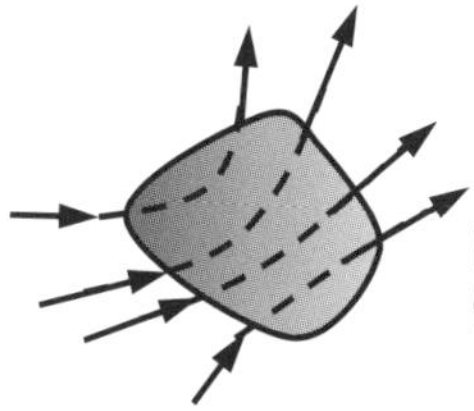

磁通量守恆定律

出入閉曲面 S 的磁通量加總為零。

高斯磁定律的微分形式

由高斯散度定理可以知道

$$\int_V \nabla\cdot\boldsymbol{B}\mathrm{d}V = \int_S \boldsymbol{B}\cdot \mathrm{d}\boldsymbol{S} = 0$$

對任意體積 V 皆成立，故下式成立。

$$\nabla\cdot\boldsymbol{B} = 0$$

向量場 A 的示意圖

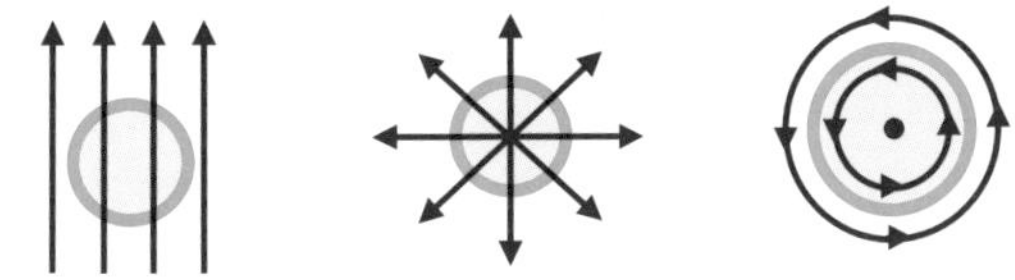

均勻	輻射	環狀	
$\nabla\cdot\boldsymbol{A} = 0$	$\nabla\cdot\boldsymbol{A} \neq 0$	$\nabla\cdot\boldsymbol{A} = 0$	以閉曲面積分判斷（散度定理）
$\nabla\times\boldsymbol{A} = 0$	$\nabla\times\boldsymbol{A} = 0$	$\nabla\times\boldsymbol{A} \neq 0$	以閉曲線積分判斷（旋度定理）

四選一選擇題

答案在下下頁

問題6.1　半長直導線與半圓導線的磁場強度是多少？

2條半長直導線的電流，與半徑為R之半圓的組合電路如圖所示，電流為I。位於半圓中心O的磁通量密度B大小是多少？

① $\frac{\mu_0 I}{4R}(2+1/\pi)$　② $\frac{\mu_0 I}{4R}(2-1/\pi)$

③ $\frac{\mu_0 I}{4R}(1+2/\pi)$　④ $\frac{\mu_0 I}{4R}(1-2/\pi)$

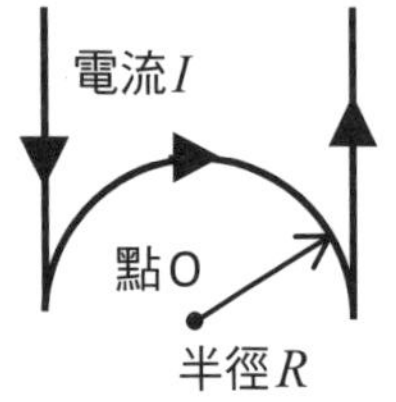

問題6.2　對磁場內的帶電粒子施加電場後，軌道會如何改變？

均勻電場（z方向）內，有個帶電粒子正在進行高速迴旋運動（圓周運動）。若此時施加與磁場方向垂直的電場（y方向），帶電粒子的運動會如何改變？

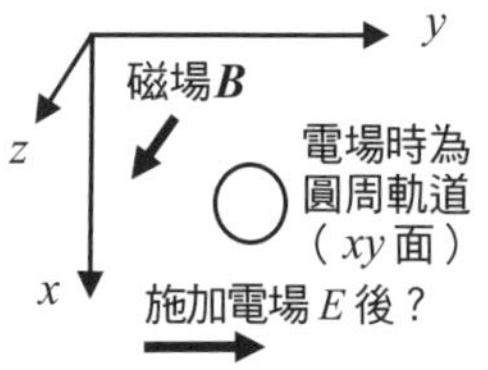

① 離子會往電場方向（y方向）移動，電子會往-y方向移動。

② 離子、電子都會往電場方向（y方向）移動。

③ 離子會往垂直於磁場與電場的方向（x方向）移動，電子會往-x方向移動。

④ 離子、電子都會往x方向移動。

COLUMN

超導磁石活躍於醫療界!?

1911年，荷蘭的卡末林・昂內斯想知道在接近絕對零度時，汞的電阻會有什麼變化，於是發現了超導現象。在那之後，各領域陸續出現了多種超導現象的應用。典型的例子包括超導磁石在醫療領域的應用。譬如需要用到高達數個特斯拉之強烈磁場的MRI（磁振造影），測量微弱心磁圖、腦磁波用的SQUID（超導量子干涉儀）。前者是用強烈磁場，使體內氫原子帶有的微弱磁力出現振盪，然後將原子的狀態顯示成圖像。後者是運用超導體產生之磁場的量子化，製作超高敏感度的磁場感測器，可以偵測到飛特斯拉（10^{-15}T）等級的極微弱磁場。

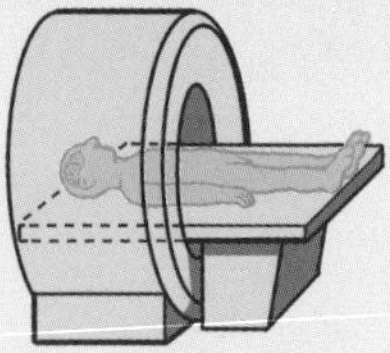

本章問題

每個問題分別對應到各節內容／答案在下一頁

6-1 設無限長的長直導線有電流 I［A］通過，在距離 r［m］的地方，磁場強度 H 為 ＿＿［單位］，磁通量密度 B 為 ＿＿［單位］。

6-2 設閉曲線C某處的切線方向長度向量為 $\mathrm{d}\boldsymbol{l}$，該處的磁通量密度為 $\boldsymbol{B}$。假設貫穿閉曲線C的總電流為 I，那麼安培定律可以寫成 ＿＿。

6-3 磁場 $\boldsymbol{B}$［T］對長 L［m］之直線電流 $\boldsymbol{I}$［A］的施力 $\boldsymbol{F}$，可以用向量形式寫成 ＿＿［單位］。

6-4 電場 $\boldsymbol{E}$［V/m］與磁場 $\boldsymbol{B}$［T］對速度 $\boldsymbol{v}$［m/s］的運動中帶電荷 q［C］之粒子的施力 $\boldsymbol{F}$ 為 ＿＿［單位］，這種力叫做 ＿＿。

6-5 設某空心長直螺線管線圈每1m的圈數為 n［圈/m］，線圈內電流為 I［A］，那麼內部磁通量密度 $\boldsymbol{B}$ 為 ＿＿［單位］。

6-6 設一導線上有電流 I［A］，一小段長度的導線為 $\mathrm{d}\boldsymbol{\ell}$，電流線元素為 $I\mathrm{d}\boldsymbol{\ell}$。距離導線 r［m］處之點P的磁場 $\mathrm{d}\boldsymbol{B}$ 為 ＿＿［單位］，這叫做 ＿人名＿ 定律。

6-7 進出任意閉曲面 S 之磁通量總量恆為零，設面元素往外的垂直向量為 $\mathrm{d}\boldsymbol{S}$，磁通量密度 $\boldsymbol{B}$，那麼高斯定理的積分形式可寫成 ＿＿。這裡我們可以用高斯散度定理 ＿＿，改寫成微分形式 ＿＿。

第6章 電流與磁場

答案

答案6.1　④

【解說】半圓部分貢獻的磁場為一般環狀電流磁場$\mu_0 I/(2R)$的一半，方向為穿入紙面。一條半長直導線對點O貢獻的磁場，為長直導線磁場$\mu_0 I/(2\pi R)$的一半，且方向與半圓貢獻的磁場方向相反。③、④為半圓與2條半長直導線的組合，考慮方向後可以知道答案為④。

【參考】①、②為完整環狀電流與1條半長直導線的磁場組合。

答案6.2　②

【解說】電場$\boldsymbol{E}$、磁場$\boldsymbol{B}$內，質量m、電荷q、速度v之帶電粒子的運動方程式為$m\mathrm{d}\boldsymbol{v}/\mathrm{d}t = q\boldsymbol{v}\times\boldsymbol{B}+q\boldsymbol{E}$。帶電粒子的速度$v$為迴旋運動的速度$\boldsymbol{v}_c$（無電場時的速度）與飄移速度$v_E$（類似導心運動）的和，即$\boldsymbol{v} = \boldsymbol{v}_c(t)+\boldsymbol{v}_E$，可得$m\mathrm{d}\boldsymbol{v}_c/\mathrm{d}t = q\boldsymbol{v}_c\times\boldsymbol{B}$。其中，$\boldsymbol{v}_E \perp \boldsymbol{B}$、$\mathrm{d}\boldsymbol{v}_E/\mathrm{d}t = 0$，故$\boldsymbol{E}+\boldsymbol{v}_E\times\boldsymbol{B} = 0$。由向量的三重積公式　$A\times(B\times C) = (A\cdot C)B-(A\cdot B)C$可以得到$\boldsymbol{v}_E = \boldsymbol{E}\times\boldsymbol{B}/B^2$。

【參考】這種橫切過磁場的運動類似導心運動，稱為「E×B飄移」，離子與電子會朝著同方向移動。實際的物理運動中，可以看出粒子會在迴旋運動的同時於電場中加、減速，並沿著垂直於磁場、電場的方向飄移，這種軌道稱為「擺線軌道」。

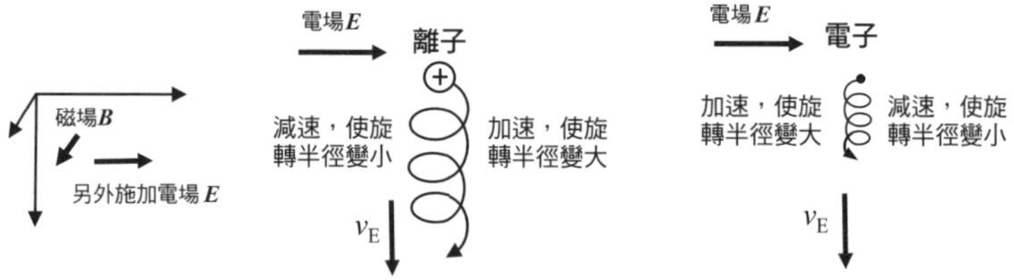

本章問題答案（滿分20分，目標14分以上）

（6-1）$I/(2\pi r)$［A/m］、$\mu_0 I/(2\pi r)$［T］

（6-2）$\oint_C \boldsymbol{B}\cdot\mathrm{d}\boldsymbol{l} = \mu_0 I$

（6-3）$(\boldsymbol{I}\boldsymbol{L})\times\boldsymbol{B}$［N］

（6-4）$\boldsymbol{F} = q(\boldsymbol{E}+\boldsymbol{v}\times\boldsymbol{B})$［N］、勞侖茲力

（6-5）$\mu_0 n\boldsymbol{I}$［T］

（6-6）$(\mu_0/4\pi)(I\mathrm{d}\boldsymbol{l}\times\boldsymbol{r})/r^3$、必歐―沙伐定律

（6-7）$\oint_S \boldsymbol{B}\cdot\mathrm{d}\boldsymbol{S} = 0$、$\int_V \nabla\cdot\boldsymbol{B}\mathrm{d}V = \oint_S \boldsymbol{B}\cdot\mathrm{d}\boldsymbol{S}$、$\nabla\cdot\boldsymbol{B} = 0$

第 7 章

〈電流、靜磁場篇〉

磁性體

我們周圍可以看到各種大大小小的磁石。第７章中，將介紹這些磁性體的磁化與磁滯迴線。本章中也會比較「將磁性體想像成磁荷的虛擬磁荷詮釋單位系統」，以及「用電流線元素定義磁場的電流線元素詮釋單位系統」。

磁極化

感應現象包括靜電感應、電極化、磁感應、磁極化，以及電磁感應等等。本節要介紹的是與靜磁場有關的感應與極化現象。

靜電感應、磁感應、磁極化

我們無法將磁性體內的S磁荷或N磁荷單獨分離出來。談到電場時我們提到，導體會有靜電感應現象、介電質會有介電極化現象。而在磁石方面，當有磁場靠近時，某些物體會產生相反的磁極，像是永久磁石可以吸引鐵釘等皆為相當常見的現象。這是鐵釘受到磁感應時產生磁極，然後被吸引的現象（**上圖**），另一側也會產生N或S極。這種現象不會發生在一般導體，只會發生在鐵等磁性體上，稱為磁極化。

磁化與磁性體

將物質置於磁場中，物質內部原本雜亂無章的磁矩，會有一部分轉為相同方向，使磁場強度增加。這種現象稱為磁極化或磁化。描述靜電場中，電場強度與電通量密度間的關係時，我們會加上電極化向量$\boldsymbol{P}$，寫成$\boldsymbol{D}=\varepsilon_0\boldsymbol{E}+\boldsymbol{P}$（**4-1節**）。同樣的，我們可以用磁極化向量$\boldsymbol{P}_{\mathrm{m}}$或磁化向量$\boldsymbol{M}$，將磁通量密度表示如下。

$$\boldsymbol{B}=\mu_0\boldsymbol{H}+\boldsymbol{P}_{\mathrm{m}}=\mu_0(\boldsymbol{H}+\boldsymbol{M}) \quad (7\text{-}1\text{-}1)$$

磁化向量$\boldsymbol{M}$［A/m］與磁場強度向量$\boldsymbol{H}$成正比，故可得到以下關係式。

$$\boldsymbol{M}=\chi_{\mathrm{m}}\boldsymbol{H} \quad (7\text{-}1\text{-}2)$$

這裡的比例係數χ_{m}［無因次］稱為比磁化率（specific susceptibility）。設磁導率為μ_r，那麼$\boldsymbol{B}$與$\boldsymbol{H}$可以寫成以下關係式。

$$\boldsymbol{B}=\mu_0(1+\chi_{\mathrm{m}})\boldsymbol{H}=\mu_0\mu_{\mathrm{r}}\boldsymbol{H} \quad (7\text{-}1\text{-}3)$$

邊界條件（**3-2節**）與電場類似，磁場強度$\boldsymbol{H}$在邊界上的切線分量連續，磁通量密度$\boldsymbol{B}$在邊界上的法線（垂直）分量連續。磁化後的物質內部磁力線與磁通量線差異如**下圖**。

MEMO 在電流線元素詮釋下，磁化可表示成$j_{\mathrm{m}}=\nabla\times\boldsymbol{M}$；古典的虛擬磁荷詮釋下，則可將磁荷密度表示成$\rho_{\mathrm{m}}=-\nabla\cdot\boldsymbol{P}_{\mathrm{m}}$（參考7-4節）。

磁感應

以電學方式理解
- 靜電感應（導體內的自由電子造成電荷分布偏移）
- 介電極化（介電質原子、分子的排列變化）
- 磁感應（磁性體的微觀磁矩排列變化）（磁極化、磁化）
- 電磁感應（因磁通量變動而產生電壓）

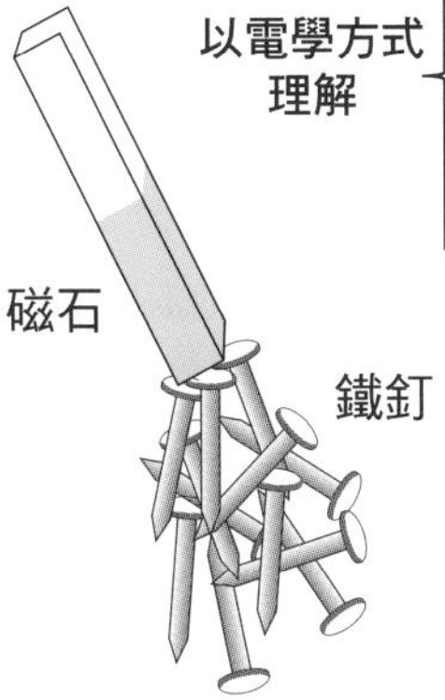

磁力線與磁通量線的差異

磁力線

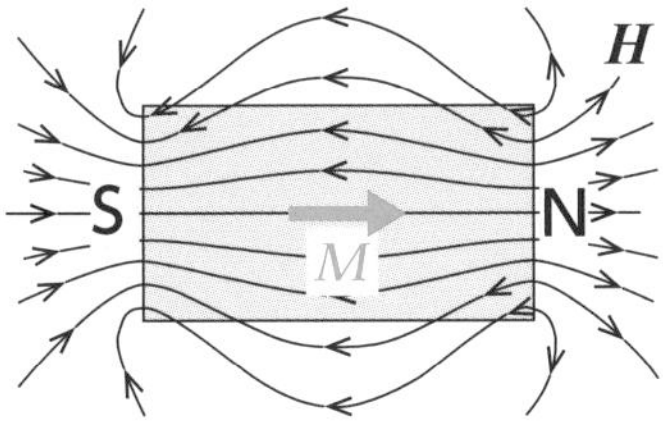

磁場強度（交界處切線分量連續）

$\boldsymbol{H} = (\boldsymbol{B} - \boldsymbol{P}_m)/\mu_0 = \boldsymbol{B}/\mu_0 - \boldsymbol{M}$

$\boldsymbol{M} = \chi_m \boldsymbol{H}$　磁化向量

↑ 磁化率（磁極化率）

磁通量線

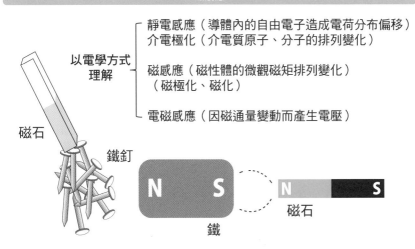

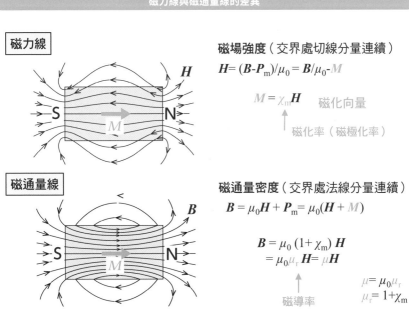

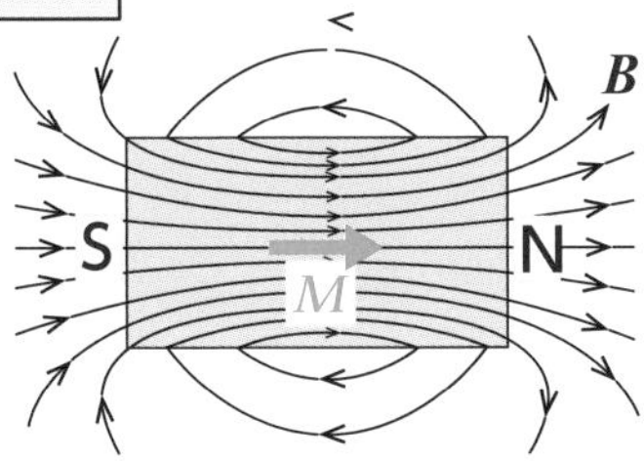

磁通量密度（交界處法線分量連續）

$\boldsymbol{B} = \mu_0 \boldsymbol{H} + \boldsymbol{P}_m = \mu_0(\boldsymbol{H} + \boldsymbol{M})$

$\boldsymbol{B} = \mu_0 (1 + \chi_m) \boldsymbol{H}$
$= \mu_0 \mu_r \boldsymbol{H} = \mu \boldsymbol{H}$

↑ 磁導率

$\mu = \mu_0 \mu_r$
$\mu_r = 1 + \chi_m$

磁石外部的磁力線 ***H*** 與磁通量線 ***B*** 一致，
磁石內部則兩者方向相反，形狀也不一樣。

※ 譯註：台灣教材多以捨棄本書中「虛擬磁荷詮釋磁力線」的概念，改以本書中「電流線元素詮釋磁通量線」的概念取代。本書中的磁通量線，即為台灣教材中的磁力線。

比較帶電體與磁性體

科學家們過去曾經參考電荷的庫侖定律，推導出磁荷版的庫侖定律。

磁石與磁力

磁石可以吸引鐵片等物質，這種吸引力叫做磁力。可自由轉動的棒狀磁石在停止轉動時，指向北方的磁極為N極（或正極），指向南方的磁極為S極（或負極）。磁極正負與電荷正負不同，即使分割磁石，也沒辦法製作出只有N極的磁石（**下圖**）。不過，如果假設磁荷或磁量存在，設為q_{m1}、q_{m2}，便能像靜電力一樣定義磁力F［N］，建立磁力版的庫侖定律（**上圖**）。

$$F = k_m \frac{q_{m1}q_{m2}}{r^2} \qquad (7\text{-}2\text{-}1)$$

這裡的磁量q_m單位為韋伯（符號為Wb），N極磁量設為正，S極磁量設為負。真空中的比例常數如下。

$$k_m = 1/(4\pi\mu_0) = 6.33\times10^4\ [\mathrm{N\cdot m^2/Wb^2}]$$

這裡的$\mu_0 = 4\pi\times10^{-7}$［T·m/A］為真空磁導率。

磁力線與磁通量密度

科學家由作用於電荷q［C］的靜電力$\boldsymbol{F}$［N］，定義電場$\boldsymbol{E}$［V/m］為$\boldsymbol{E} = \boldsymbol{F}/q$。同樣的，磁場向量$\boldsymbol{H}$也可以用磁量$q_m$［Wb］與靜磁力$\boldsymbol{F}$［N］定義如下。

$$\boldsymbol{H} = \frac{\boldsymbol{F}}{q_m} \qquad (7\text{-}2\text{-}2)$$

磁力作用的空間稱為磁場。磁場強度$\boldsymbol{H}$的單位為牛頓每韋伯（符號為N/Wb），或是安培每公尺（符號為A/m）。我們可以用類似於電力線的定義，描繪出磁力線。因為磁荷無法單獨分離出來，所以式（7-2-2）也只是概念上的公式。

MEMO　在日本，物理領域主要使用「磁場」一詞，工程領域則主要使用「磁界」一詞。

靜電力與磁力的比較

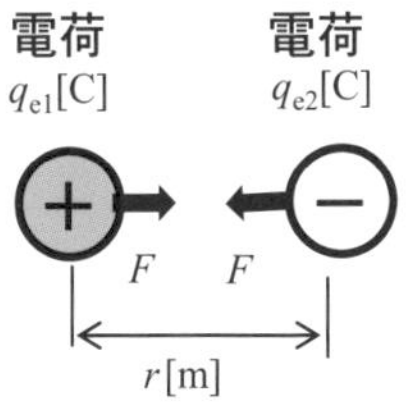

$(q_{e1}>0,\ q_{e2}<0)$

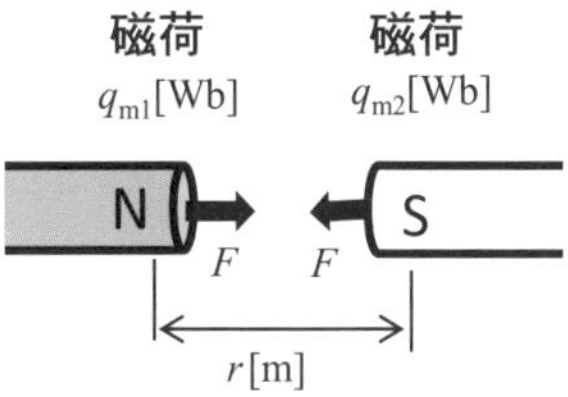

$(q_{m1}>0,\ q_{m2}<0)$

・與靜電力有關的庫侖定律

靜電力

$F = k_e q_{e1} q_{e2}/r^2$

・與點電荷 q 距離 r 的電場

電場強度 $E = k_e q_e/r^2$

電通量強度 $D = q_e/(4\pi r^2)$

$k_e = 1/(4\pi\varepsilon_0)$

ε_0：真空電容率

・與磁力有關的庫侖定律

磁力

$F = k_m q_{m1} q_{m2}/r^2$

・與點磁荷 q_m（虛擬）距離 r 的磁場

磁場強度 $H = k_m q_m/r^2$

磁通量強度 $B = q_m/(4\pi r^2)$

$k_m = 1/(4\pi\mu_0)$

μ_0：真空磁導率

此為歷史上的定義，
實際上並不存在磁單極。

帶電體與磁性體分割的差異

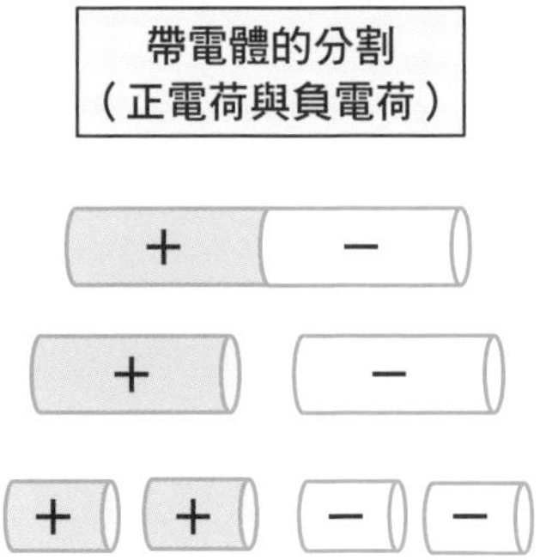

可以單獨分離出正電荷或負電荷。

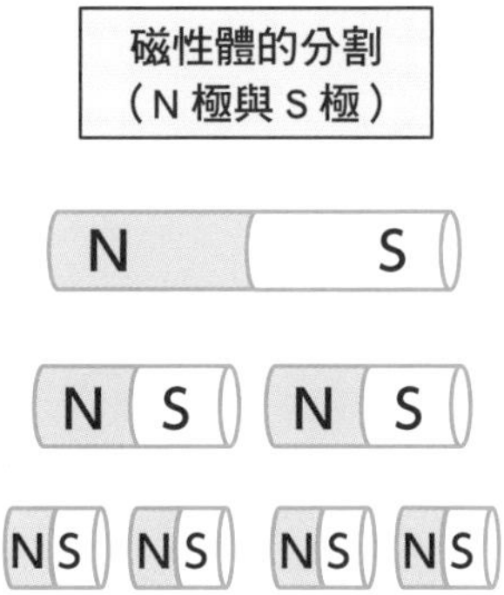

無法單獨分離出 N 極或 S 極的單極磁石，磁石必定為雙極。

電路與磁路的比較

電路中，我們可以讓電阻變得極大，使電流趨近於零。但另一方面，要將磁路中的磁通量降至零是非常困難的事。

電阻與磁阻

電路中，電動勢E與電流I、電阻R的關係，可以寫成$E=RI$，這個公式也稱為歐姆定律。相對於電路，也存在所謂的磁路歐姆定律。類似於電路，在鐵芯外纏繞N圈導線，通以電流I，便能在鐵芯內產生磁通量Φ。電流值乘上圈數的數值$F=NI$，即為產生磁通量的磁通勢，單位為安培圈數（AT）或是安培（A）。電路的電動勢E與電流I，可對應到磁路的磁通勢F與磁通量Φ；電阻R可對應到磁阻R_m，故可定義$F=R_m\Phi$。R_m的單位為安培每韋伯（A/Wb）（**上圖**）。

電阻與電阻線的長度ℓ成正比，電導率（電流通過的容易程度）σ與截面積S成反比。同樣的，磁阻與磁通量通路的平均長度（磁路長度）ℓ_m成正比，磁導率μ與鐵芯的截面積S_m成反比。

磁路的間隙

電器常會用到電磁石，這些電磁石的磁路常由鐵芯與氣隙構成。有氣隙的磁路中，磁阻為鐵芯磁阻與氣隙磁阻的和，相當於電路中的串聯電阻（**下圖**）。空氣中的磁導率與真空磁導率μ_0幾乎相同，典型鐵芯磁導率則是空氣磁導率的數千倍，若要減少磁阻，需縮小氣隙。如果氣隙過大，磁阻會變得很大，且從氣隙漏出的磁場也會增加。因此，有時候會在氣隙部分設置磁屏蔽裝置。

MEMO　電路中的「電壓＝電阻 × 電流」可對應到磁路中的「磁通勢＝磁阻 × 磁通量」。

比較電路與磁路

電路

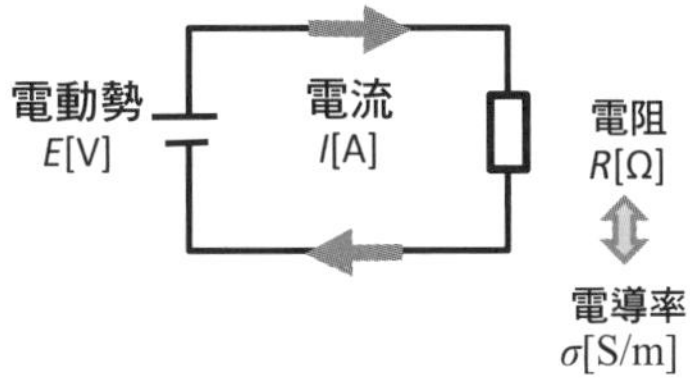

磁路

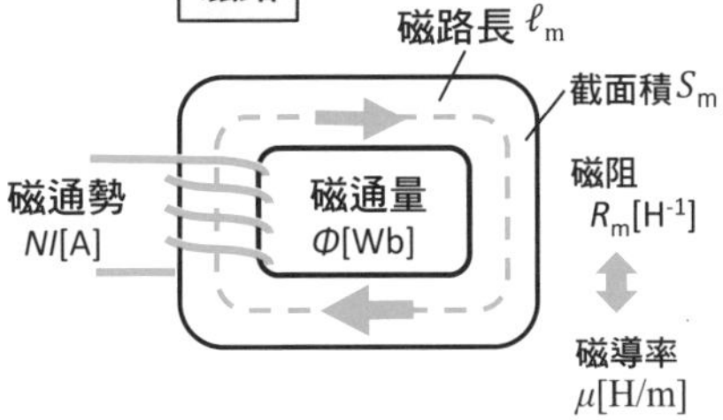

安培定律　$\mu NI=\ell_{\mathrm{m}}B$

磁通量　$\Phi=BS_{\mathrm{m}}$

電路的歐姆定律

電動勢＝電阻 × 電流

$$E=RI$$

電阻　$R=\dfrac{\ell}{\sigma S}$

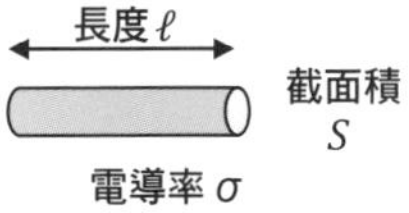

磁路的歐姆定律

磁通勢＝磁阻 × 磁通量

$$NI=R_m\Phi$$

磁阻　$R_m=\dfrac{\ell_{\mathrm{m}}}{\mu S_m}$

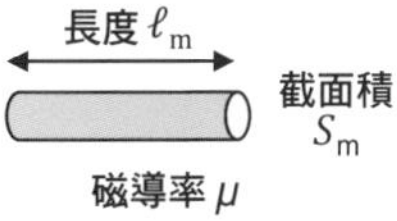

有間隙的磁路

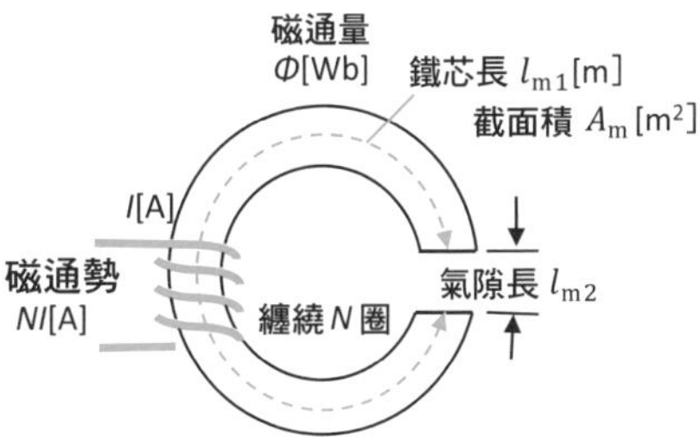

鐵芯的磁阻

$$R_{\mathrm{m}1}=\frac{l_{\mathrm{m}1}}{\mu_1 A_{\mathrm{m}}}$$

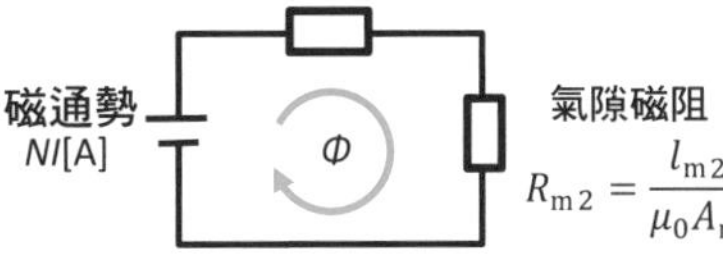

$$R_{\mathrm{m}2}=\frac{l_{\mathrm{m}2}}{\mu_0 A_{\mathrm{m}}}$$

合成磁阻

$$R_{\mathrm{m}}=R_{\mathrm{m}1}+R_{\mathrm{m}2}$$

$$NI=R_{\mathrm{m}}\Phi$$

第7章 磁性體

從虛擬磁荷詮釋到電流線元素詮釋

要以磁荷的庫侖定律為基準，還是以磁場對電荷造成的勞侖茲力為基準呢？兩者使用的電磁學單位系統不同。

虛擬磁荷詮釋

電磁學之所以困難，有個很重要的理由，那就是單位系統相當複雜。過去人們曾使用過以CGS為基礎的靜電單位系統、電磁單位系統、高斯單位系統等等，目前主要則是使用以MKSA為基礎的國際單位制，以及各種組合單位（導出單位）。電場E可自然定義為電荷所產生的場，不過磁場的定義則有2種，並有著各自的發展歷史。

歷史上曾使用類似電場的概念定義磁場。假設擁有磁荷q_m（單位為Wb，韋伯）之物質，在某位置受到磁力$\boldsymbol{F}$作用時，可定義該位置的磁場強度$\boldsymbol{H}=\boldsymbol{F}/q_m$（參考**7-2節**）。這裡我們可以反過來用磁場庫侖定律的基本公式定義磁荷q_m。就像定義電通量密度時一樣，假設包圍磁荷q_m的球的表面積為S，可定義磁通量密度$B=q_m/S$（單位為Wb/m^2，韋伯每平方公尺）（**上圖**）。這種詮釋磁場的方式叫做**虛擬磁荷詮釋**。因為是以磁場強度$\boldsymbol{H}$為基準，所以在日本也叫做EH對應的單位系統。

電流線元素詮釋

另一方面，因為實際上並不存在單獨的磁荷，所以磁力的庫侖定律在物理上並不正確。磁性體的磁場是由電子的自旋產生，所以應由實體電荷的流動，也就是電流I乘上微小長度$\mathrm{d}\boldsymbol{\ell}$，得到電磁力$\boldsymbol{F}=I\mathrm{d}\boldsymbol{\ell}\times\boldsymbol{B}$這個基本公式，並以此定義磁通量密度$\boldsymbol{B}$。這裡的$\boldsymbol{\ell}\times$為向量外積，當電流與磁場垂直時$B=F/I\mathrm{d}\ell$（單位為T，特斯拉），這種單位系統稱為**電流線元素詮釋**單位系統（**下圖**）。因為是以磁場B為基準，故在日本也叫做EB對應的單位系統。這種電磁力與施加於運動中電荷的勞侖茲力等價。這個概念也與電流I的單位安培（A）的定義「2條無限長之長直導線產生的引力」有關。

MEMO　由磁荷庫侖定律定義的磁場，稱為虛擬磁荷詮釋；由電流產生之磁場施加於電流線元素的力來定義的磁場，則稱為電流線元素詮釋。

虛擬磁荷詮釋

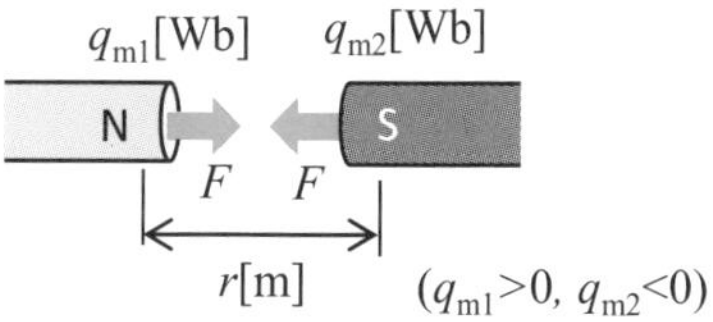

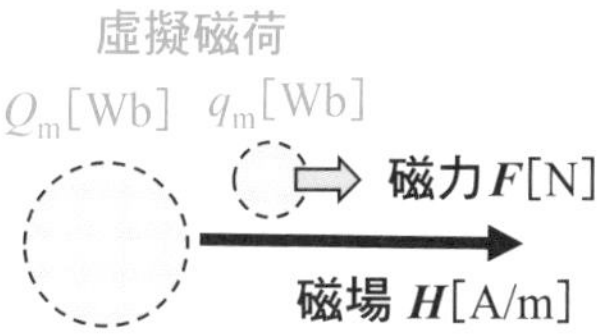

基本量：磁荷（虛擬）q_m

磁場庫侖定律

$$\boldsymbol{F} = k_m \frac{q_{m1} q_{m2}}{r^2} \boldsymbol{e}_r$$

磁場 $\boldsymbol{H}$ 的定義

$$\boldsymbol{H} = \frac{\boldsymbol{F}}{q_m} = k_m \frac{Q_m}{r^2} \boldsymbol{e}_r$$

磁極化 $\boldsymbol{P}_m$ 造成的物質中磁場 $\boldsymbol{B}$

$$\boldsymbol{B} = \mu_0 \boldsymbol{H} + \boldsymbol{P}_m$$

電流線元素詮釋

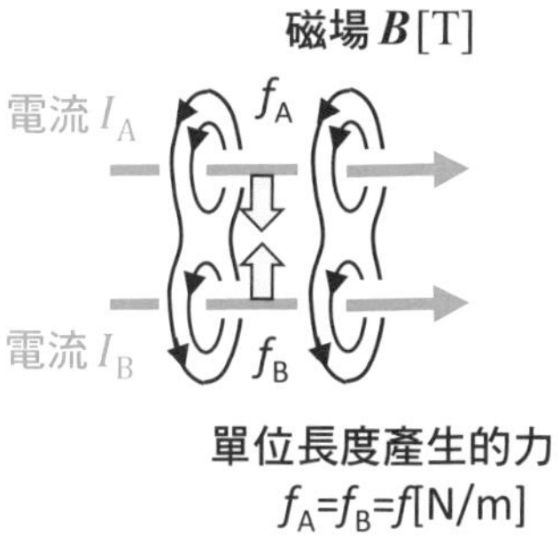

基本量：電流線元素 $Id\boldsymbol{l}$

平行長直導線電流的引力（第1章第7節）

$$f = \frac{\mu_0 I_A I_B}{2\pi r}$$

（安培定義公式）

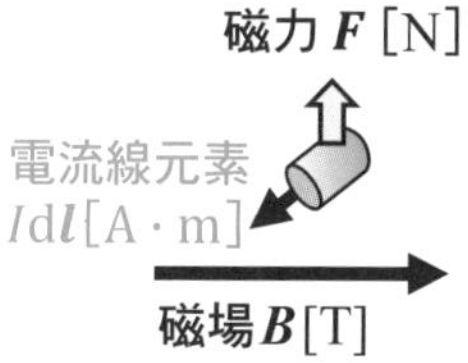

磁場 $\boldsymbol{B}$ 的定義（第 6 章第 3 節）

$$\boldsymbol{F} = Id\boldsymbol{l} \times \boldsymbol{B}$$

磁化 $\boldsymbol{M}$ 產生的物質內磁場 $\boldsymbol{H}$

$$\boldsymbol{H} = \boldsymbol{B}/\mu_0 - \boldsymbol{M}$$

磁矩

我們可以用類似於力學中力偶矩的概念，定義電偶極矩或磁矩。

力矩與力偶矩

力學中的力矩定義是施加在物體上的力，與力臂長度（力的作用點與旋轉支點的距離）的乘積。假設電場E中，正電荷$+q_e$與負電荷$-q_e$分別位於棒子的兩端，兩者間的距離為d，此時會產生靜電力q_eE與$-q_eE$的力偶（大小相同，方向相反的力）。從棒子的中心看過去，力矩N為$q_eE\mathrm{d}/2$與$-q_eE\mathrm{d}/2$，合計為q_eE。此時，定義電偶極矩為$q_e\mathrm{d}$。

以磁場而言，磁荷恆為偶極子。假設磁場H中，正磁荷$+q_m$與負磁荷$-q_m$分別位於棒子的兩端，兩者間的距離為d，此時會產生磁力q_mH與$-q_mH$的力偶。從做為支點的棒子中心看過去，磁力力矩合計為q_mdH，磁矩m_m則可定義為q_md（**上圖**）。磁荷量q_m愈大，或者距離d愈長，表示磁石的磁場愈強，故我們可以用磁矩來評價磁石的性能，單位為Wb·m。這種假設磁荷存在的虛擬磁荷詮釋，是歷史上曾使用過的磁矩定義方式（參考**7-4節**）。

另一方面，在確定電荷的移動會產生磁場後，科學家開始將電流產生的電磁力做為基本定律，以電流線元素詮釋定義磁矩。設環狀電流I的半徑為a，產生的磁場具偶極性，磁矩為πa^2I，單位為A·m^2（**下圖右**）。

實際帶有電荷的粒子為原子核內帶正電的質子，以及帶負電的電子。但世界上並不存在實際的單極磁荷元素（磁子）。在磁石內部，磁極化原子是透過電荷的旋轉，產生偶極磁場，這些偶極磁場再聚集成磁石的磁場。實際上，電子擁有量子力學上的內秉性質——自旋（與經典力學的旋轉概念不同）。多個電子自旋產生的磁場經合成後，會形成整體的偶極磁場，再進一步形成磁石的磁場（參考次節）。

MEMO 磁石的磁矩為偶極磁荷大小與兩者距離的乘積（虛擬磁荷詮釋）。或者也可以定義成環狀電流之電流值與圓面積的乘積（電流線元素詮釋）（7-4節）。

力矩與力偶矩

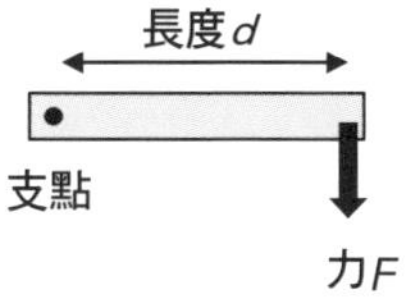

力矩 $N=Fd$

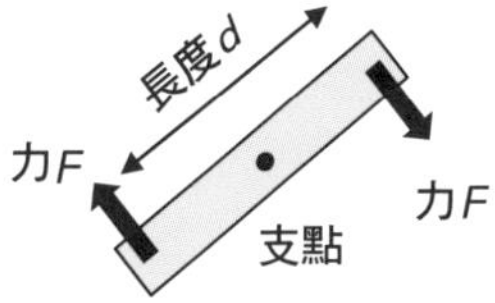

力（力偶）矩 $N=Fd$

電場中的電偶

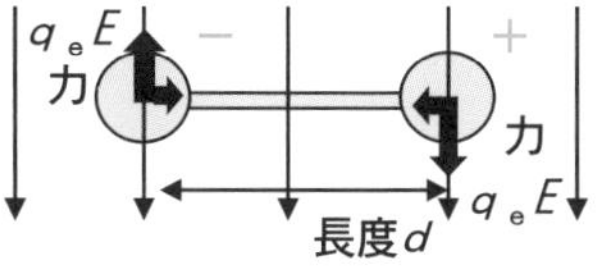

力（力偶）矩 $N=q_eEd=m_eE$

電偶極矩 $m_e=q_ed$

磁場中的磁偶

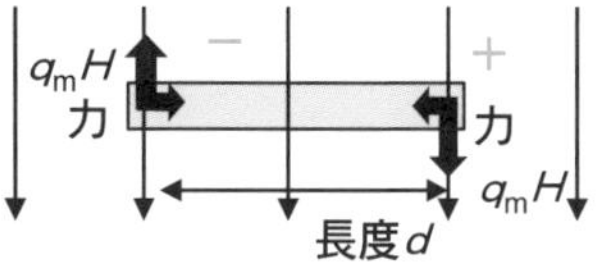

力（力偶）矩 $N=q_mHd=m_mH$

磁偶極矩 $m_m=q_md$

磁矩

●以磁荷的庫侖定律為基礎，定義磁矩（虛擬磁荷詮釋）

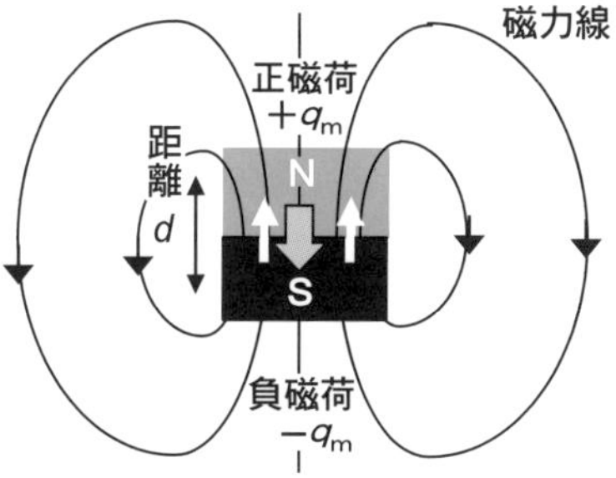

磁石的磁矩
$m=q_md$（單位：Wb・m）

磁石外側的磁場，
與磁荷量大小以及
正負磁荷的距離成正比。

●以電流產生之電磁力為基礎，定義磁矩（電流線元素詮釋）

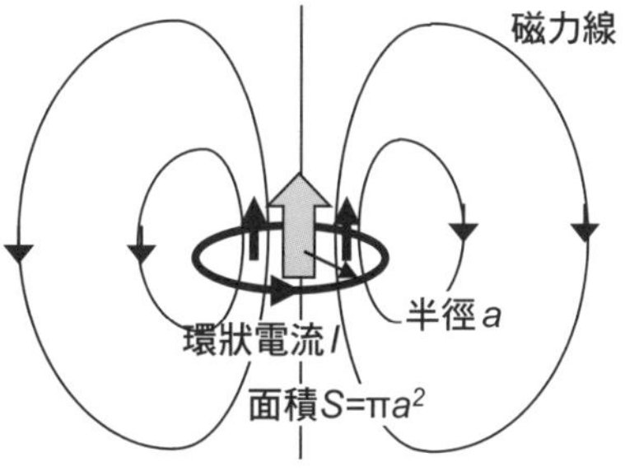

環狀電流的磁矩
$m=IS$（單位：A・m^2）

環狀電流外側的磁場，
與環狀電流大小以及
圓面積成正比。

7-6 〈電流、靜磁場篇〉

磁石的微觀結構

與電荷不同，磁石內並不存在單極磁荷。磁石的偶極結構，源自量子力學性質的微觀內部結構。

偶極矩

原子尺度的磁偶極磁矩，由以下三者之總和決定。① 電子的自旋（內秉磁性），② 電子在原子核周圍沿著圓周軌道運動，③ 原子核內質子的自旋（**上圖**）。三者中，電子本身的自旋，對磁性的貢獻最大。原子核自旋對磁性的貢獻幾乎可以無視，電子的圓周軌道運動對磁性的貢獻也不大（**上圖**）。如果電子是靠著物理上的自轉生成磁矩的話，依照古典物理理論，電子必須轉得比光速還要快才行。在現代理論中，基本粒子除了質量、電荷之外，還有自旋這個內秉屬性。

鐵的磁性源自三維軌道的不成對電子

原子內的電子僅會待在原子核周圍的特定位置（電子殼層），依照與原子核的距離，由近到遠分別是K層（主量子數N＝1）、L層（2）、M層（3）、N層（4）……每個電子殼層可填入的電子數為$2N^2$個。各殼層的軌道（軌域）分別為s軌域（電子數2個）、p軌域（6）、d軌域（10）、f軌域（14）……。電子自旋有朝上與朝下等2種可能。當電子完全填滿軌域時，自旋朝上與朝下的電子數相同，兩兩成對，故磁矩為零。以鐵元素為例，有26個電子，除了3d軌域以外，所有軌域都填滿了電子。就像在有許多雙人座位的公車上，待每個雙人座位先各入座1人後，才會開始入座第2人的「公車座規則」一樣，電子在填入軌域時，一開始也會以不成對的形式填入，稱為罕德定則。鐵元素內未填滿電子的3d軌域中，最多可同時存在4個不成對電子，這些不成對電子的自旋與電子的軌道運動，決定了鐵的磁性（**下圖**）。

MEMO　原子的磁矩主要來自電子特有的自旋內秉性質。不成對電子的數目，決定了元素的磁性。

原子的自旋

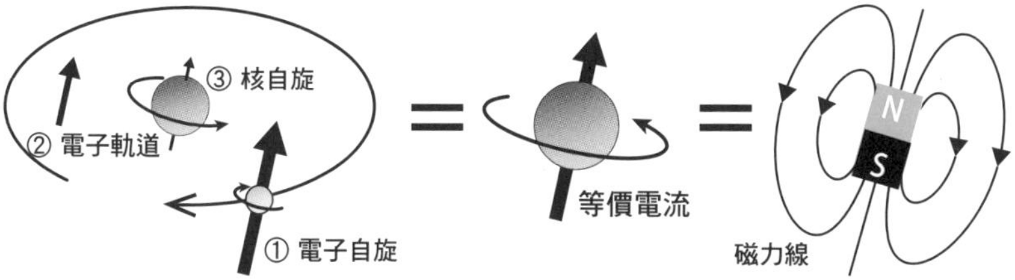

原子內的各種旋轉

電子、原子核擁有電荷，它們的自旋以及沿著圓周軌道的運動都有著特定的角速度。對磁矩貢獻最大的是電子本身的自旋。

原子

原子的自旋與繞著轉軸移動的電流有著相同的效應。

棒狀磁石

電流流動可產生等價的棒狀磁石磁性。

2種電子自旋與電子組態

電子的自旋有 2 種

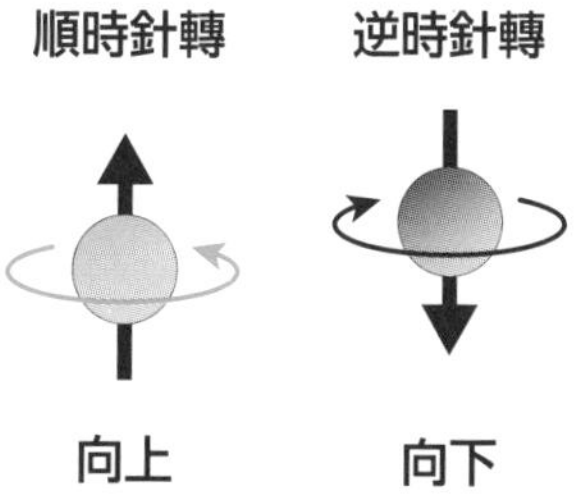

鐵的 d 軌域的不成對電子為磁性的來源

鐵元素共有 26 個電子，
最外層 M 層的 3d 軌域（可容納 10 個電子）
有 6 個電子。

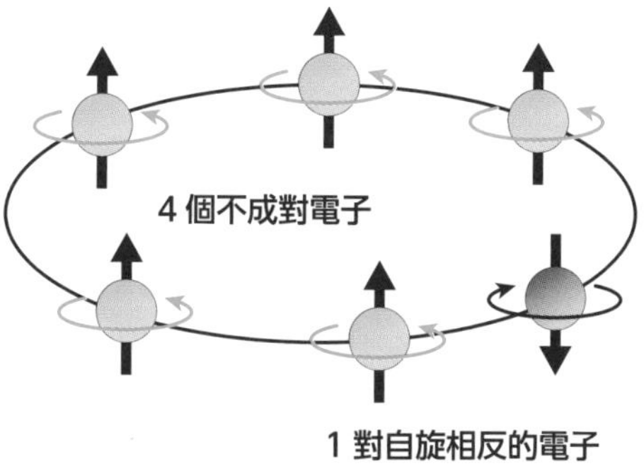

罕德定則（公車座規則）

d 軌域在填入電子小於等於 5 個時，
填入的電子皆自旋向上。
第 6 個以後則會開始填入自旋向下的電子。

磁滯迴線

施加於磁性體的外部磁場H增加時，磁性體內所有原子的自旋會趨向一致，直到磁通量密度B無法再增加，稱為飽和現象。

磁滯迴線的4個指標

設有個未磁化的磁性體。對其施加外部磁場，並逐漸增加磁場強度，該磁性體的磁極化現象會逐漸增加，最後達到飽和（**上圖左**）。圖為磁化曲線，橫軸為磁場強度H，縱軸為磁通量密度B（或磁化程度M）。原點的斜率B/H相當於磁導率。實際的磁性體在磁場減少，從飽和狀態退下來的過程中，不會走原本的磁化曲線路徑，而是會殘留部分磁化狀態（**上圖右**）。這條曲線叫做磁滯迴線。

這條曲線可定義磁石性能的4個指標。包括外界磁場強度H增加時的①飽和磁通量密度，外部磁場歸零時的②剩餘磁通量密度（剩餘磁化），磁石內磁通量密度歸零時的磁場強度，即③保磁力。磁滯迴線中，H與B之乘積的最大值$(BH)_{max}$，為可同時表示剩餘磁通量密度與保磁力之組合指標，並代表對外的最大作功，稱為④最大能量積。

磁區的變化

磁滯迴現象源自磁性體的微觀內部結構變化。一個小區域內，多個原子的磁矩平行排列可形成一個磁區，磁區與磁區間的分界稱為磁壁（**下圖**）。H增加時，會讓磁壁移動，磁化程度增強，最後使磁性體內部的自旋趨於一致。這個現象可以用顯微鏡確認。初期磁化過程中，多個磁區會互相推擠移動，所以微觀下的磁化曲線呈鋸齒狀。此時會產生電磁性的雜訊，稱為巴克豪森效應。

MEMO　磁化與磁滯化等現象，皆為磁性體內各個自旋一致之磁區的分界，也就是磁壁的移動所造成的自旋整體結構改變現象。

磁滯化現象

B-H 飽和曲線

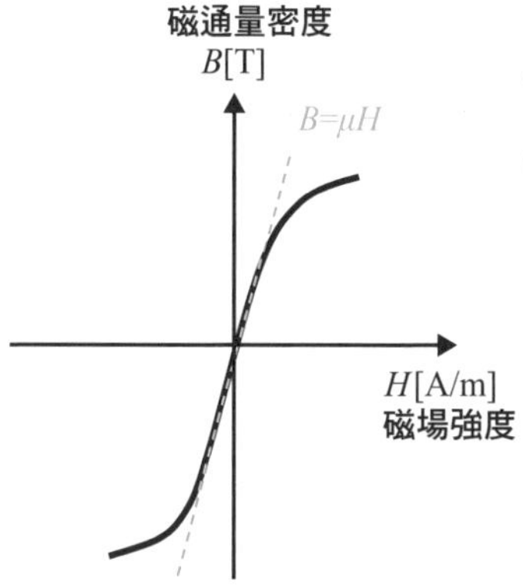

原點的切線斜率為
磁導率 $\mu\,(=\mu_0+\chi_m)$。

B-H 磁滯曲線

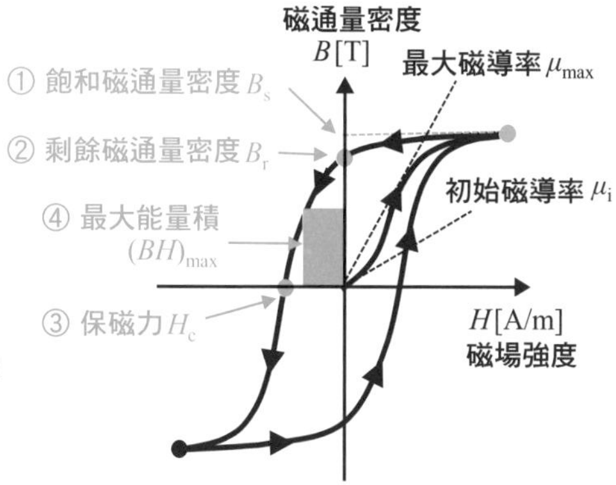

強磁性體為保磁力 H_c 與飽和
磁通量密度 B_s 較大的物質。

磁區變化與磁滯現象

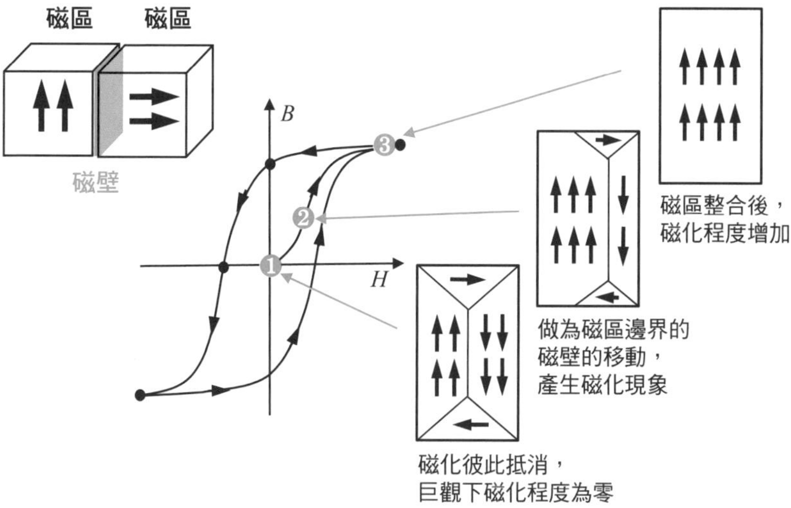

7-8 順磁性、強磁性、反磁性

不需從外部施加磁場，便能保持磁化（自發磁化）的物質，稱為磁性體。本節將說明各種類別的磁性體。

強磁性與反磁性

沒有外部磁場時，構成物質的原子自旋各不相同，施加外部磁場後，部分原子的自旋方向趨於一致，使物質在巨觀下轉變成了被磁化後的樣子。我們可比較物質內外的磁通量密度，以此做為磁性體分類的依據（**上圖**）。巨觀下，磁化方向與外部磁場相同，磁化程度較弱的物質，稱為順磁性體；磁化程度弱，方向相反的物質，稱為反磁性體。如果幾乎所有原子的自旋都能趨於一致，巨觀下的磁化程度很強，物質內部的磁通量密度很大，則屬於強磁性體。

以磁通量$B = \mu_0(1+\chi)H$的比磁化率χ（希臘字母chi）分類，可稱$|\chi| \ll 1$且χ為正值的物質為順磁性體，χ為負值的物質為反磁性體。$|\chi| \gg 1$的物質，原子自旋方向趨於一致，磁通量密度相當大，稱為強磁性體，不管是否有外部磁場都能保持磁矩，鐵、鈷、鎳等屬之。

鐵磁性與亞鐵磁性

廣義上的強磁性體，可以分成鐵磁性（容易被磁石吸引的鐵、鈷、鎳等）與亞鐵磁性（以氧化鐵為主成分的鐵氧體（ferrite）等）。2種強磁性物質的差異，源自結晶的磁性離子自旋（磁矩）的組態結構（**下圖**）。狹義上的強磁性體，僅指鐵磁性體。鐵磁性體內彼此平行的自旋粒子可自發性磁化。另一方面，亞鐵磁性體的結晶內則同時存在2種自旋方向，大部分粒子的自旋方向一致，少數粒子的自旋則為反方向，整體磁性為2種自旋磁化程度的差異。

MEMO　鐵磁性（ferromagnetism）的前綴詞（ferro-）為「鐵」之意，亞鐵磁性（ferrimagnetism）的前綴詞（ferri-）則為「亞鐵」之意。

物質的磁化性質

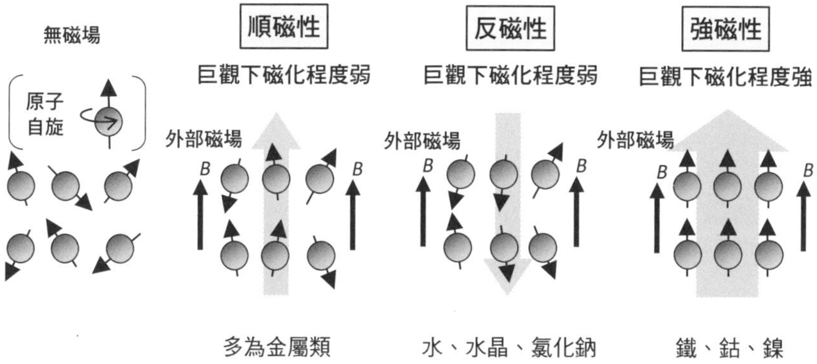
無磁場
原子
自旋
順磁性
巨觀下磁化程度弱
外部磁場
B
多為金屬類
反磁性
巨觀下磁化程度弱
外部磁場
B
水、水晶、氯化鈉
強磁性
巨觀下磁化程度強
外部磁場
B
鐵、鈷、鎳

物質的磁化性質

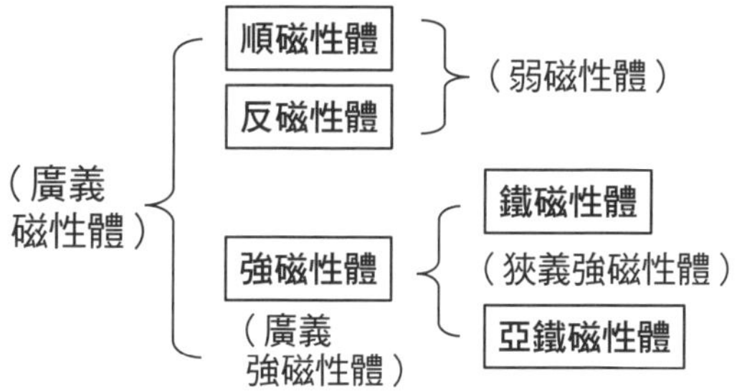
（廣義
磁性體）
順磁性體
反磁性體
（弱磁性體）
強磁性體
（廣義
強磁性體）
鐵磁性體
（狹義強磁性體）
亞鐵磁性體

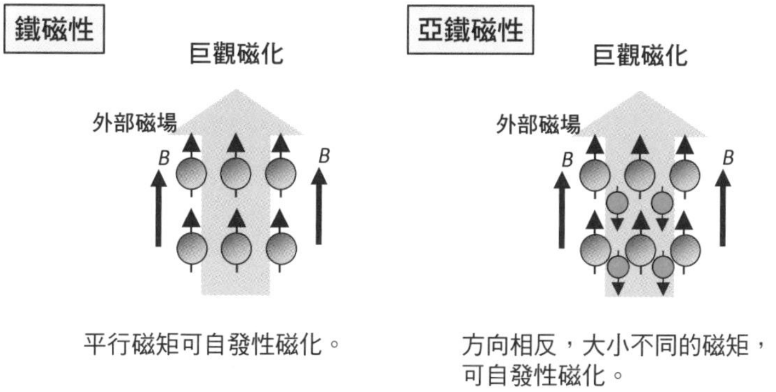
鐵磁性
巨觀磁化
外部磁場
B
平行磁矩可自發性磁化。
亞鐵磁性
巨觀磁化
外部磁場
B
方向相反，大小不同的磁矩，
可自發性磁化。

四選一選擇題

答案在下下頁

問題7.1　磁性體內的B與H為何？

對比磁化率χ的鐵板施加垂直磁場H，磁化程度M會是多少呢？另外，鐵板內的磁場強度H'與磁通量密度B'分別是多少呢？

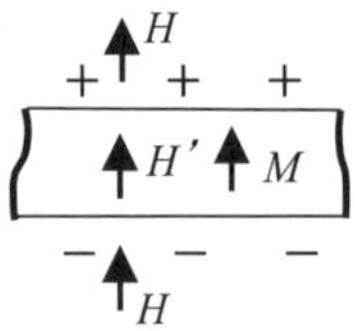

M：	① H	② χH	③ $H/(1+\chi)$	④ $\chi H/(1+\chi)$
H'：	① H	② $(1+\chi)H$	③ $H/(1+\chi)$	④ $\chi H/(1+\chi)$
B'：	① $\mu_0 H$	② $\mu_0(1+\chi)H$	③ $\mu_0 H/(1+\chi)$	④ $\mu_0\chi H/(1+\chi)$

問題7.2　碰撞磁石球後，鐵球會如何運動？

將數個鐵球排列在軌道上，在最左端放置強力磁石製成的球。緩慢滾動另一鐵球，從左端撞擊，會發生什麼事呢？

① 合體後不再移動
② 最右端的球會以更快的速度往前移動
③ 最右端的球會緩慢往前移動，然後停止
④ 最右端的球會緩慢往前移動，然後回到原處

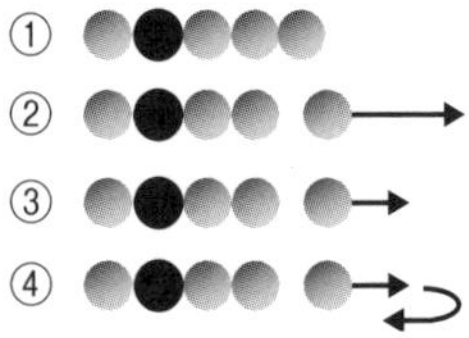

COLUMN

使水分離的摩西效應!?

反磁性物質與鐵不同，施加磁場後會產生相反的磁感應，也就是產生斥力。水就是反磁性物質，在局部施加強力磁場後，水面會降低。科學家們便以舊約聖經《出埃及記》中分開海水的故事，將這種現象命名為「摩西效應」。水的磁化率為-9×10^{-6}，若要使水的反磁性磁壓超過數公尺深的水壓，需要超過100特斯拉的強力磁場才行。蘋果含有水分，所以理論上我們可以用強力磁場讓蘋果浮起。不過，要長時間維持如此強力的磁場，是相當困難的事。人們在考證聖經記述的真偽時，還會考慮到潮汐、風暴、海嘯、該處地形等因素。

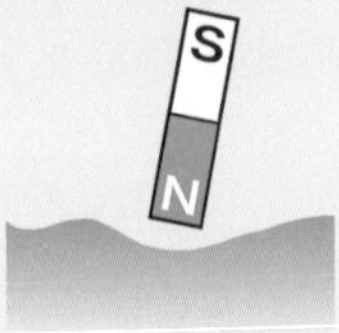

本章問題

每個問題分別對應到各節內容／答案在下一頁

7-1 將鐵置於磁場強度$\boldsymbol{H}$的磁場內，會轉變成磁石。這種現象稱為 ______ 。其向量可以由$\boldsymbol{M}=\chi_m\boldsymbol{H}$定義，而$\boldsymbol{B}=\mu_0(1+\chi_m)\boldsymbol{H}$。其中，$(1+\chi_m)$稱為 ______ 。在邊界上，磁場強度$\boldsymbol{H}$的 ______ 線成分，與磁通量密度$\boldsymbol{B}$的 ______ 線成分連續。

7-2 以電荷的概念類推，考慮虛擬磁荷的磁量q_m［Wb］，可由靜磁力$\boldsymbol{F}$［N］，定義虛擬的磁場向量$\boldsymbol{H}$為 ______ ［單位］。

7-3 鐵芯的磁路中，電流值與圈數的乘積$F=NI$稱為 ______ ，F與磁通量Φ符合磁路的歐姆定律$F=R_m\Phi$。其中R_m為 ______ 。

7-4 電場E可由電荷定義。而在磁場方面有2種詮釋方式，一種是以虛擬磁荷產生的力來定義磁場強度$\boldsymbol{H}$，為傳統的 ______ ；另一種則是以電流線元素產生的力來定義磁通量密度$\boldsymbol{B}$，為現代的 ______ 。

7-5 1對電荷$\pm q$［C］彼此距離d［m］時，可產生電偶極矩 ______ ［單位］ 。1對磁荷$\pm q_m$［Wb］彼此距離d［m］時，可產生磁偶極矩 ______ ［單位］ 。電流線元素詮釋中，定義半徑a［m］的環狀電流I［A］所產生的磁矩為 ______ ［單位］ 。

7-6 磁性體的主要磁場源自電子的內秉性質—— ______ 。 ______ 電子遵從量子力學中的 ［人名］ 定則，決定物質的磁性。

7-7 對磁性體施加外部磁場時，磁場強度H與磁通量密度B的關係，與之前的磁化經過有關。這種現象稱為 ______ 。之所以會有這種現象，是因為許多磁矩一致的 ______ 分布情況出現變化。

7-8 若依磁化率χ為磁性體分類，那麼強磁性體的條件為 ______ ，順磁性體的條件為 ______ ，反磁性體的條件為 ______ 。

答案

答案7.1　M：④　H'：③　B'：①

【解說】施加垂直磁場時，磁通量密度連續，故外部磁通量密度$\boldsymbol{B}=\mu_0\boldsymbol{H}$與內部磁通量密度$\boldsymbol{B}'$相等。另一方面，內部磁通量密度為$\boldsymbol{B}'=\mu_0(\boldsymbol{H}'+\boldsymbol{M})$，磁荷向量$\boldsymbol{M}=\chi\boldsymbol{H}'$，故$\boldsymbol{B}'=\mu_0(1+\chi)\boldsymbol{H}'$。因為$\boldsymbol{B}=\boldsymbol{B}'$，所以$\boldsymbol{H}'=\boldsymbol{H}/(1+\chi)$。因此，$\boldsymbol{M}=\chi\boldsymbol{H}/(1+\chi)$。

【另解】設表面的磁化程度為$\boldsymbol{M}$，將高斯定律套用在剖面為S的圓柱。$S(\boldsymbol{H}-\boldsymbol{H}')=S\boldsymbol{M}$，$\boldsymbol{M}=\chi\boldsymbol{H}'$，所以$\boldsymbol{H}'=\boldsymbol{H}/(1+\chi)$。由此可以推導出$\boldsymbol{B}=\boldsymbol{B}'$（磁通量密度守恆）。

【參考】由邊界條件可以知道，磁通量密度守恆$\boldsymbol{B}=\boldsymbol{B}'$。順磁性體（$\chi>0$）中，磁場強度$\boldsymbol{H}'=\boldsymbol{H}/(1+\chi)<\boldsymbol{H}$；反磁性體（$\chi<0$）中，$\boldsymbol{H}'>\boldsymbol{H}$。

答案7.2　②

【解說】做為磁石引力來源的磁能，賦予鐵球動能，使其加速撞擊最左端的球。撞擊後，最右端的鐵球會迅速飛出。

【參考】這種以磁石加速的裝置稱為「高斯加速器」。如果沒有用到磁石，而是普通的4個靜止鐵球排列在軌道上，將鐵球從最左方緩慢撞上這些靜止鐵球，由能量守恆定律與動量守恆定律，可以知道只有最右端的鐵球會緩慢往右移動。這就是所謂的「牛頓擺」原理。

本章問題答案（滿分20分，目標14分以上）

（7-1）磁化（或是磁極化）、磁導率、切線、法線

（7-2）$\boldsymbol{H}=\boldsymbol{F}/q_m$ [A/m]

（7-3）磁通勢、磁阻

（7-4）虛擬磁荷詮釋、電流線元素詮釋

（7-5）qd [C·m]、$q_m d$ [Wb·m]、$\pi a^2 I$ [A·m^2]

（7-6）自旋、不成對、罕德

（7-7）磁滯、磁區

（7-8）$|\chi|\gg1$、$|\chi|\ll1$且$\chi>0$、$|\chi|\ll1$且$\chi<0$

第8章

〈變動磁場篇〉

電磁感應

電磁感應定律是電動馬達與發電機的基礎。第8章中，我們將說明冷次定律與法拉第定律，還會提到運動中導體的電動勢。此外，本章還會介紹線圈的自感與互感，並比較弗萊明左手、右手定則。

冷次定律

由於磁通量的變化造成導體產生電位差的現象，稱為電磁感應。我們可以透過冷次定律，求出這個感應電動勢的方向。

感應電動勢與感應電流

線圈靠近磁石、遠離磁石時，便會如**上圖**般產生電動勢與電流。感應電流的方向，會遵照海因里希・冷次（愛沙尼亞，1804-1865）在1833年提出的定律『通過線圈或導體板之感應電流所產生的磁場，會阻礙原本的磁通量改變』，這稱為冷次定律。**上圖左**、**上圖右**分別為磁石N極靠近、遠離環狀導體時，導體產生之感應電流的示意圖。如果換成導體靠近、遠離磁石，感應電流的方向也一樣。若將N極與S極顛倒過來，2張圖中的感應電流與感應磁場的方向也會跟著顛倒。這個感應電動勢的方向，以及感應電流的方向，可透過**8-8節**介紹的弗萊明右手定則說明。請務必理解右手定則與做為基礎之左手定則（**6-3節**）的差異。

導體內的感應渦電流

假設我們將強力磁石掛在鋁板上方，使其做單擺運動（**下圖**）。鋁板雖然沒有接觸到磁石，但是當磁石擺動時，鋁板會產生渦電流，使磁石的單擺運動趨緩。當磁石靠近鋁板時，磁石前方的磁場會增加，因此根據冷次定律，磁場前方的鋁板會產生「減少磁場」的渦電流，設法將磁石推回去。相對的，磁石後方的鋁板則會產生拉回磁石的感應電流、感應磁場。於是，磁石的單擺運動會馬上停下來。最後，單擺運動的能量會轉變成鋁板上的焦耳熱，散逸開來。

MEMO　冷次定律是描述『自然界（神）不喜歡急遽變化』現象的定律。感應起電的方向與大小，則可由法拉第的電磁感應定律計算出來。

與磁石及線圈感應電流有關的冷次定律（1833年）

磁石靠近時

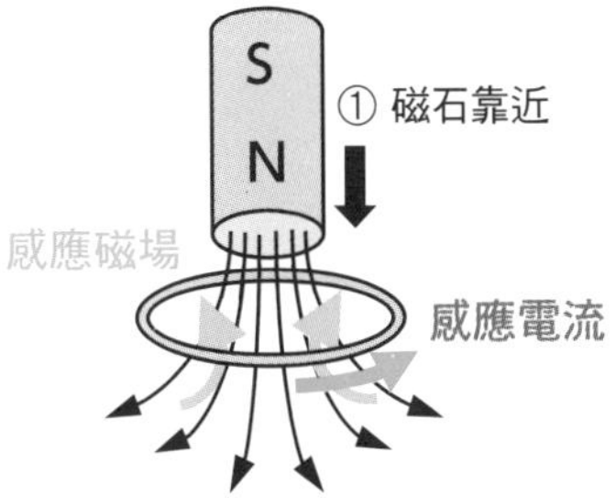

② 來自磁石且穿過線圈
的磁通量增加

③ 為了不讓磁通量增加，
線圈產生感應電流，以生成
與磁石方向相反的磁場

磁石遠離時

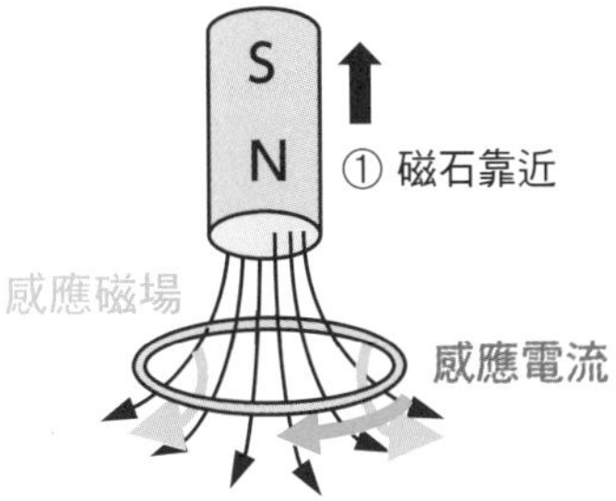

② 來自磁石且穿過線圈
的磁通量減少

③ 為了不讓磁通量減少，
線圈產生感應電流，以生成
與磁石方向相同的磁場

感應渦電流

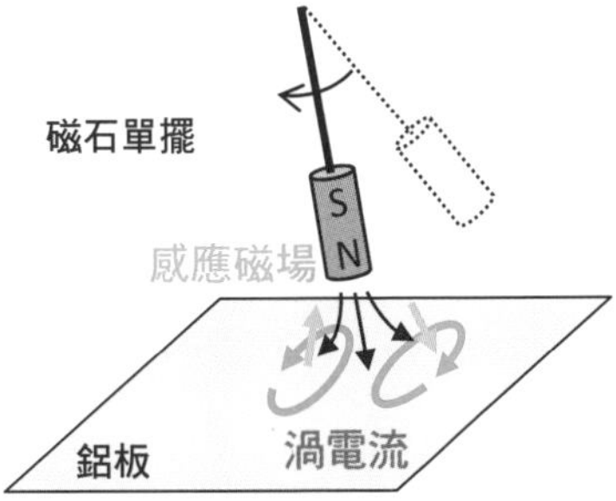

磁石不會吸引鋁板，
卻會停止運動。

依照冷次定律，
運動中擺錘的前方
磁場增強，
所以會產生渦電流，
以減弱磁場。

運動中擺錘的後方
磁場減弱，
所以會產生渦電流，
以增強磁場。

擺錘前後兩邊的渦電流，
會讓擺錘停下來。

擺錘的動能會轉換成
鋁板上的焦耳熱散逸。

法拉第的實驗

於1831年發現電磁感應的實驗科學家法拉第，在1821年製作出馬達的原型——電磁旋轉裝置。本節讓我們試著回顧這個過程吧。

法拉第的單極馬達

將電能轉變成轉動能的電動馬達（電動機），已是現代社會中隨處可見的應用。製造出世界上第一個電動馬達的人，是英國的麥可·法拉第。1821年，有2種靠電磁旋轉產生轉動能的裝置誕生。一種裝置如**上圖右**，裝有汞的容器中央立著磁石，從上方垂下金屬線，浸在汞中，使電流流經金屬線與汞，電流產生的磁場會與磁石的磁場互相排斥，使金屬線在磁石周圍持續旋轉。另一種裝置如**上圖左**，稱為單極電動機（單極電磁馬達），與前一種裝置相反，這種裝置中是磁石繞著金屬線旋轉。法拉第在這個實驗之後的1831年，發現了電磁感應定律。

單極感應電動勢

與單極電動機相對的是單極感應發電機。發電機有個細細的中心軸，周圍有一個以固定的角速度ω轉動，半徑為a的金屬圓板。使這個圓板在磁通量密度為B的均勻磁場內旋轉，轉軸與中心軸平行。在電磁感應作用下，圓板邊緣與中心軸之間就會產生電動勢（**下圖**）。這就是單極感應，可當做發電機使用。

當圓板以角加速度ω轉動時，半徑r處的1個自由電子（電荷為$-e$）受到的勞侖茲力為$F=-er\omega B$，電場為$E=r\omega B$。由於圓板邊緣的電位為$V(a)=0$，所以邊緣與中心軸的電位差（單極感應電動勢）如下。

$$V=-\int_a^0 E(r)\mathrm{d}r=-\int_a^0 \omega Br\mathrm{d}r=\frac{1}{2}\omega Ba^2 \quad (8\text{-}2\text{-}1)$$

旋轉角速度與磁通量成正比。

MEMO 英國的天才實驗家麥可·法拉第在1831年發現了電磁感應定律，在1833年發現了電解定律。

法拉第的電磁旋轉裝置（1821年時）

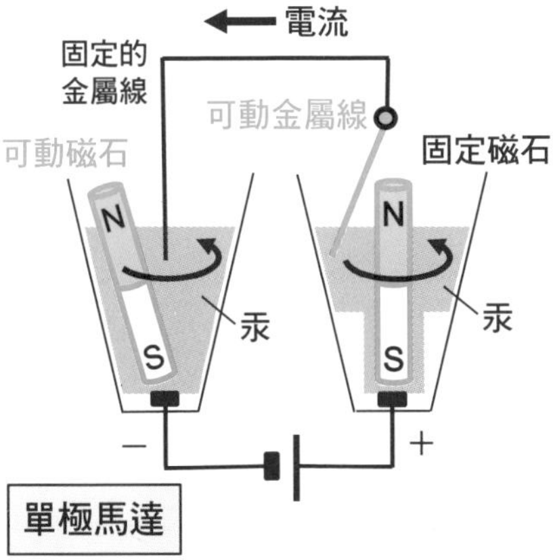

左邊的汞中為可動磁石，
右邊的汞中為可動金屬線。

通以直流電源後，

（左側）固定金屬線的電流所產生的磁場，使可動磁石的N極旋轉（單極電動機）。

（右側）金屬線的電流產生的磁場會與磁石作用，使可動金屬線旋轉（作用於電流的電磁力，遵從弗萊明左手定則）。

單極感應發電機的運作機制

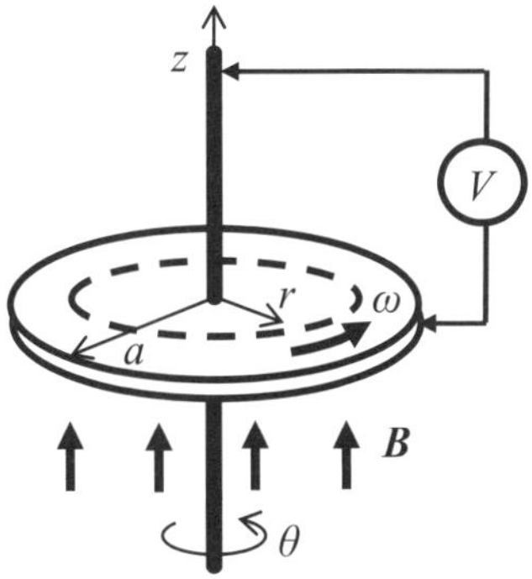

施加於電子的力

使磁場中的導體板以角速度 $\omega=\mathrm{d}\theta/\mathrm{d}t$ 旋轉

使用圓柱座標 (r,θ,z)

位置 $\boldsymbol{r}=(r,0,0)$ 上

角速度向量為 $\boldsymbol{\omega}=(0,0,\omega)$

速度為 $\boldsymbol{v}=\boldsymbol{\omega}\times\boldsymbol{r}=(0,r\omega,0)$，因此

磁場勞侖茲力 $\boldsymbol{F}=(-e)\boldsymbol{v}\times\boldsymbol{B}=(-er\omega B,0,0)$

$|F|=er\omega B$

方向為 $-\boldsymbol{r}$ 方向（朝著中心軸的方向）

感應電壓

考慮介於距離中心軸 r 與 $r+\mathrm{d}r$ 之間，寬度為 $\mathrm{d}r$ 的細環

長度 $\mathrm{d}r$ 部分的受力為 $F=-er\omega B$

電場 $E=F/(-e)=r\omega B$

電位差 $\mathrm{d}V=-E\mathrm{d}r=-\omega Br\,\mathrm{d}r$

圓板周圍部分與中心軸之間的電位差

$$V=\int\mathrm{d}V=V(0)-V(a)=\int_0^a\omega Br\mathrm{d}r=\frac{1}{2}\omega Ba^2$$

法拉第的電磁感應定律

在確定電流會產生磁場後，人們也開始思考磁場是否能產生電流，於是發現了電磁感應現象。

電磁感應定律

捲成螺線管狀的導體線圈靠近或遠離磁石時，線圈會感應產生電壓（**上圖**）。這是因為線圈內的磁場改變，使線圈產生電流，進一步使線圈兩端產生電動勢。這種現象稱為電磁感應。電磁感應所產生的電動勢稱為感應電動勢（感應電壓），產生的電流稱為感應電流。1831年，麥可・法拉第（英國）發現了電磁感應定律『感應電動勢的大小，與單位時間內貫穿線圈的磁通量變化成正比』。

變壓器與感應電動勢

感應電動勢與磁場B（單位為T，或是Wb/m^2）、圓形面積S［m^2］、線圈圈數N成正比。貫穿1圈線圈的磁通量Φ_B［Wb］為BS，所以貫穿整個線圈的磁通量Φ如下。

$$\Phi = N\Phi_B = NBS \tag{8-3-1}$$

線圈的感應電動勢V［V］與Φ的時間變化率成正比，故可得到以下關係式。

$$V = -\frac{d\Phi}{dt} = -N\frac{d\Phi_B}{dt} \tag{8-3-2}$$

變壓器便是透過這個原理發揮作用（**下圖**）。變壓器會使用鐵芯，盡可能減少磁通量洩漏，使鐵芯產生的損耗為零。變壓器一次線圈與二次線圈的電壓比，會等於線圈的圈數比，藉此控制電壓轉換前後的大小。

$$\frac{V_2}{V_1} = \frac{N_2}{N_1} \tag{8-3-3}$$

MEMO　磁通量的單位與磁量相同（符號Wb），等於電壓與時間的乘積——伏特秒（符號V·s）。1Wb＝1V·s＝1T·m^2。

法拉第電磁感應的原理

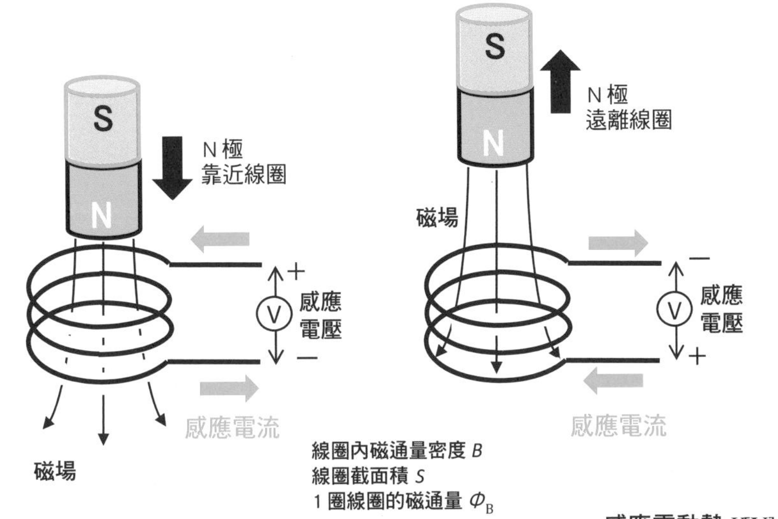

二次線圈的磁通量為，$\Phi = N\Phi_B = NBS$
若隨時間改變，便會產生電動勢。

感應電動勢 V[V]

$$V = -\frac{d\Phi}{dt}$$

應用電磁感應原理的變壓器

$\Phi_B = BS$（環內的磁通量）

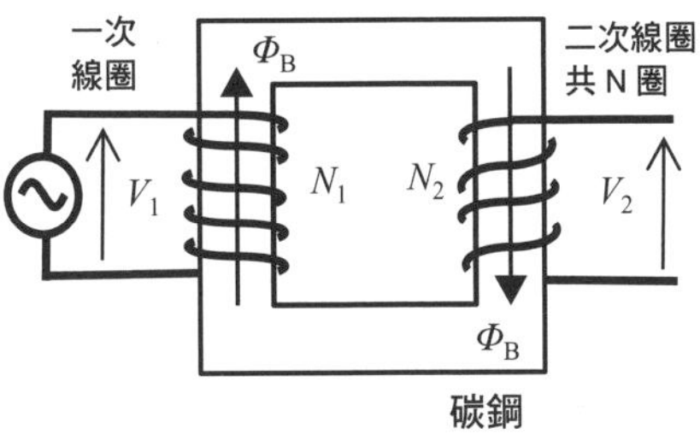

磁通量Φ的單位與
磁量同為韋伯（符號 Wb）

$$1\ \mathrm{Wb} = 1\ \mathrm{V \cdot s} = 1\ \mathrm{T \cdot m^2}$$

理想狀態下，沒有洩漏磁通量，
故感應電動勢 V[V] 如下

$$V = -\frac{d\Phi}{dt} = -N\frac{d\Phi_B}{dt}$$

線圈 1 與線圈 2 的電壓如下

$$V_1 = -N_1\frac{d\Phi_B}{dt}$$

$$V_2 = -N_2\frac{d\Phi_B}{dt}$$

因此 $V_1 : V_2 = N_1 : N_2$

移動導線的感應電動勢

與磁勞侖茲力的方向判斷，會用到弗萊明左手定則；與感應電動勢的方向判斷，則會用到弗萊明右手定則。

移動導體產生電動勢的物理描述

前一節中，我們提到磁通量變化會使固定的線圈產生感應電動勢。若固定磁場，使導體移動（移動導體），也會產生感應電動勢。如**上圖**所示，磁力可產生電場，使電子往單方向移動。此時便會產生電動勢，使靜電力與磁力達到平衡。假設垂直方向有均勻磁通量密度$\boldsymbol{B}$［$\mathrm{Wb/m^2}$］，使長L［m］的導線朝水平方向以速度$\boldsymbol{v}$［m/s］移動，便會在與$\boldsymbol{v}$及$\boldsymbol{B}$兩者垂直的水平方向上，產生感應電動勢$\boldsymbol{V}$［V］如下。

$$\boldsymbol{V} = \boldsymbol{v} \times \boldsymbol{B} L \quad (8\text{-}4\text{-}1)$$

由移動導體推導出電動勢

我們可以透過法拉第的電磁感應定律，求出這種感應電動勢的大小。如**下圖左**所示，在磁通量密度$\boldsymbol{B}$［T］的磁場中，放置匚字型的導線，使一長L［m］的導體棒與之接觸，並以速度$\boldsymbol{v}$［m/s］往右移動，考慮這個導體所圍住之長方形閉迴路所產生的感應電動勢大小。這個閉迴路的總磁通量$\Phi = BLx$，設在時間Δt的區間內，導線移動$\Delta y = v\Delta t$，那麼磁通量增加量為$\Delta\Phi = BL\Delta y = BLv\Delta t$。因此，電動勢$V$的方向會是「可產生能抵消磁通量增加量之電流」的方向，其大小如下。

$$V = |-\Delta\Phi/\Delta t| = vBL \quad (8\text{-}4\text{-}2)$$

一般來說，運動中導體所產生的電動勢可整理如下。

$$V = -\frac{\mathrm{d}\Phi}{\mathrm{d}t} + \int_L (\boldsymbol{v} \times \boldsymbol{B}) \cdot \mathrm{d}\boldsymbol{l} \quad (8\text{-}4\text{-}3)$$

旋轉導體棒的電動勢如**下圖右**所示。這與**8-2節**中提到的單極感應發電機有關。

MEMO　電動勢並非電力。電動勢為透過電壓，使導體產生電流的能力，相當於電路中的電源。

移動導線電動勢的物理描述

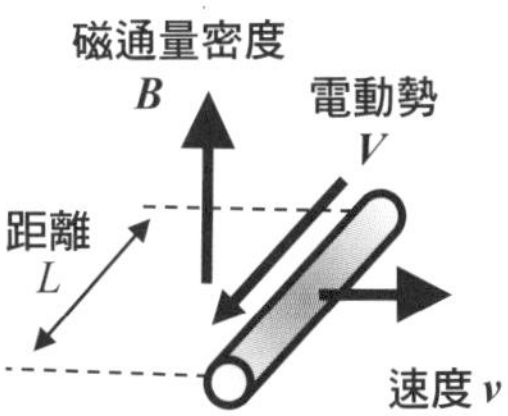

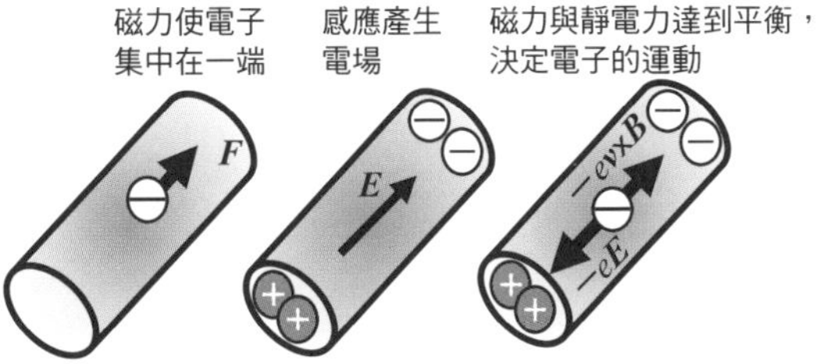

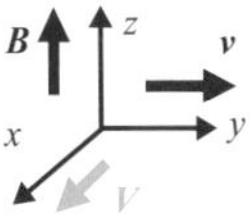

施加在電子上的力（勞侖茲力）

$$(-e)\boldsymbol{v}\times\boldsymbol{B}+(-e)\boldsymbol{E}=0$$

磁力　靜電力

$$\therefore \boldsymbol{E}=-\boldsymbol{v}\times\boldsymbol{B}$$

$$V(x)=-\int_0^x \boldsymbol{E}dx=\boldsymbol{v}\times\boldsymbol{B}x$$

$$V=\boldsymbol{v}\times\boldsymbol{B}L$$

長 L 的移動導體所產生的電動勢 $V(L)=\boldsymbol{v}\times\boldsymbol{B}L$

平移導體棒與旋轉導體棒產生的感應電動勢

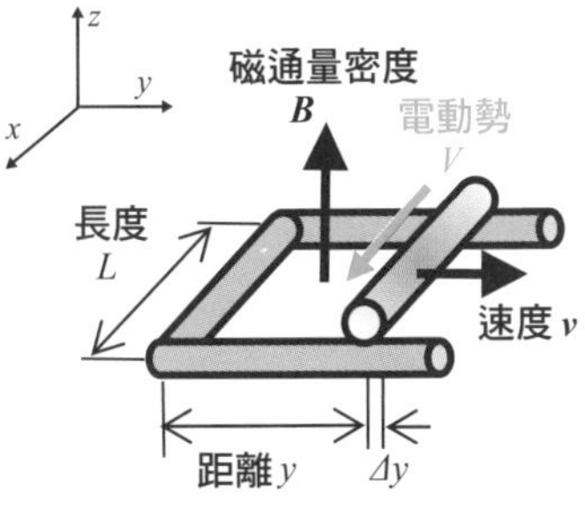

電路的磁通量 $\Phi = BLy$

微小移動距離 $\Delta y = v\Delta t$

磁通量增加量 $\Delta\Phi = BL\Delta y = BLv\Delta t$

電動勢 $V=|-\Delta\Phi/\Delta t| = vBL$

方向為磁通量減少的方向（ x 方向）

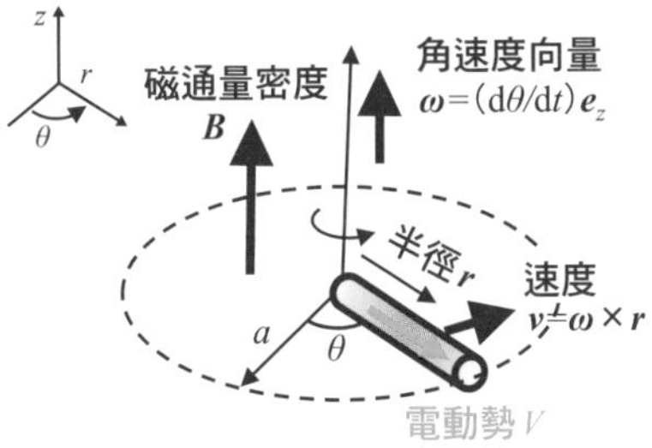

導體內施加於電子的勞侖茲力

$F=(-e)vB=-er\omega B$

電子可感受到的電場

$E=r\omega B$

旋轉電場的電動勢（方向朝向中心）

$$V=-\int_a^0 E(r)dr=-\int_a^0 \omega Br dr=\frac{1}{2}\omega Ba^2$$

自感

自身產生的磁場抑制自身電流，這種現象稱為自感。本節將介紹自感的感應係數。

自感係數

將電線捲成彈簧狀的電感（線圈），通以電流後，若穿過線圈的磁通量隨時間改變，便會產生方向相反的電動勢（**上圖**）。這種電動勢由自身電流產生，卻會妨礙自身電流的變化，稱為自感。由電流產生的磁場，與電流I［A］成正比，故穿過線圈的磁通量Φ［Wb］如下。

$$\Phi = LI \qquad (8\text{-}5\text{-}1)$$

這裡的比例係數L稱為自感係數，單位為亨利（符號H）。若以電流方向為正，那麼感應電動勢如下。

$$V = -L\frac{dI}{dt} \qquad (L > 0) \qquad (8\text{-}5\text{-}2)$$

同軸圓柱的電感係數

考慮一個雙層同軸圓柱的導體。內側圓柱（半徑a）的電流I朝固定方向流動，這股電流會流向外側圓柱（半徑b），然後沿著反方向流回來，形成閉迴路。僅雙層同軸圓柱內會形成磁場，中心部分與外側部分的磁通量為零。計算貫穿電路的磁通量時，可取特定角度θ，求半徑方向與軸方向的面積積分。計算內部磁場時，可由安培定律，計算出半徑 r（$a \leqq r \leqq b$）處的環繞磁場$B_\theta = \mu_0 I/(2\pi r)$，再將單位長度的微小磁通量$Bdr$從$a$積分到$b$，得到單位長度的磁通量。因此，由式（8-5-1），可以得到單位長的自感係數L。

$$L[\mathrm{H/m}] = \frac{\mu_0}{2\pi}\log_e\frac{b}{a} \qquad (8\text{-}5\text{-}3)$$

MEMO　電感係數的單位，來自與法拉第同一時期發現電磁感應現象的美國物理學家約瑟．亨利（1897～1878年）。

含有自感的電路

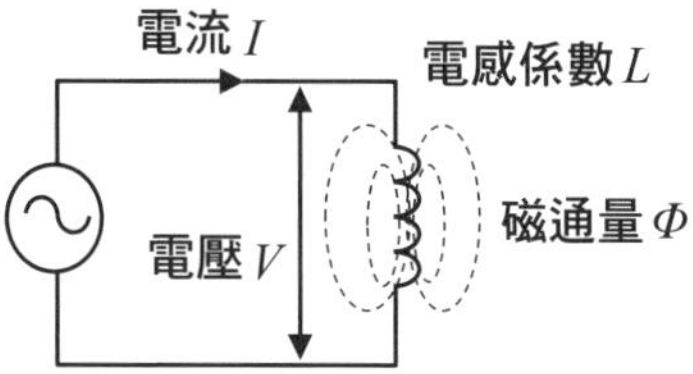

磁通量 $\Phi = LI$

比例係數 L 為自感係數

電動勢 $V = -L\frac{\mathrm{d}I}{\mathrm{d}t}$

單位

$1\ \mathrm{H} = 1\ \mathrm{Wb/A} = 1\ \mathrm{V \cdot s/A} = 1\ \mathrm{m^2 \cdot kg \cdot s^{-2} \cdot A^{-2}}$

同軸圓柱的電感係數

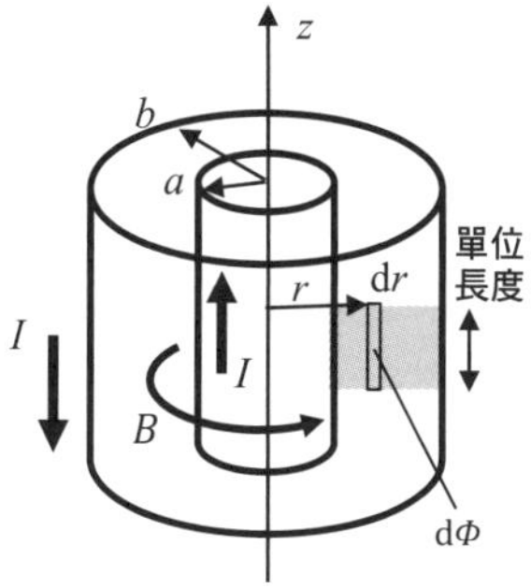

同軸圓柱內的磁通量密度

$$B = \frac{\mu_0 I}{2\pi r} \quad (a \le r \le b)$$

$\mathrm{d}\Phi = B\mathrm{d}r$　z 方向單位長度的磁通量微分

單位長度的磁通量

$$\Phi[\mathrm{Wb/m}] = \int_a^b \mathrm{d}\Phi = \int_a^b \frac{\mu_0 I}{2\pi}\frac{1}{r}\mathrm{d}r = \frac{\mu_0 I}{2\pi}\log_e\frac{b}{a}$$

單位長度的自感係數

$$L[\mathrm{H/m}] = \frac{\Phi}{I} = \frac{\mu_0}{2\pi}\log_e\frac{b}{a}$$

互感

含有多個線圈的電路，線圈間會彼此干涉，所以除了計算自感之外，也要考慮到來自其他線圈的互感。

互感

將2個線圈設置在相鄰位置。當線圈1的電流改變時，會產生自感。同時，線圈1所產生的部分磁通量會穿過線圈2，使線圈2產生感應電動勢。這種現象稱為互感。設線圈1的自感係數為L_1［H］，電流為I_1［A］，生成並貫穿線圈2的電通量為Φ_{21}［Wb］（因為是由線圈1產生，貫穿線圈2的磁通量，所以寫成$\Phi_{2\leftarrow 1}$或Φ_{21}）。Φ_{21}與I_1成正比，故可得到以下關係式。

$$\Phi_{21} = M_{21} I_1 \quad (8\text{-}6\text{-}1)$$

這裡的比例常數M_{21}稱為互感係數，單位為亨利（H），線圈2產生的感應電動勢V_{21}與Φ_{21}隨時間變化的程度成正比。

$$V_{21} = -\frac{d\Phi_{21}}{dt} = -M_{21}\frac{dI_1}{dt} \quad (8\text{-}6\text{-}2)$$

我們可以用同樣的方法，計算出由線圈2生成，並貫穿線圈1的磁通量Φ_{12}以及感應電動勢V_{12}（**上圖**）。

互感

一般來說，$M_{12} = M_{21} = M$　這個關係式會成立，這也稱為互感互易定理。另外，M與自感的關係如下。

$$M = k\sqrt{L_1 L_2} \quad (8\text{-}6\text{-}3)$$

這裡的k是耦合係數，$0 \leqq k \leqq 1$。理想狀況下，結合在一起的2個線圈沒有洩漏出磁通量，此時$k = 1$。

線圈1與2串聯相接時，合成電感係數為各自的電感係數，加上線圈1對線圈2的互感係數，以及線圈2對線圈1的互感係數，後兩者相同，故串聯時的電感為$L_1 + L_2 \pm 2M$（**下圖**）。

MEMO　互感的互易定理可以用電感的諾伊曼公式證明（本書沒有提到）。

互感

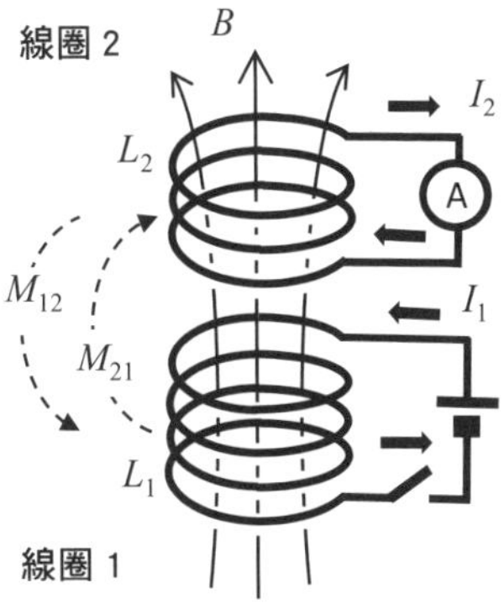

線圈 1 對線圈 2 造成的磁通量變化與電動勢

$$\Phi_{21} = M_{21} I_1$$

$$V_{21} = -\mathrm{d}\Phi_{21}/\mathrm{d}t = -M_{21}\mathrm{d}I_1/\mathrm{d}t$$

線圈 2 對線圈 1 造成的磁通量變化與電動勢

$$\Phi_{12} = M_{12} I_2 \text{、} \quad V_{12} = -M_{12}\mathrm{d}I_2/\mathrm{d}t$$

計算線圈 1 與線圈 2 的磁通量與電動勢

$$\Phi_1 = \Phi_{11} + \Phi_{12} = L_1 I_1 + M_{12} I_2$$

$$\Phi_2 = \Phi_{22} + \Phi_{21} = L_2 I_2 + M_{21} I_1$$

$$V_1 = -\mathrm{d}\Phi_{11}/\mathrm{d}t - \mathrm{d}\Phi_{12}/\mathrm{d}t = -L_1\mathrm{d}I_1/\mathrm{d}t - M_{12}\mathrm{d}I_2/\mathrm{d}t$$

$$V_2 = -\mathrm{d}\Phi_{22}/\mathrm{d}t - \mathrm{d}\Phi_{21}/\mathrm{d}t = -L_2\mathrm{d}I_2/\mathrm{d}t - M_{21}\mathrm{d}I_1/\mathrm{d}t$$

耦合係數與串聯相接

互感的互易定理 $M_{12} = M_{21} = M$

耦合係數 k $\quad M = k\sqrt{L_1 L_2}$

線圈 1 與線圈 2 以串聯相接後，合成電感係數 L 可計算如下。

$L = L_1 + L_2 + 2M$ 或是 $L_1 + L_2 - 2M$

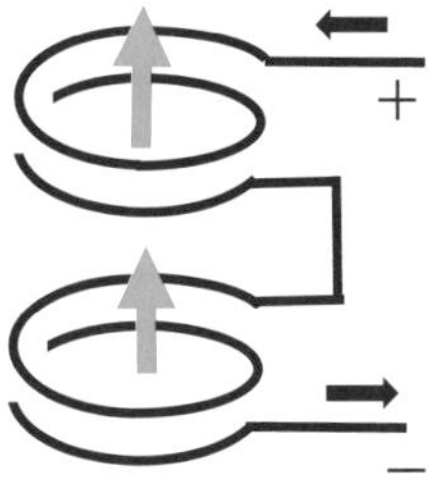

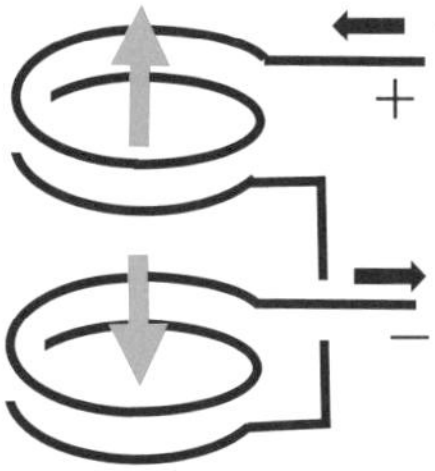

線圈的自感係數與磁能

電容器可儲存電能。同樣的，線圈（電感）可儲存磁能。

螺線管線圈的磁能

如**6-5節**所示，設空心細長螺線管線圈中，單位長度的圈數為n［m^{-1}］，線圈電流為I［A］，那麼線圈內部的磁通量密度B［T］$=\mu_0 nI$。設線圈長度為ℓ［m］，截面積為S［m^2］，線圈數為$\mathrm{N}=\ell n$，故貫穿線圈的磁通量為$\Phi=NBS=\mu_0 n^2 S\ell I$。因此，電感如下所示。

$$L=\Phi/\mathrm{I}=\mu_0 n^2 S\ell \qquad (8\text{-}7\text{-}1)$$

電感的電壓$v=L\mathrm{d}i/\mathrm{d}t$與電流$i$的乘積$vi$為功率，假設從時刻0到$T$［s］的區間內，電流從0增加到$I$［A］，那麼將時間$\Delta t$內的作功量$vi\Delta t=Li\Delta i$加總起來，便可得到電感所儲存的磁能$U_\mathrm{L}$［J］。**上圖**中，三角形面積相當於$U_\mathrm{L}$［J］，計算如下。

$$U_\mathrm{L}=\frac{1}{2}LI^2 \qquad (8\text{-}7\text{-}2)$$

相當於將作功量從時間為0積分到時間為T。

$$U_\mathrm{L}=\int_0^T\left(L\frac{\mathrm{d}i}{\mathrm{d}t}\right)i\mathrm{d}t=\int_0^I Li\mathrm{d}i=\frac{1}{2}LI^2=\frac{1}{2\mu_0}B^2\ell S \qquad (8\text{-}7\text{-}3)$$

線圈與電容的能量密度比較

螺線管線圈內，磁場體積為ℓS，因此單位體積的磁場能量，也就是磁場能量密度u_B［$\mathrm{J/m^3}$］$=U_\mathrm{L}/(\ell S)$如下。

$$u_\mathrm{B}=\frac{1}{2\mu_0}B^2 \qquad (8\text{-}7\text{-}4)$$

下圖為線圈的磁通量、電流、電感、磁能，以及電容的電荷、電壓、電容量、電能的對照。

MEMO　電感在電路中的正式符號，並不是繞圈圈彈簧般的樣子（參考**下圖左**）。

線圈（電感）的能量

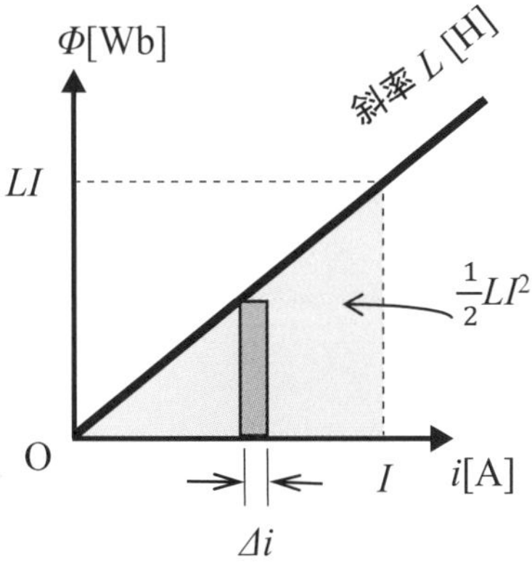

電感的磁能

$$U_L = \int_0^I Li\,di = (1/2)LI^2$$

$$L = \mu_0 n^2 \ell S$$

$$I = B/(\mu_0 n)$$

磁能密度

$$u_B[\mathrm{J/m^3}] = U_L/(\ell S) = \frac{1}{2\mu_0}B^2$$

線圈與電容的比較

線圈（電感）	電容（電容量）
電感係數 L	電容量 C
電流與磁場 $\Phi = LI$	電壓與電荷 $Q = CV$
（國際電工委員會規定的電路符號）	（國際電工委員會規定的電路符號）
電通量變化與電壓 $V = d\Phi/dt = LdI/dt$	電荷變化與電流 $I = dQ/dt = CdV/dt$
能量 $U_L = (1/2)LI^2$	能量 $U_C = (1/2)CV^2$
能量密度 $u_B = \frac{1}{2\mu_0}B^2$	能量密度 $u_E = \frac{\varepsilon_0}{2}E^2$

第8章 電磁感應

8-8 〈變動磁場篇〉

弗萊明左手、右手定則與電動機、發電機

弗萊明左手定則適用於產生磁勞侖茲力的電動機（馬達），弗萊明右手定則適用於產生電壓、電流的發電機。

弗萊明的左手與右手

弗萊明的左手與右手定則相當容易混淆，而且3隻手指頭的方向也常讓人忘記哪個是哪個。

磁場對通電之導體施力，也就是電動機系統，適用弗萊明左手定則。長度L的導線，受力為$\boldsymbol{F}=(\boldsymbol{I}\times\boldsymbol{B})L$。施加在1個帶電粒子的磁勞侖茲力為$\boldsymbol{F}=q\boldsymbol{v}\times\boldsymbol{B}$。我們可以想成是「電流產生的磁場與外部磁場合成後，磁壓的改變產生力的作用」（**圖左**）。

在磁場中移動的導體產生電動勢，也就是發電機系統，適用弗萊明右手定則。由電磁感應定律，長度L的導體，會產生$\boldsymbol{V}=(\boldsymbol{v}\times\boldsymbol{B})L$的電動勢。知道磁場$\boldsymbol{B}$與移動方向（速度$\boldsymbol{v}$）後，右手定則可告訴我們電動勢$\boldsymbol{V}$（電流$I$）的方向。磁勞侖茲力使自由電子往某個方向累積，進而產生感應電動勢的物理概念示意圖，如**圖右下**所示。

右手開掌定則

我們常將拇指往內的各個手指分別視為「F、B、I」，也就是「電、磁、力」，方便記憶弗萊明定則。不過，$\boldsymbol{I}\times\boldsymbol{B}$與$\boldsymbol{v}\times\boldsymbol{B}$求出來的物理量方向，也可以由右手螺旋定則（右旋螺絲的前進方向）求出。還有一種方法不需將左手或右手的手指當成3個軸，只要用右手的手掌，就可以得到這3種物理量的方向。將右手手掌的4隻手指當做磁場$\boldsymbol{B}$的方向，拇指當做電流$\boldsymbol{I}$（電動機系統）或移動速度$\boldsymbol{v}$（發電機系統），那麼右手手掌的方向就是磁力$\boldsymbol{F}$或電動勢$\boldsymbol{V}$的方向。本書將這個方法稱為「右手開掌定則」。

MEMO　弗萊明定則是相當令人印象深刻的規則。不只要牢記，也要設法從物理上的向量式以及其物理意義，理解這個定則。

弗萊明左手定則與右手定則

架構與原理

電動機系統

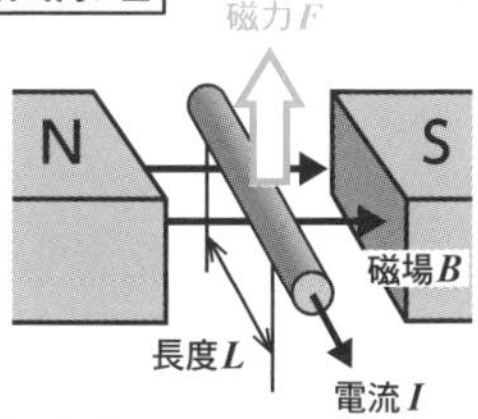

發電機系統

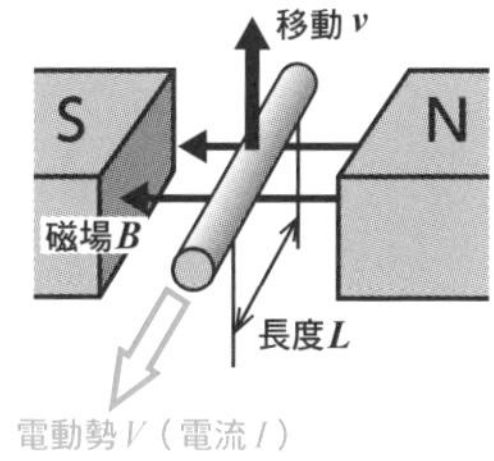

物理公式

電流導體的磁力（對電流產生的力）

$F=(\boldsymbol{I}\times\boldsymbol{B})L$

磁勞侖茲力（對電荷產生的力）

$F=q\boldsymbol{v}\times\boldsymbol{B}$

電磁感應定律（電動勢）

$V=(\boldsymbol{v}\times\boldsymbol{B})L$

弗萊明定則

左手定則

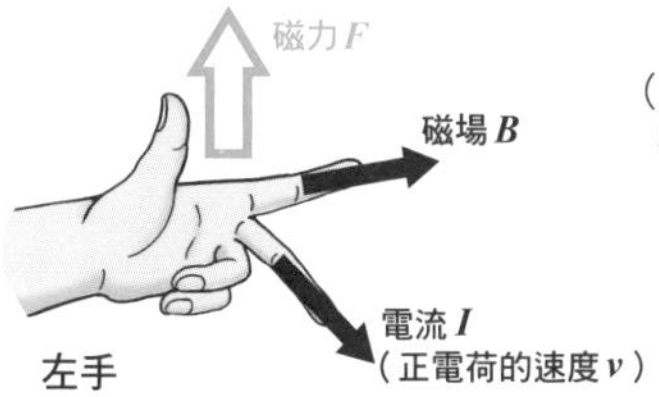

（食指恆為磁場方向）

右手定則

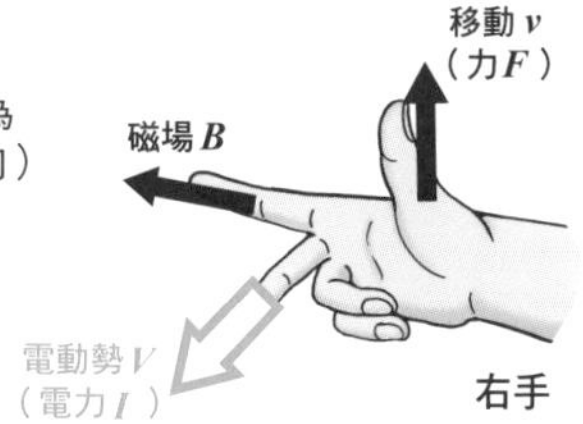

簡便的記憶方式（右手開掌定則）

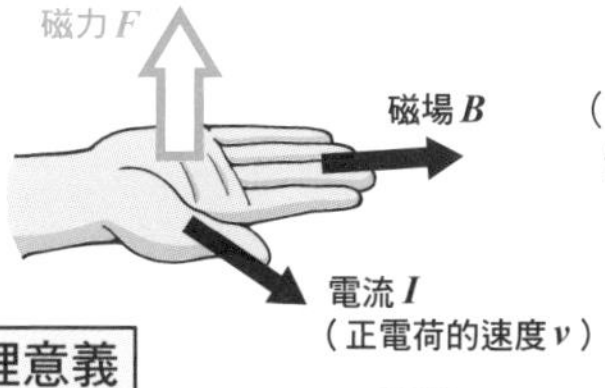

（只用右手手掌，便可求出方向）

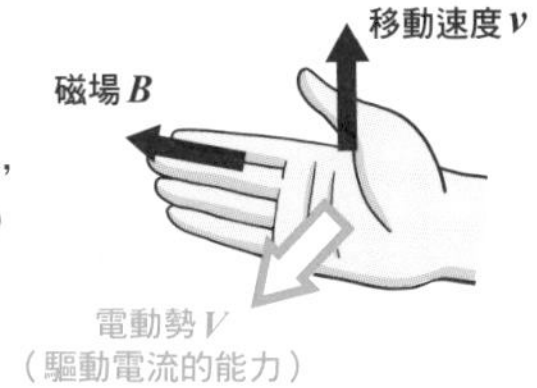

物理意義

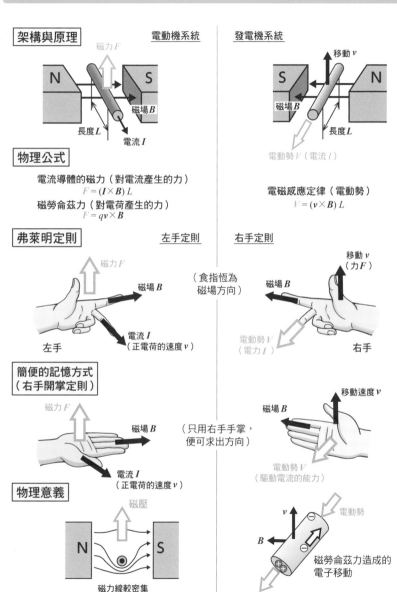

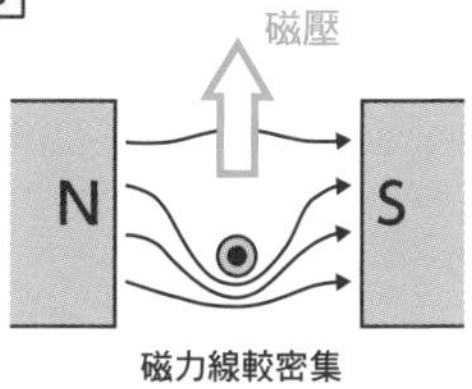

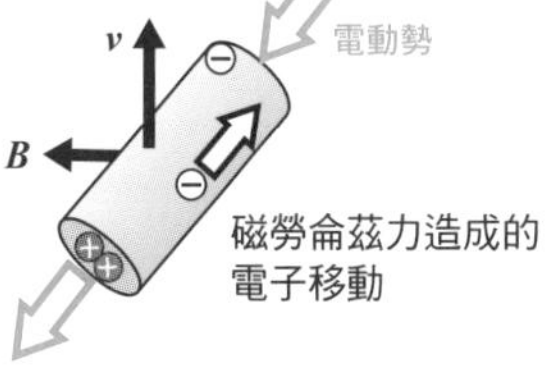

第8章 電磁感應

四選一選擇題

答案在下下頁

問題 8.1　電車的輪軸也會產生感應電動勢!?

在地磁$B=4.4\times10^{-5}$T（＝0.44G）的環境下，電車以時速180km（秒速$v=$ 50m/s）奔馳。此時，連結左右車輪的導體軸（$L=1.0$m）會產生多大的感應電動勢V呢？

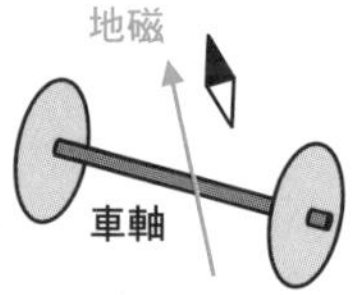

① 2nV　② 2μV　③ 2mV　④ 2V

問題 8.2　法拉第弔詭？

用導體圓板與磁石製作單極發電機時，一般會固定磁石，使圓板旋轉，便能產生電力（8-2節）。那麼以下情況又會如何呢？（2個二選一問題）

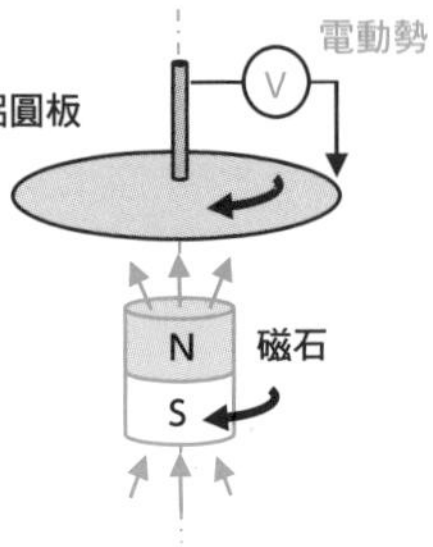

（1）固定圓板，轉動磁石
（①可以，②不能）產生電力。

（2）轉動圓板，也轉動磁石
（①可以，②不能）產生電力。

COLUMN

使用最多電力的裝置是電動馬達!?

日本國內消耗的電力中，搭載馬達的機器所消耗的電力，占了所有電力的近60%。其他如照明、電熱裝置等各占10%，資訊裝置則占約5%。工廠內的電動機、空調或冰箱的壓縮機也會用到馬達。使用高性能、高效率馬達可以減少耗電量，抑制二氧化碳排放。以空調為例，不使用以ON／OFF控制運轉的冷氣，而是使用透過逆變器控制頻率，最佳化轉速的馬達可省下大量電力。馬達中的三相感應電動機，被日本列入了Top runner制度的名單中，新上市產品的節能效率，需優於當下市面上效率最高的同類產品。

本章問題

每個問題分別對應到各節內容／答案在下一頁

8-1 線圈或導體板上的感應電流，產生的磁場方向會與磁場變化方向相反。這叫做［人名］定律。

8-2 發明電動馬達的是［人名］，他曾做過名為［　　］的歷史性裝置來進行實驗。

8-3 設變動磁場 B［T］，貫穿截面積 S［m^2］、N 圈的線圈。此時，線圈端子間的感應電壓 V 為［　　［單位］］。這個定律叫做［人名］的［　　］定律。

8-4 長度 L［m］的導體，以速度 $\boldsymbol{v}$［m/s］在均勻磁場 $\boldsymbol{B}$［T］內移動，此時導線兩端會產生［　　］V，強度為［　　［單位］］。

8-5 設電路上有變動電流 I［A］，當自身產生之貫穿電路的磁通量為 Φ［Wb］時，電感係數 L 為［　　［單位］］，感應電動勢 V 為［　　［單位］］。

8-6 設兩個線圈的電感係數為 L_1、L_2，耦合係數為 k，則互感係數 M 為［　　］。這2個線圈串聯時，整體電感係數為［　　］。

8-7 設圈數為 n［m^{-1}］、長度為 ℓ［m］、截面積為 S［m^2］的線圈有電流 I［A］通過，那麼線圈內部的磁通量密度 B 為［　　［單位］］。線圈的電感係數為［　　［單位］］，磁能密度為［　　［單位］］。

8-8 我們可透過［人名］左手或右手定則，確定電磁現象中，力或電流的方向。施加於磁場中電流的［　　］方向，可透過［　　］定則確認。磁場中的運動導體所產生的［　　］方向，可透過［　　］定則確認。

答案

答案8.1　③

【解說】設輪軸與地磁垂直，那麼由移動導體的電動勢公式可以知道道 $V = vBL = 50\times4.4\times10^{-5} = 2.2\times10^{-3}\mathrm{V}$。

答案8.2　(1) ②　(2) ①

【注意】若只有磁石旋轉，便不會產生電動勢。但如果兩者一起旋轉，就會產生電動勢。

【解說】就算磁石在旋轉，磁通量線也不會跟著旋轉。磁力線並沒有實體，是磁場的變化產生電動勢。本題中，即使軸對稱的磁石旋轉，磁場也不會改變。只有當圓板內的實體自由電子旋轉時，才會產生電動勢。

【參考】沒有軸對稱性的磁石旋轉時，會因為「安哥拉圓盤」原理而在鋁板上產生渦電流（參考8-1節），使鋁板與磁石一起旋轉。這種原理可應用於家用電錶（感應式電表）的控制。

本章問題答案（滿分20分，目標14分以上）

（8-1）　冷次

（8-2）　法拉第、電磁旋轉

（8-3）　$-NSdB/dt$、法拉第、電磁感應

（8-4）　（感應）電動勢、$\boldsymbol{v}\times\boldsymbol{BL}$ [V]

（8-5）　Φ/I [H]、$-d\Phi/dt$ [V]

（8-6）　$k\sqrt{L_1L_2}$、$L_1+L_2\pm2M$

（8-7）　$\mu_0 nI$ [T]、$\mu_0 n^2 S\ell$ [H]、$B^2/(2\mu_0)$ [J/m³]

（8-8）　弗萊明、磁力、左手、電動勢、右手

第 9 章

〈變動磁場篇〉電路與交流電

台灣一般家用電力為110V交流電，與直流電不同，方便電壓轉換與電流屏蔽。第9章將說明交流發電與電流、電壓的有效值。本章也會提到含有電感、電容的阻抗、交流電路的功率因數與有效功率等。

9-1 〈變動磁場篇〉

單相交流發電的原理

利用法拉第電磁感應定律，可產生交流電壓。若加入整流子，還可發出直流電。

單相交流發電

電池為直流電，不過家用110V電源為交流電，電流大小與電壓方向、大小會週期性改變。一般交流電的電流電壓變化會符合正弦函數。交流電由交流發電機產生（**上圖**）。假設均勻磁場B［T］中，面積為S［m^2］的一圈線圈以角速度ω［rad/s］旋轉。設磁場與線圈面的法線向量夾角θ在時間$t=0$秒時為0rad，在時間t［s］時，$\theta=\omega t$。此時，貫穿線圈的磁通量Φ_B［Wb］如下。

$$\Phi_B = BS\cos\omega t \qquad (9\text{-}1\text{-}1)$$

改變磁通量會讓感應電流產生變化，電流方向也會跟著改變。

單向感應交流電動勢與直流發電機

依照法拉第的電磁感應定律，交流電動勢V［V］如下（**下圖**）。

$$V = -\frac{d\Phi_B}{dt} = BS\omega\sin\omega t = V_m\sin\omega t \qquad (9\text{-}1\text{-}2)$$

這裡的$V_m=BS\omega$。另外，角頻率（角速度）ω［rad/s］與頻率f［Hz］、週期T［s］的關係如下。

$$\left.\begin{aligned} \omega &= 2\pi f = 2\pi/T \\ f &= \omega/(2\pi) = 1/T \\ T &= 2\pi/\omega = 1/f \end{aligned}\right\} \qquad (9\text{-}1\text{-}3)$$

交流發電機若再裝設整流子或電刷，使部分電流反轉，僅產生單一方向的感應電動勢，便能製成直流發電機。增加線圈極數與電壓平滑電路，便可產生固定電壓的直流發電。

MEMO 與交流發電機不同，直流發電機會用到整流子，所以也稱為整流子發電機。

交流發電機與橫剖面

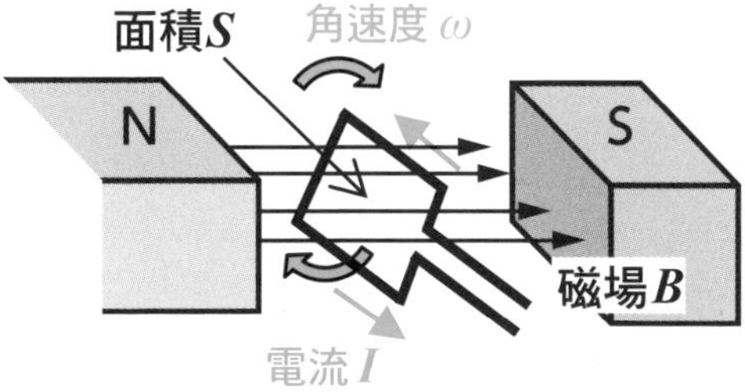

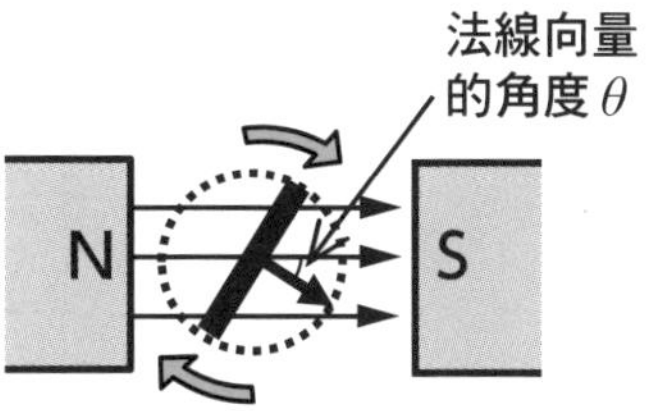

貫穿線圈的磁場 Φ_B 與感應交流電壓V

交流電壓

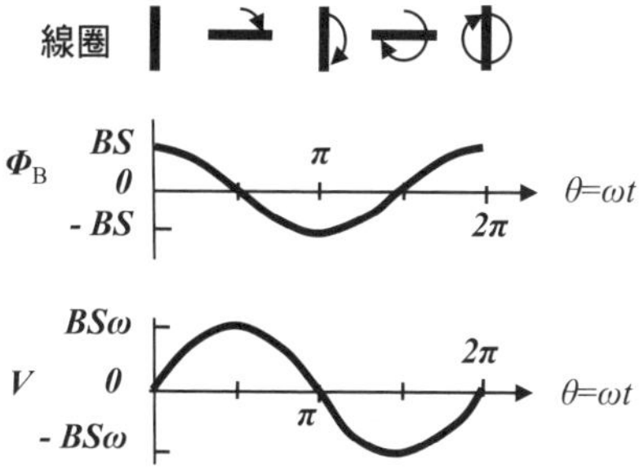

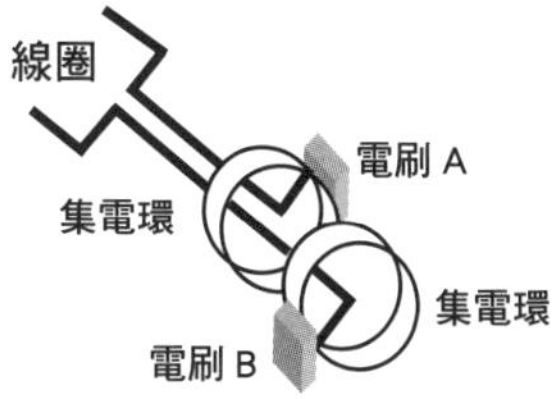

直流電壓

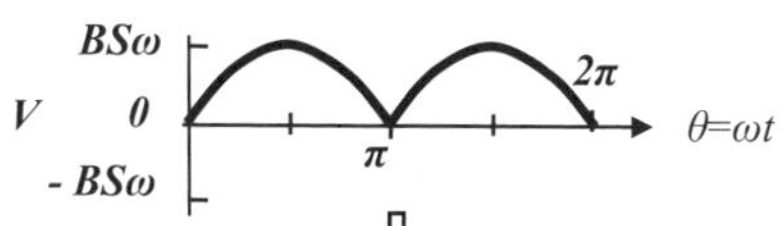

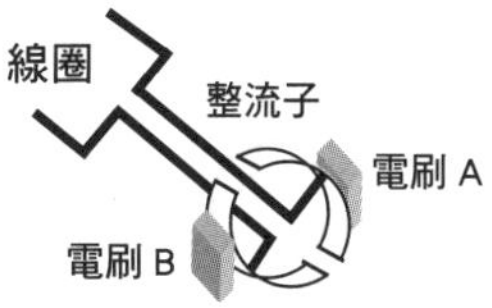

⇩

通過平滑電路，轉變成直流電。

三相交流發電

組合2組單相交流電可發出雙相交流電，若有3組則可發出三相交流電。本節讓我們來思考關於三相交流電的優點以及接線方式。

三相發電

在日本100伏特的家電，使用2條1組的導線，接通單相交流電；而傳輸龐大電力的電纜，則會同時使用3條電線，為三相交流電。旋轉中的NS極磁石與1組線圈，拉出2條電線，可發出單相交流電。若有2組線圈，夾角180°，可發出雙相交流電。若有3組線圈，彼此夾角120°(2π/3rad)，則可發出三相交流電。三相交流電的波形與轉動中磁石的方向如**上圖**所示。3個相電壓隨時間的變化為正弦波，這3個線圈的電壓向量會以固定速率持續旋轉，圖中的電壓也隨之高高低低。

星形接線與三角形接線

三相交流電為3組單相交流電組合而成的電流系統。原本需要6條導線輸送，不過在某些接線方式下，可以只用3條導線輸送。若使用星形（Y型）接線，通過中央共通線的電流為「彼此對稱的3股三相交流電之合成電流」，恆為零，所以不需要連接電源與負載中心的導線。線間電壓為2個向量的差。星形接線的線間電壓為相電壓的$\sqrt{3}$倍，3股電流的相位彼此相差30°。線電流則與相電流相同。三角形接線中，相電壓與線間電壓相等，線電流為相電流的$\sqrt{3}$倍。與單相交流電相比，以三相交流電輸電時，每條電線可輸送的電力較大，所以輸送相同電力的情況下，需要的電線質量較小。從三相交流電中可輕易提取出單相交流電，三相交流電還可輕易驅動交流電動機。這些都是三相交流電的優點。

MEMO　三相交流電使用3條電線，可輸送的電力是使用2條電線的單相交流電的3倍。

三相交流電與旋轉磁場

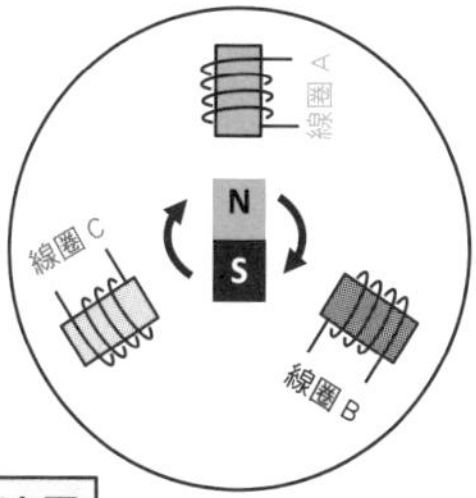

單相交流電

將旋轉中的磁石與線圈A設置如圖，可得到輸出A（相電壓與相電流）的單相交流電。

三相交流電

將線圈A、B、C間隔120°設置，可得到三相交流電，且用到的6條電線可接成3條電線輸出（星形接線與三角形接線）。

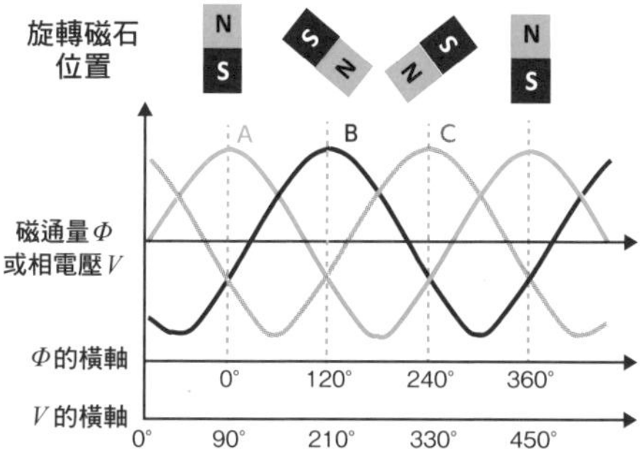

線圈 A、B、C 的磁通量 Φ 與相電壓 V 隨時間改變的樣子。3 個輸出的總和恆為零。

使磁石靜止不動，線圈朝反方向轉動，也可得到相同結果。

星形接線與三角形接線

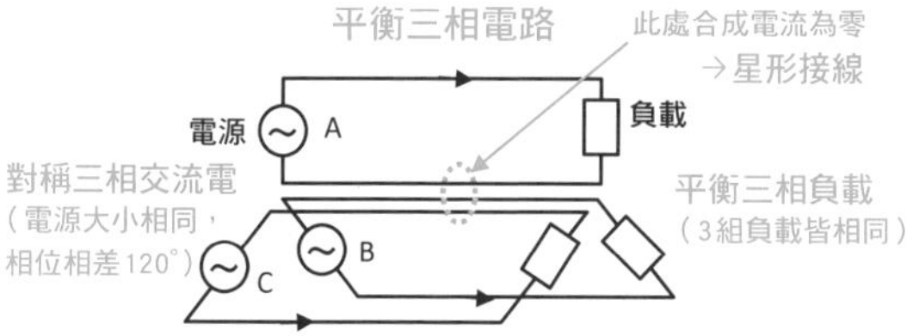

星形接線的電壓

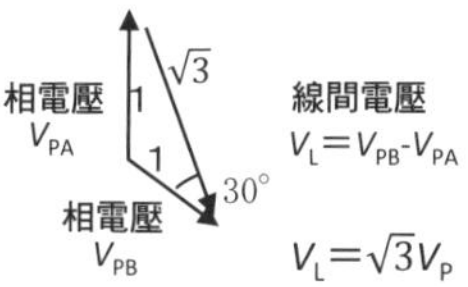

●星形接線

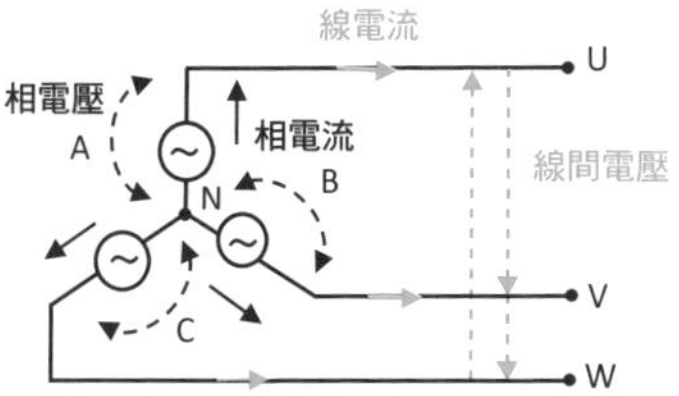

線間電壓＝相電壓的 $\sqrt{3}$ 倍

線電流＝相電流

●三角形接線

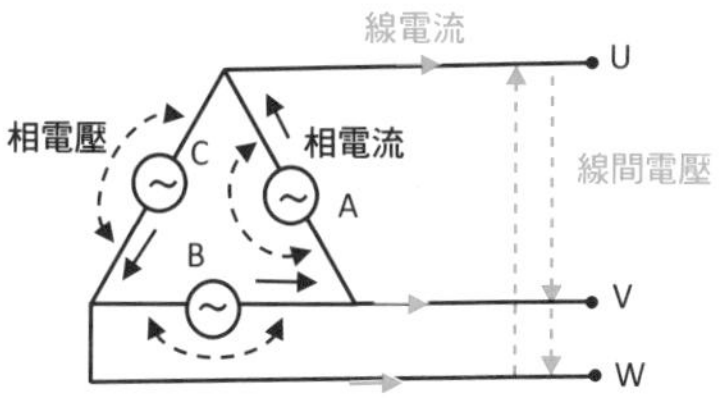

線間電壓＝相電壓

線電流＝相電流的 $\sqrt{3}$ 倍

電流、電壓的有效值

定義交流電電流、電壓的大小時，並非取平均值，而是取RMS（均方根）的有效值。

電力有效值的定義

對電阻R施加交流電壓$V(t)=V_m\sin\omega t$時，由歐姆定律$V(t)=RI(t)$可以知道，交流電流$I(t)=I_m\sin\omega t$、$I_m=V_m/R$，且電力$P(t)$為電壓與電流的乘積$V(t)I(t)=V_mI_m\sin^2\omega t=(1/2)RI_m^2(1-\cos2\omega t)$。下標m為最大值的意思。這個電力在週期$T$（$=2\pi/\omega$）內的平均值如下。

$$P_e=\frac{\omega}{2\pi}\int_0^{2\pi/\omega}\frac{1}{2}V_mI_m(1-\cos2\omega t)dt=\frac{R\,I_m{}^2}{2} \qquad (9\text{-}3\text{-}1)$$

將平均電力P_e寫成RI_e^2，可得平均電流$I_e=I_m/\sqrt{2}$。這就是電流的有效值。下標e為有效值（effective value）的意思。

比較峰值、有效值、平均值

交流電的電壓、電流的有效值，定義為電壓或電流值的平方在週期T內積分，然後除以週期T，再開根號得到的均方根（Root Mean Square, RMS）。

$$V_e=\sqrt{\frac{1}{T}\int_0^T V(t)^2dt}=\frac{V_m}{\sqrt{2}}、\quad I_e=\sqrt{\frac{1}{T}\int_0^T I(t)^2dt}=\frac{I_m}{\sqrt{2}} \qquad (9\text{-}3\text{-}2)$$

電壓或電流在週期T內的平均值為零，在半週期$T/2$內的平均值如下。

$$\langle V\rangle_{T/2}=\frac{2}{T}\int_0^{T/2}V(t)dt=\frac{\omega V_m}{\pi}\int_0^{\pi/\omega}\sin\omega t dt=\frac{V_m}{\pi/2} \qquad (9\text{-}3\text{-}3)$$

為有效值的$2\sqrt{2}/\pi\sim0.90$倍。日本一般家庭用電的電壓為100V，說的就是（9-3-2）式的有效值，峰值為141.4V。

MEMO 日本的家用100V交流電中，電壓有效值（均方根）為100V，峰值為141V，平均值（半週期）為90V。

直流電與交流電的差異

●直流電路

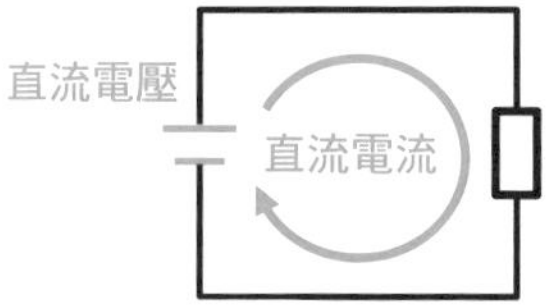

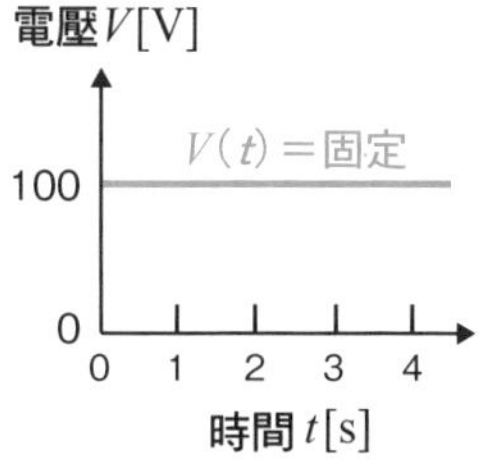

●交流電路（單相）

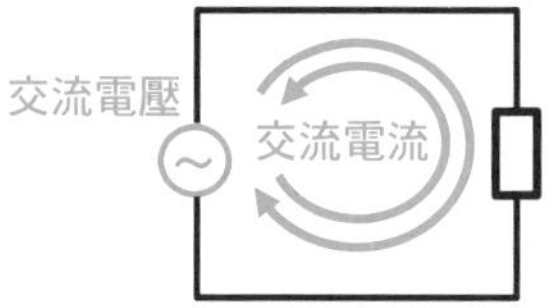

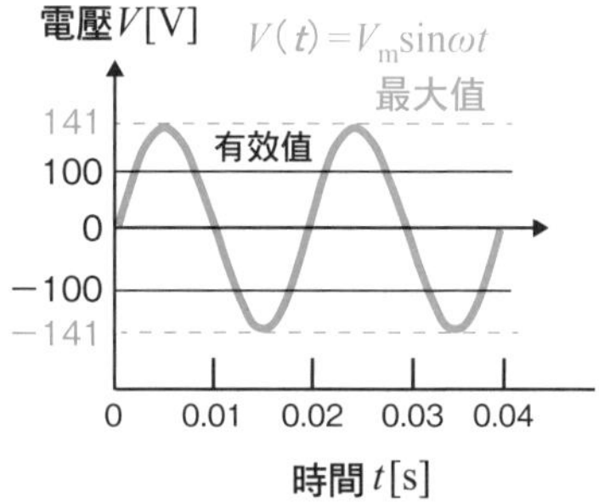

交流電的有效值
為峰值的 $1/\sqrt{2}$

交流電週期
東日本（50 Hz）為 0.02 秒（上圖）
西日本（60 Hz）為 0.0167 秒

交流電的電阻與阻抗

交流電阻電路中的
電壓 V(t)、電流 I(t)、電力 P(t)
隨時間改變的數值以及有效值 P_e

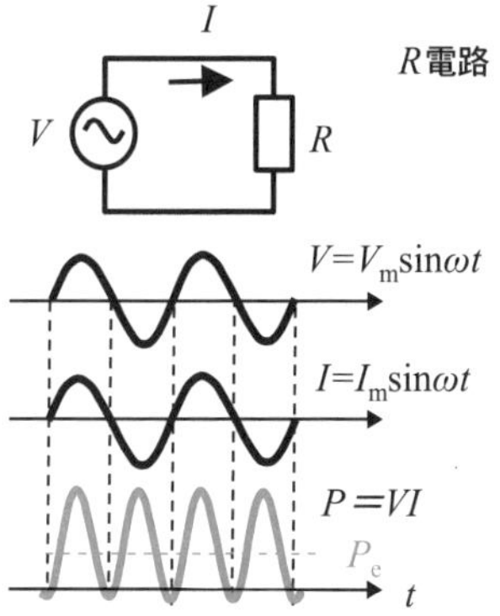

消耗電力的有效值 P_e 為 $V_mI_m/2$

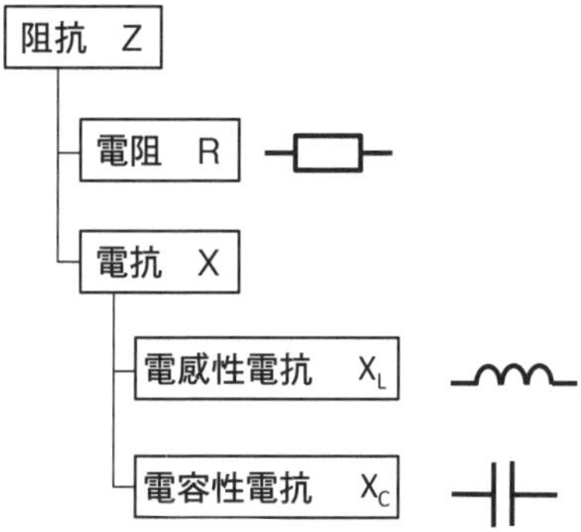

電感電路

直流電路中，線圈與電容元件不會有電阻效應，在交流電路中卻會產生電阻，但不會消耗能量。

L電路

負載中有電感與電容時，施加交流電電壓$V(t)=V_0\sin\omega t$時，會產生相同頻率的交流電電流，卻會多出一個相位差δ，如下所示。

$$I(t)=I_0\sin(\omega t+\delta) 、 \quad V_0=ZI_0 \qquad (9\text{-}4\text{-}1)$$

上式中，V_0與I_0的比值Z叫做阻抗，相當於直流電的電阻，單位為Ω。δ為初始相位。如**右圖**所示，施加電壓$V(t)$後，電感會因為自感而產生電壓$-L\mathrm{d}I(t)/\mathrm{d}t$，阻止電流通過，得到以下關係式。

$$V(t)-L\frac{\mathrm{d}I(t)}{\mathrm{d}t}=0 \qquad (9\text{-}4\text{-}2)$$

設施加的電壓為$V(t)=V_0\sin\omega t$，那麼電流如下。

$$I(t)=\int_0^t\frac{\mathrm{d}I(t)}{\mathrm{d}t}\mathrm{d}t=\frac{1}{L}\int_0^t V(t)\mathrm{d}t=-\frac{V_0}{\omega L}\cos\omega t \qquad (9\text{-}4\text{-}3)$$

若電流$I(t)=(V_0/Z)\sin(\omega t+\delta)$，那麼阻抗$Z=\omega L$，初始相位$\delta=-\pi/2\ (-90^\circ)$。可以看出電流相位比電壓相位落後了$\pi/2\ (90^\circ)$。當相位差為$\pm\pi/2$時，消耗電力為零，此時阻抗稱為電抗，以大寫希臘字母χ（chi）表示如下。

$$X_L=\omega L \qquad (9\text{-}4\text{-}4)$$

這裡的電抗為電感性電抗或簡稱為感抗，單位與直流電路的電阻同為Ω（歐姆）。含有電感的電路，可用於產生高壓電的汽車引擎火星塞、日光燈的放電啟動裝置。

MEMO　阻抗Z為包含了電阻R與電抗X在內的所有阻礙電流要素。

L電路的電壓、電流、電力

施加之電壓的波形

$$V(t)=V_0\sin\omega t$$

電路方程式

$$V(t)-L\frac{dI(t)}{dt}=0$$

線圈電流改變時，
會產生阻止其改變的
電動勢。

電流波形

$$I(t)=\int_0^t \frac{dI(t)}{dt}dt=\frac{1}{L}\int_0^t V(t)dt$$
$$=-\frac{V_0}{\omega L}\cos\omega t=\frac{V_0}{Z}\sin(\omega t+\delta)$$

阻抗 $Z=\omega L$

相位 $\delta=-\pi/2$

電感性電抗 X_L

$X_L=\omega L$ 單位：Ω

$\omega=2\pi f$

（參考）R 電路

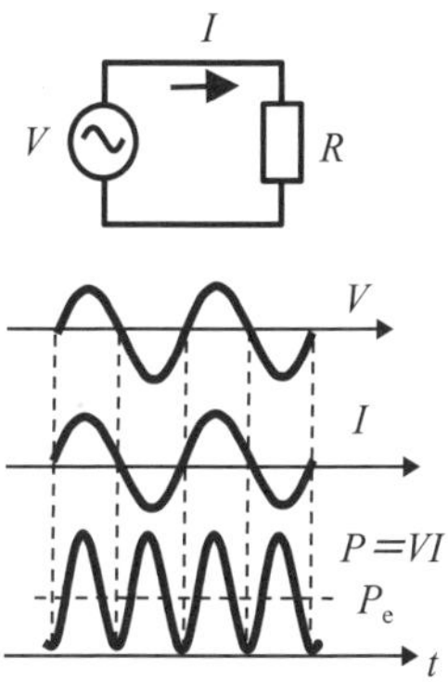

消耗電力的有效值為$P_e=\frac{VI}{2}$

L 電路

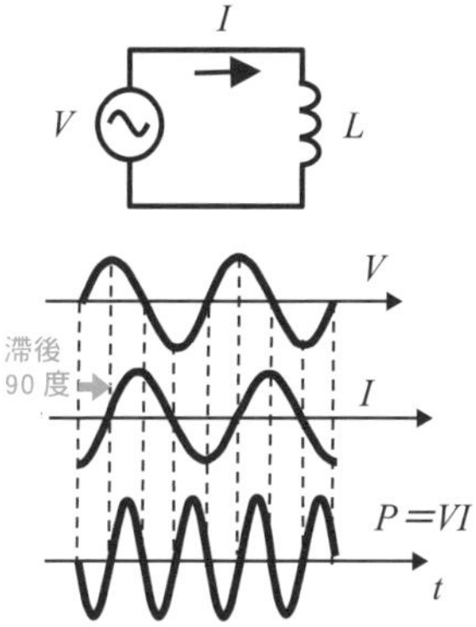

消耗電力 ±0

電流的相位滯後
1/4 波長（90 度）。

頻率愈高，電抗愈大，
峰值電流愈小。

電力有效值為零。

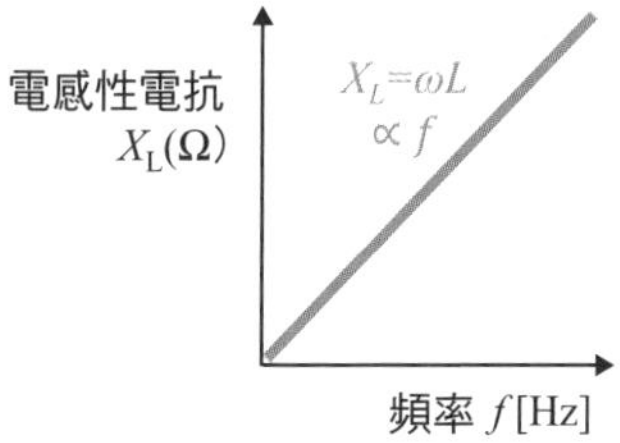

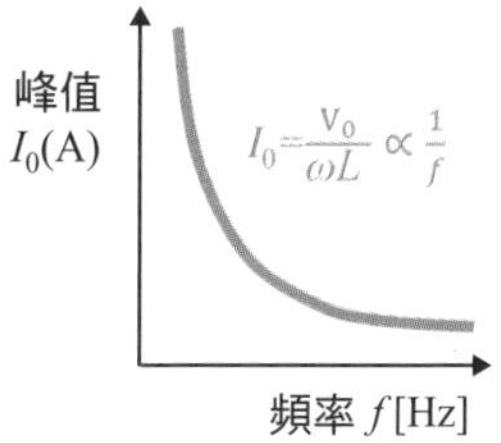

9-5 〈變動磁場篇〉

電容電路

與線圈（電感器）一樣，電容器也不會消耗電力。線圈會造成電流的相位滯後，電容器則會讓相位超前。

C電路

含有電容的C電路在施加交流電壓$V(t)$之後，電流$I(t)$可寫成以下關係式。

$$V(t) - \frac{1}{C}\int I(t)\mathrm{d}t = 0 \qquad (9\text{-}5\text{-}1)$$

設施加電壓為$V(t)=V_0\sin\omega t$，將上式電流微分後可得下式。

$$I(t) = C\frac{\mathrm{d}V(t)}{\mathrm{d}t} = \omega C V_0 \cos\omega t \qquad (9\text{-}5\text{-}2)$$

若電流$I(t)=(V_0/Z)\sin(\omega t+\delta)$，那麼阻抗$Z=(1/\omega C)$，初始相位$\delta=\pi/2\,(90^\circ)$。可以看出電流相位比電壓相位超前了$\pi/2\,(90^\circ)$。此時可定義**電容性電抗**（簡稱容抗）如下。

$$X_\mathrm{C} = \frac{1}{\omega C} \qquad (9\text{-}5\text{-}3)$$

單位為Ω（歐姆）。電動機等有電感性負載的裝置中，電流相位會落後電壓相位，為了改善**9-7節**中會提到的「功率因數」，需使用進相電容。

一般來說，交流電路的阻抗Z，為純電阻成分的R，以及不會消耗電能的電抗X（希臘字母chi，不是英文字母X）組成。電抗可以看成類似電阻的東西，包含線圈的感抗X_L（$=\omega L$），以及電容器的容抗X_C（$=1/\omega C$）。在不同電壓下，電流會有不同的相位，所以阻抗無法簡單表示成電阻與電抗的和。要理解它們之間的關係，需使用下一節介紹的複數表示方式。

MEMO 阻抗（Z）可阻礙交流電電流，其倒數叫做導納（admittance，$Y=1/Z$），可表示電流通過的容易度。

C電路的電壓V、電流I、電力P

施加之電壓的波形

$$V(t)=V_0 \sin\omega t$$

電路方程式

$$V(t)-\frac{1}{C}\int I(t)\mathrm{d}t = 0$$

電流改變時，電荷 Q 會累積在電容器內，產生電壓 Q/C。

電流波形

$$I(t) = C\frac{\mathrm{d}V(t)}{\mathrm{d}t} = \omega C V_0 \cos\omega t$$

$$= \frac{V_0}{Z}\sin(\omega t+\delta)$$

阻抗　$Z=\frac{1}{\omega C}$

相位　$\delta=\pi/2$

（參考）R 電路

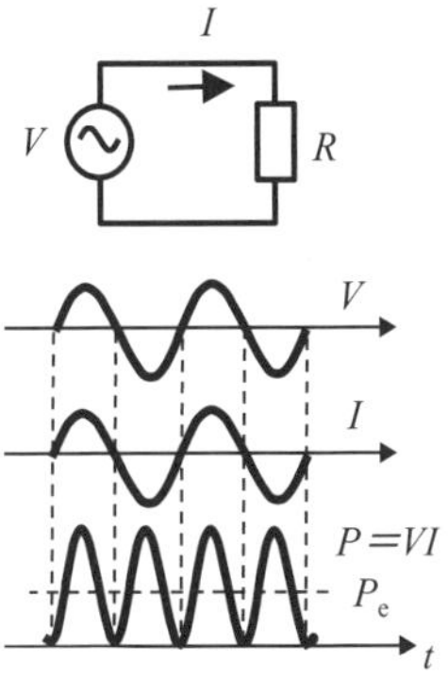

消耗電力的有效值 P_e 為

$P_e = VI/2$

C 電路

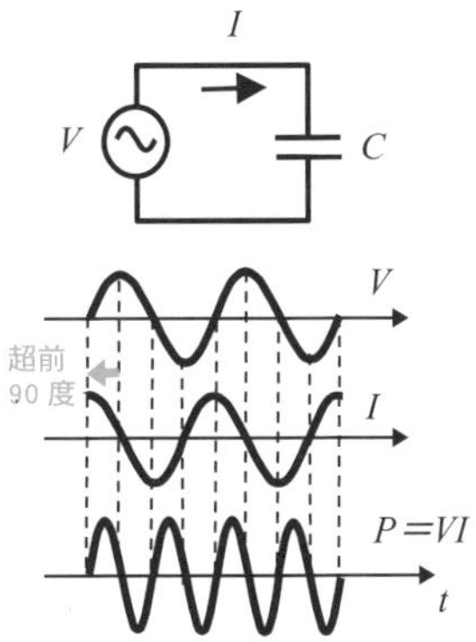

消耗電力 ±0

電容性電抗 X_C

$X_C = \frac{1}{\omega C}$　　單位：Ω

$\omega=2\pi f$

電流的相位超前 1/4 波長（90 度）。

頻率愈高，電抗愈小，峰值電流愈大。

電力有效值為零。

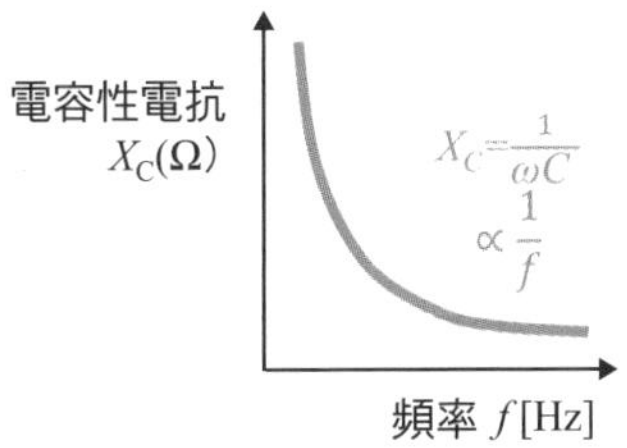

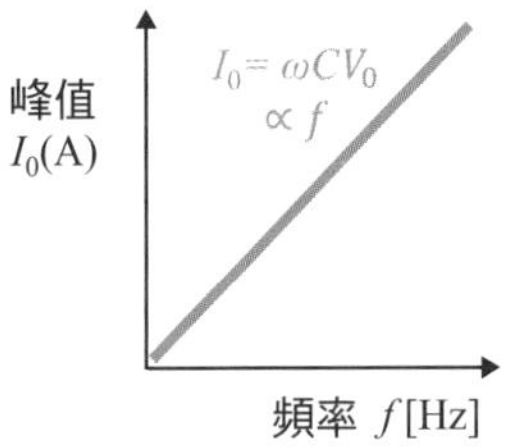

以複數表示阻抗

以複數表示阻抗時，實部為電阻，虛部為電抗。

LCR電路

將交流電源、自感係數為L［H］的線圈、電容量為C［F］的電容器、電阻為R［Ω］的電阻器等串聯可得LCR電路（**上圖**）。這個電路施加交流電壓 V（t）後可得到電流I（t）的電路方程式如下。

$$V(t) - RI(t) - \frac{LdI(t)}{dt} - \frac{1}{C}\int I(t)dt = 0 \qquad (9\text{-}6\text{-}1)$$

使用包含虛數 $i=\sqrt{-1}$的複數，推廣這個關係式（複數計算法），並設$V=V_0e^{i\omega t}$、電流的複數振幅為$\hat{I}$、電流$I=\hat{I}e^{i\omega t}$，可得到下式。

$$\left(R + i\omega L + \frac{1}{i\omega C}\right)\hat{I} = V_0 \qquad (9\text{-}6\text{-}2)$$

複數阻抗Z如下。

$$\hat{Z} = \frac{V_0}{\hat{I}} = R + i(\omega L - \frac{1}{\omega C}) \qquad (9\text{-}6\text{-}3)$$

$\hat{Z}$的實數部分R為電阻，虛數部分ωL-$1/\omega C$為電抗，即不會消耗能量的類電阻。

阻抗的相位滯後

這個電路的阻抗Z［Ω］與相位滯後φ如**下圖**所示。

$$Z = \sqrt{R^2 + \left(\omega L - \frac{1}{\omega C}\right)^2} \text{、} \quad \tan\varphi = \left(\omega L - \frac{1}{\omega C}\right)/R \qquad (9\text{-}6\text{-}4)$$

當電源角頻率ω使$\omega L = 1/(\omega C)$時，LCR電路的阻抗有最小值，這個時候的頻率為$f = 1/(2\pi\sqrt{LC})$。收音機與電視的接收器內的諧振電路，就是運用這個原理。

MEMO　利用歐拉公式$e^{i\omega t} = \cos\omega t + i\sin\omega t$，可讓指數函數與三角函數彼此轉換。

LCR交流電路

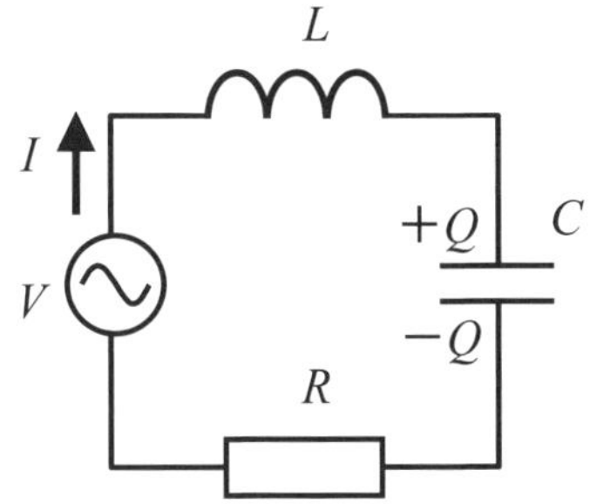

$$V(t) - RI(t) - \frac{L dI(t)}{dt} - \frac{1}{C}\int I(t)dt = 0$$

$$V = V_0 e^{i\omega t} \qquad I = \hat{I} e^{i\omega t}$$

電流的複數振幅

$$\left(R + i\omega L + \frac{1}{i\omega C}\right)\hat{I} = V_0$$

複數阻抗

$$\hat{Z} = \frac{V_0}{\hat{I}} = R + i\left(\omega L - \frac{1}{\omega C}\right)$$

阻抗Z與相位滯後 φ

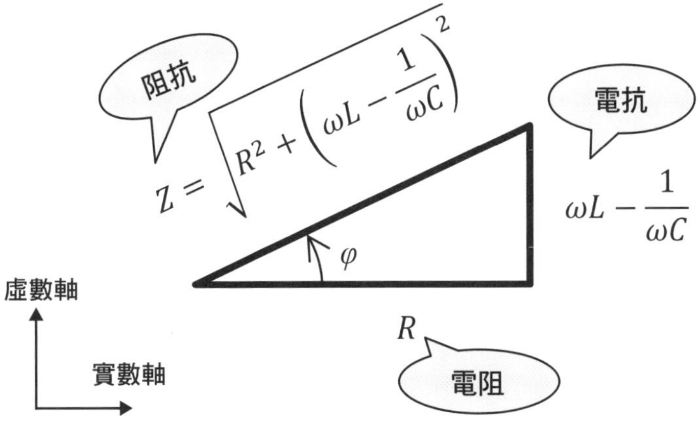

功率因數與有效功率

電力設備機器內有許多線圈與電容元件，相關設備的容許量（最大電壓、最大電流等）必須比實際消耗電力還要大。

功率因數

設電壓V、電流I的有效值為V_e、I_e，加上相位差φ後可寫成$V=\sqrt{2}V_e\sin\omega t$、$I=\sqrt{2}I_e\sin(\omega t-\varphi)$，電力瞬間值$P=VI$，運用三角函數公式$\sin\alpha\cdot\sin\beta=-(1/2)\{\cos(\alpha+\beta)-\cos(\alpha-\beta)\}$可以得到下式。

$$P=2V_eI_e\sin\omega t\cdot\sin(\omega t-\varphi)=V_eI_e\{\cos\varphi-\cos(2\omega t-\varphi)\} \quad (9\text{-}7\text{-}1)$$

週期T內的平均值$\langle P\rangle=(1/T)\int_0^T P\mathrm{d}t$可計算如下。

$$\langle P\rangle=\frac{V_eI_e}{T}\int_0^T\{\cos\varphi-\cos(2\omega t-\varphi)\}\mathrm{d}t=V_eI_e\cos\varphi \quad (9\text{-}7\text{-}2)$$

這裡的$\cos\varphi$為功率因數。線圈或電容器通以交流電，且無電阻時，因為$\varphi=\pm\pi/2$，功率因數為零，所以不會消耗電力。含有電阻R的LCR電路中，設電抗為X，可得到以下關係式。

$$\text{功率因數}=\frac{R}{\sqrt{R^2+X^2}}\text{、}\quad X=\omega L-\frac{1}{\omega C} \quad (9\text{-}7\text{-}3)$$

LR與CR電路的相位與功率因數之間的關係，如**圖**所示。

視在功率與有效功率

電力V_eI_e為表面數值，稱為視在功率，單位為VA（伏特安培）。有效功率定義為$V_eI_e\cos\varphi$，無效功率定義為$V_eI_e\sin\varphi$。可得到以下關係式。

$$(\text{視在功率})^2=(\text{有效功率})^2+(\text{無效功率})^2$$

$$\text{有效功率}=\text{視在功率}\times\text{功率因數}$$

交流電機器的設備規模與價格，通常由最大電壓與最大電流的乘積，也就是視在功率決定，使功率因數盡可能接近1，是相當重要的事。

MEMO　主要為電阻的負載，如白熾燈等照明電器，功率因數為100%。不過日光燈等內部有線圈、電容等元件的電器，功率因數為60～80%。

功率因數與有效功率

交流電路的相位差與功率因數

$$(視在功率)^2 = (有效功率)^2 + (無效功率)^2$$

$$功率因數 = \frac{有效功率}{視在功率}$$

LR 電路

CR 電路

$V(t) = V_R + V_L$

相位 φ 的滯後

$V_R(t) = RI(t)$

與電壓 $V(t)$ 相比電流 $I(t)$ 有相位 φ 的滯後。

$V(t) = V_R + V_C$

相位 φ 的超前

$V_R(t) = RI(t)$

與電壓 $I(t)$ 相比電流 $V(t)$ 有相位 φ 的超前。

相位差 $\varphi = \tan^{-1}(\omega L/R)$

$V(t) = ZI(t)$ 電壓　$V_L = \omega L I(t)$

$V_R(t) = RI$ 與電流成正比

視在電壓 $V_e I_e$　滯後無效功率 $V_e I_e \sin\varphi$

有效功率 $RI_e^2 = V_e I_e \cos\varphi$　功率因數

相位差 $\varphi = \tan^{-1}(1/(\omega RC))$

$V_R(t) = RI$ 與電流成正比

$V(t) = ZI(t)$ 電壓　$V_C(t) = I(t)/(\omega C)$

有效功率 $RI_e^2 = V_e I_e \cos\varphi$　功率因數

視在電壓 $V_e I_e$　滯後無效功率 $V_e I_e \sin\varphi$

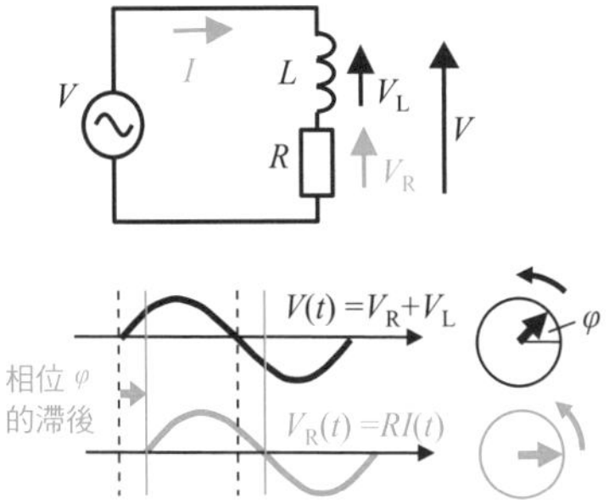

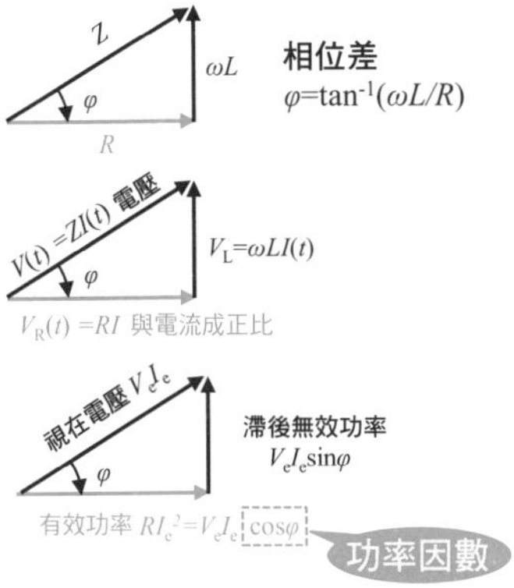

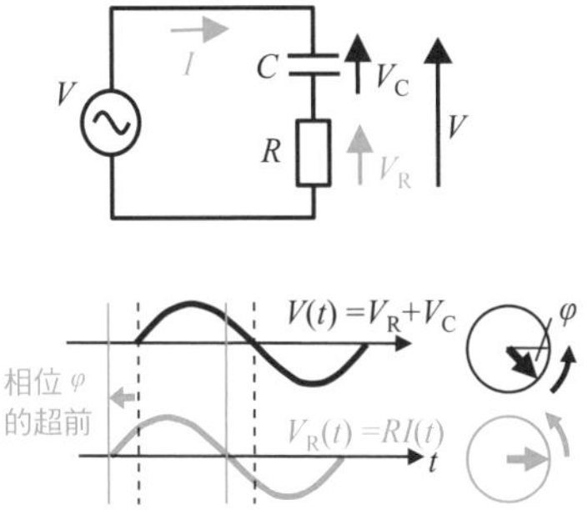

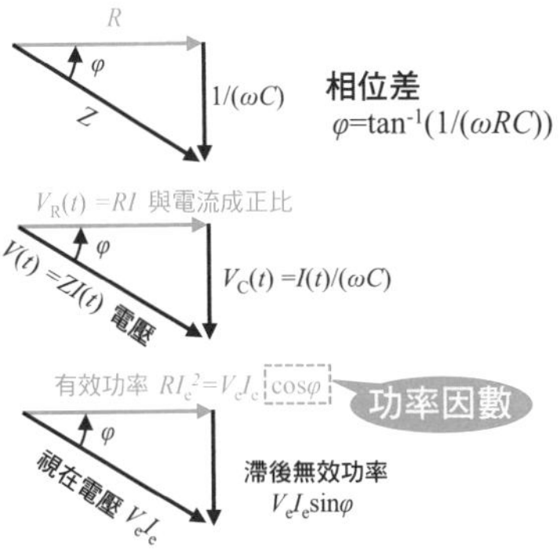

交流電力可由電壓與電流的有效值 V_e、I_e 計算出來。

四選一選擇題

答案在下下頁

問題9.1　電線內的電子是以超高速移動嗎？

一般日本家庭內，會使用100V電壓與數安培的電流，透過導線經插座送至各個電器。此時，導線內自由電子從插座移動到電器的速度是多少？

① $3x10^8$m/s　（光速）
② ～10^4m/s　（火箭速度）
③ ～10m/s　（100m短跑世界紀錄）
④ ～10^{-4}m/s　（蝸牛速度）

問題9.2　並聯與串聯的燈泡哪個比較暗？

如圖所示，將規格為40W與10W的燈泡接上100V的電源。一組為串聯，一組為並聯，請問哪個燈泡最暗？假設電阻值不會隨溫度改變。

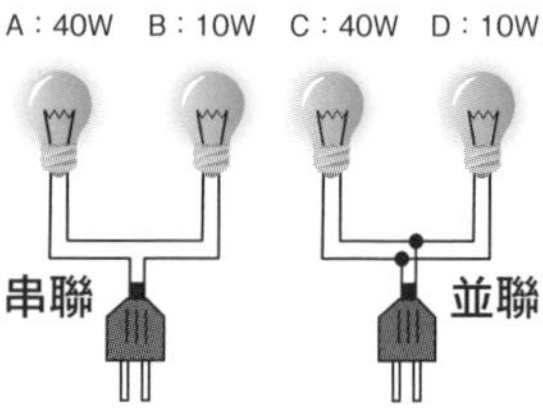

① A　② B　③ C　④ D

COLUMN

為什麼日本國內東西兩邊的交流電頻率不同!?

日本的電力頻率以靜岡縣富士川與新潟縣糸魚川為界，東日本為50赫茲，西日本為60赫茲。從電力輸送的歷史來看，在明治20年以前，電力以直流電形式輸送。後來隨著需求的增加，為了減少店裡損耗，改以高壓交流電的形式輸送。當時，東京的東京電燈使用的是德國AEG公司的50赫茲發電機，大阪的大阪電燈使用的是美國GE公司的60赫茲發電機。全世界只有日本是在同一個國家中使用2種頻率的交流電。發生災難時，頻率差異會造成輸送大量電力時的障礙。若統一交流電頻率，可讓高頻率變壓器小型化，然而變更頻率仍是件不切實際的事。

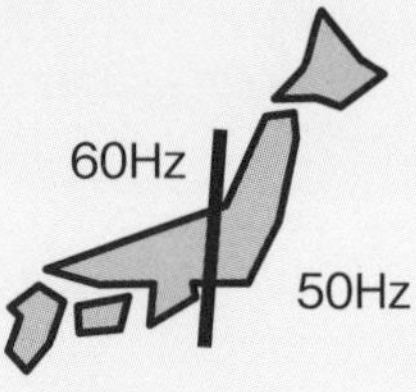

本章問題

每個問題分別對應到各節內容／答案在下一頁

9-1 在磁場B［T］內，面積為S［m^2］的單圈線圈以角速度ω［rad/s］旋轉。在$t=0$秒時，線圈面與磁場垂直。那麼在時間為t時，貫穿線圈的磁通量$\Phi_B=$ ＿＿＿［單位］，感應電動勢$V=$ ＿＿＿［單位］。

9-2 三相交流電的接線方式可分為2種，包括相電流與線電流相等的 ＿＿＿，以及相電壓與線間電壓相等的 ＿＿＿。前者的線間電壓為相電壓的 ＿＿＿倍，後者的 ＿＿＿ 為 ＿＿＿ 的$\sqrt{3}$倍。

9-3 設交流電壓的有效值為V_e，那麼峰值V_m為 ＿＿＿。這個數值可由$V(t)$的平方在一個週期內積分，然後除以週期求得，這種方法叫做 ＿＿＿ 方法。

9-4 設交流電的頻率為f［Hz］，角頻率ω為 ＿＿＿［單位］。電感係數為L［H］的線圈，阻抗Z為 ＿＿＿［單位］。這種阻抗叫做 ＿＿＿，消耗電力為 ＿＿＿［單位］。

9-5 使用角頻率為ω的交流電時，電容為C［F］之電容器的阻抗Z為 ＿＿＿［單位］，消耗電力為 ＿＿＿［單位］。

9-6 使用角頻率為ω的交流電時，LCR電路的電抗X為 ＿＿＿［單位］，阻抗Z為 ＿＿＿［單位］，相位的滯後φ為 ＿＿＿。

9-7 純電阻R與電抗X的交流電路中，功率因數$\cos\varphi$為 ＿＿＿。視在功率為V_eI_e時，無效功率為 ＿＿＿。

答案

答案9.1　④

【解說】電流的原理類似水槍，1個電子的運動會傳遞給遠方的電子。電流不是透過電子的碰撞傳遞，而是透過電磁波的方式傳遞。

〈參考圖：水槍的原理〉

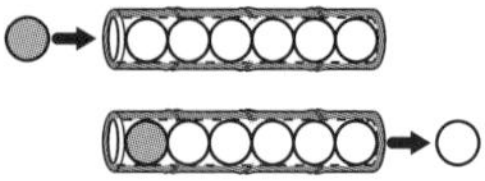

【參考】實際速度可透過$I = \Delta Q/\Delta t = nevS$這個公式計算出來。截面積$S = 1\text{mm}^2$的銅線，最大可容許10A的電流，當有10分之1的電流$I = 1\text{A}$通過時，單位體積的銅的自由電子數n為$8 \times 10^{28}\text{m}^{-3}$。1個電子的電量絕對值$e$為$1.6 \times 10^{-19}\text{C}$，所以電子的速度$v = I/(neS) \sim 10^{-4}\text{m/s}$。

答案9.2　①

【解說】由額定功率P［W］可計算燈泡的電阻R［Ω］。電壓$V = 100\text{V}$時，由$R = V^2/P$可以知道40W燈泡電阻為250Ω，10W燈泡為1000Ω。串聯電路中，總電阻為1250Ω，在100V下的電流為0.08A。由$P = RI^2$可以知道，A燈泡（250Ω燈泡）為1.6W，B燈泡（1000Ω燈泡）為6.4W。並聯電路的各燈泡功率等於額定功率，故消耗電力大小為A<B<D<C。亮度順序亦同。

本章問題答案（滿分20分，目標14分以上）

（9-1）　$\Phi_B = BS\cos\omega t$［Wb］、$V = BS\omega\sin\omega t$［V］

（9-2）　星形接線、三角形接線、$\sqrt{3}$、線電流、相電流

（9-3）　$\sqrt{2}V_e$、均方根（RMS）

（9-4）　$2\pi f$［rad/s］、ωL［Ω］、電感性電抗、0［W］

（9-5）　$1/(\omega C)$［Ω］、0［W］

（9-6）　$L\omega - 1/(\omega C)$［Ω］、$\sqrt{R^2+X^2}$［Ω］、$\tan^{-1}(R/Z)$

（9-7）　$R/\sqrt{R^2+X^2}$、$V_eI_e\sin\varphi$

第10章

〈電磁方程式篇〉

馬克士威方程組

馬克士威方程組為電磁學的基礎方程式。第10章中，我們會先列出這個基礎方程組的積分形式，然後運用數學中的散度定理與旋度定理，轉換成微分形式。並整理出使用散度算子的電場與磁場靜態方程式，以及使用旋度算子的電場與磁場含時方程式。

引入位移電流

電流會形成閉迴路。含有電容器的迴路中，導線的傳導電流與電容器內部的位移電流會形成閉迴路。

電磁學的系統化

電磁現象可用庫侖定律、高斯磁定律（磁通量守恆定律）、安培定律以及法拉第的電磁感應定律描述。1864年時，馬克士威（英國）把電磁現象整理成了4個方程式，將電磁學系統化。本節將介紹馬克士威的兩大著名貢獻，引入位移電流以推廣安培定律，以及預言電磁波的存在（**上圖**）。

電容器內位移電流產生的磁場

依照安培定律，沿著包圍電流I之閉曲線C，將電流I所形成之磁場分量線積分的結果，會等於電流I，如下。

$$\oint_C \boldsymbol{H} \cdot \mathrm{d}\boldsymbol{\ell} = \int_S \boldsymbol{j} \cdot \mathrm{d}\boldsymbol{S} = I \qquad (10\text{-}1\text{-}1)$$

電流I亦等於以閉曲線C為邊界之任意曲面S的面積分。但如果電路中有電容（**下圖**），由於通過電容內部之曲面S_2的面積分為零，使方程式出現矛盾。有電流時，移動的電荷會讓電容器內的電場隨時間改變。假設電容器的電荷為Q［C］，電極板面積為S［m^2］，那麼電通量密度為D［$\mathrm{C/m}^2$］$=-Q/S$。電流通過時，電容器的電荷會減少，設**圖**中電流I的方向為正，可以得到以下關係式。

$$I_\mathrm{d}(t) = -\frac{\mathrm{d}Q(t)}{\mathrm{d}t} = S\frac{\mathrm{d}D(t)}{\mathrm{d}t} \qquad (10\text{-}1\text{-}2)$$

這條式子加上式（10-1-1）後可視為安培定律的推廣。這裡的$I_\mathrm{d}(t)$［A］稱為位移電流（電通量電流）。

MEMO 與傳導電流不同，位移電流（displacement current）並非電荷的移動所產生的電流，而是電通量隨時間改變而產生的假想電流。

馬克士威的貢獻──電磁學的系統化

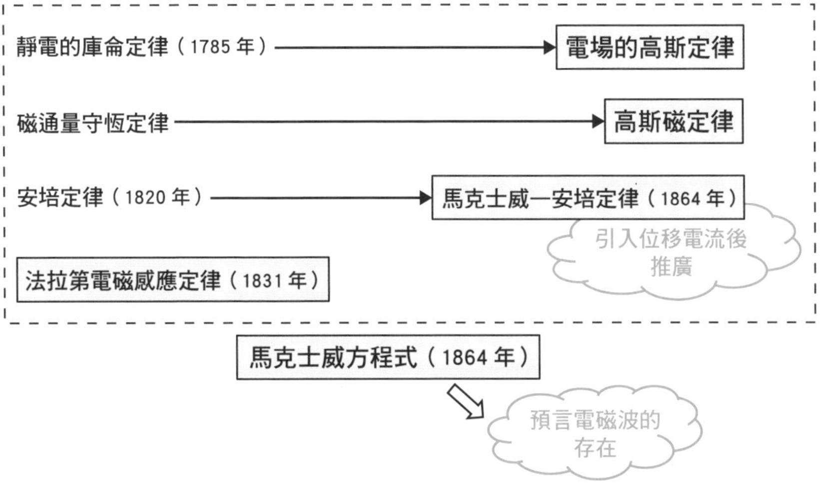

電容器內的電流

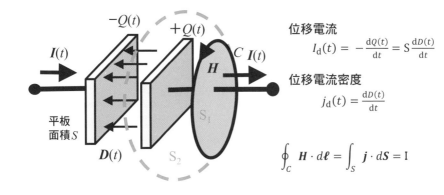

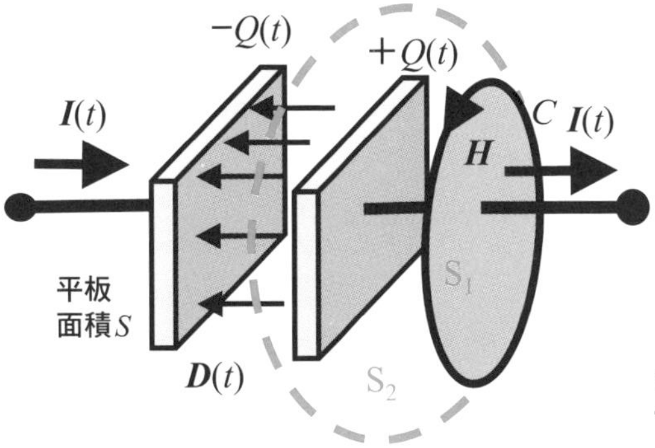

位移電流

$$I_d(t) = -\frac{dQ(t)}{dt} = S\frac{dD(t)}{dt}$$

位移電流密度

$$j_d(t) = \frac{dD(t)}{dt}$$

$$\oint_C \boldsymbol{H} \cdot d\boldsymbol{\ell} = \int_S \boldsymbol{j} \cdot d\boldsymbol{S} = \mathrm{I}$$

安培定律的推廣

沿著 S_1 曲面邊界C的磁場線積分，與通過 S_1 曲面的傳導電流 $I(t)$ 成正比
沿著 S_2 曲面邊界C的磁場線積分，與通過 S_2 曲面的電通量密度 $D(t)$ 的時間變化率（位移電流）成正比

安培定律的推廣

引入電通量隨時間之變化的概念，定義其為位移電流，可將安培定律中磁場與電流的關係一般化。

含有位移電流的定律

計算位移電流密度$j_d(t,r)$時，可由前節式（10-1-2）的I_d除以面積S求得。

$$\boldsymbol{j}_{\mathrm{d}}(t,\boldsymbol{r}) = \frac{\partial \boldsymbol{D}(t,\boldsymbol{r})}{\partial t} \quad (10\text{-}2\text{-}1)$$

電場D為時間與空間座標的函數，上式的微分為與時間有關的偏微分（固定空間座標，僅對時間微分）。

電流與磁場強度的關係可透過安培定律描述。不過傳導電流密度與其他電通量密度的變化（位移電流）也會產生磁場，為了描述這些磁場，需推廣安培定律。引入位移電流密度項$\partial \boldsymbol{D}/\partial t$的一般化安培定律（馬克士威一安培定律）中，假設電流密度為$\boldsymbol{j}$［$\mathrm{A/m^2}$］，磁場強度為$\boldsymbol{H}$［A/m］，可得到積分形式與微分形式如下（**上圖**）。

$$\oint_C \boldsymbol{H} \cdot \mathrm{d}\boldsymbol{\ell} = \int_S \left(\boldsymbol{j} + \frac{\partial}{\partial t}\boldsymbol{D}\right) \cdot \mathrm{d}\boldsymbol{S} \quad (10\text{-}2\text{-}2)$$

$$\nabla \times \boldsymbol{H} = \boldsymbol{j} + \frac{\partial}{\partial t}\boldsymbol{D} \quad (10\text{-}2\text{-}3)$$

電荷守恆定律

推廣後的安培定律可進一步推導出電荷守恆定律（**下圖**）。對式（10-2-3）等號兩邊取散度（∇・），由向量恆等式$\nabla \cdot \nabla \times \boldsymbol{H} = 0$，與高斯定律$\nabla \cdot \boldsymbol{D} = \rho_e$，以及引入的位移電流概念，可得到以下關係式。

$$\partial \rho_{\mathrm{e}}/\partial t + \nabla \cdot \boldsymbol{j} = 0 \quad (10\text{-}2\text{-}4)$$

並可進一步導出電荷守恆定律。

MEMO　考慮到隨時間變動的電磁場後，可將原本靜磁場與穩定電流的關係（安培定律），推廣為馬克士威一安培定律。

安培定律的一般化

安培定律

$$\oint_C \boldsymbol{H}\cdot d\boldsymbol{\ell}=\int_S \boldsymbol{j}\cdot d\boldsymbol{S}$$

一般化的安培定律

$$\oint_C \boldsymbol{H}\cdot d\boldsymbol{\ell}=\int_S \left(\boldsymbol{j}+\frac{\partial}{\partial t}\boldsymbol{D}\right)\cdot d\boldsymbol{S}$$ （積分形式）

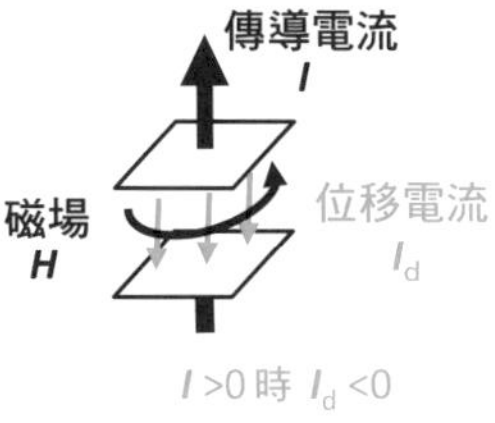

斯托克斯旋度定理

由 $\oint_C \boldsymbol{H}\cdot d\boldsymbol{\ell}=\int_S (\nabla\times\boldsymbol{H})\cdot d\boldsymbol{S}$ 可得到

$$\nabla\times\boldsymbol{H}=\boldsymbol{j}+\frac{\partial}{\partial t}\boldsymbol{D}$$ （微分形式）

電荷守恆定律

一般化的安培定律

$$\nabla\times\boldsymbol{H}=\boldsymbol{j}+\frac{\partial}{\partial t}\boldsymbol{D}$$

$\nabla\cdot\boldsymbol{D}=\rho_e$（高斯定律）

$\nabla\cdot\nabla\times\boldsymbol{H}=0$（恆等式）

$$\nabla\cdot\nabla\times\boldsymbol{H}=\nabla\cdot\boldsymbol{j}+\frac{\partial}{\partial t}\nabla\cdot\boldsymbol{D}=\nabla\cdot\boldsymbol{j}+\frac{\partial}{\partial t}\rho_e=0$$

變動電流的電荷守恆定律

$$\boxed{\frac{\partial}{\partial t}\rho_e+\nabla\cdot\boldsymbol{j}=0}$$

$$\rho_e=-ne$$
$$\boldsymbol{j}=\rho_e\boldsymbol{v}$$

穩定電流的電荷守恆定律

$$\nabla\cdot\boldsymbol{j}=0$$

【參考】

與流體移動速度相同時，
密度變化如下。

$$\frac{D}{Dt}\rho_e\equiv\frac{\partial}{\partial t}\rho_e+\nabla\rho_e\cdot\boldsymbol{v}=-\rho_e\nabla\cdot\boldsymbol{v}$$

本式有用到連續的特性（電荷守恆定律）。
若為密度固定的流體（非壓縮性流體），
上式等號左邊＝0，故 $\nabla\cdot\boldsymbol{v}=0$

10-3 〈電磁方程式篇〉

積分形式的馬克士威方程組①

與電磁學有關的馬克士威方程組，由4個方程式構成。本節將介紹與靜電場及靜磁場有關的2個高斯定律積分形式。

電場的高斯定律（庫侖定律）

電通量會從有電荷的地方冒出，或者消失於有電荷的地方。在沒有電荷的地方，電通量保持固定（**上圖**）。這就是庫侖定律，也可以說是與電荷有關的高斯定律。電荷輻射出的電通量可決定電荷量，設電通量密度為$\boldsymbol{D}$［C/m^2］，電荷密度ρ_e［C/m^3］，那麼進出某閉曲面S之電通量，以及該閉曲面內體積V與電荷量的關係式如下。

$$\int_S \boldsymbol{D} \cdot d\boldsymbol{S} = \int_V \rho_e dV = Q \quad (10\text{-}3\text{-}1)$$

一個最簡單的例子是，半徑r［m］的球面S中心，有電荷Q［C］。此時球面的面積為$4\pi r^2$，球面上的D值固定，可得到$4\pi r^2 D = Q$。

高斯磁定律（磁通量守恆定律）

與電力線的規則不同，磁力線不會從某個點輻射出來，或者匯集到某個點上（**下圖**）。這是因為，電場中有單獨存在的正電荷與負電荷，磁場中卻沒有單獨存在的N極磁荷與S極磁荷，也就是說，磁單極並不存在。所以磁力線不會從某個點往外輻射，或者輻射進入某個點。事實上，閉曲面內的磁力線進出總和為零，這就是磁通量守恆定律。故可得到，對於任意閉曲面S而言，磁通量密度$\boldsymbol{B}$［Wb/m^2］在微小曲面的法線方向上之投影$\boldsymbol{B} \cdot d\boldsymbol{S}$的面積分為零。

$$\int_S \boldsymbol{B} \cdot d\boldsymbol{S} = 0 \quad (10\text{-}3\text{-}2)$$

MEMO　電場或磁場的高斯定律，可以用任意閉曲面的面積分來表示，分別與電通量守恆定律及磁通量守恆定律有關。

電場的高斯定律（庫侖定律）

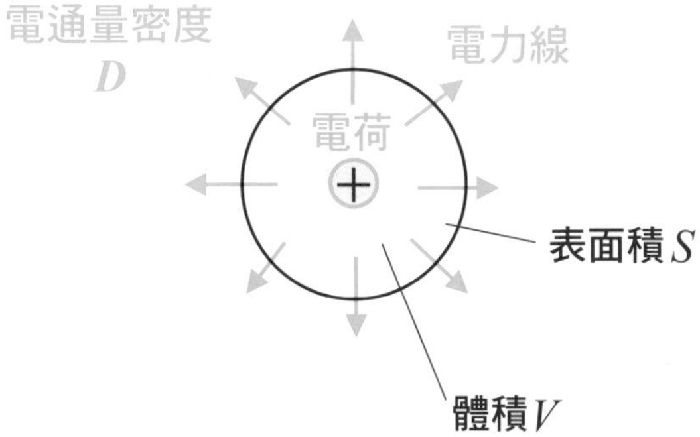

$$\int_S \boldsymbol{D} \cdot \mathrm{d}\boldsymbol{S} = \int_V \rho_e \mathrm{d}V$$

電通量出入之差異即為電荷

高斯磁定律（磁通量守恆定律）

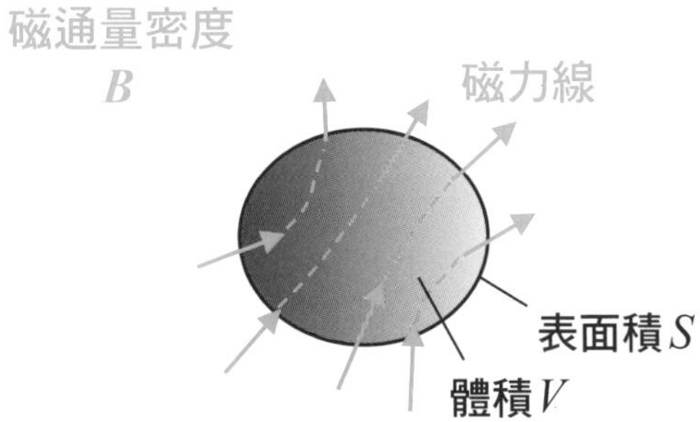

$$\int_S \boldsymbol{B} \cdot \mathrm{d}\boldsymbol{S} = 0$$

磁通量的出入必為零

積分形式的馬克士威方程組②

電場隨時間的變化可生成磁場；磁場隨時間的變化可生成電場。前節列出的方程式中將這2個現象整理成了2個變動電磁場的關係式。

馬克士威－安培定律

奧斯特定律描述的是電流的磁作用。安培定律則是描述一般情況下，電流與磁場強度在數量上的關係。不過，除了考慮一般電流產生的磁場之外，也要考慮到位移電流（電通量密度的時間變化）產生的磁場。引入位移電流$\partial \boldsymbol{D}/\partial t$後，一般化的安培定律（馬克士威－安培定律）説明了磁場強度$\boldsymbol{H}$［A/m］沿著任意閉迴路C之線積分，以及以C為邊界之任意曲面的電流密度$\boldsymbol{j}$［A/m^2］之面積分，如下所示（**上圖**）。

$$\oint_C \boldsymbol{H}\cdot \mathrm{d}\boldsymbol{\ell} = \int_S \left(\boldsymbol{j} + \frac{\partial}{\partial t}\boldsymbol{D}\right)\cdot \mathrm{d}\boldsymbol{S} \qquad (10\text{-}4\text{-}1)$$

法拉第的電磁感應定律

磁通量密度隨時間的變化$\partial \boldsymbol{B}/\partial t$可生成電場$\boldsymbol{E}$。這就是法拉第電磁感應定律。可用類似式（10-4-1）的方式表示成積分形式如下（**下圖**）。

$$\oint_C \boldsymbol{E}\cdot \mathrm{d}\boldsymbol{\ell} = \int_S \left(\frac{\partial}{\partial t}\boldsymbol{B}\right)\cdot \mathrm{d}\boldsymbol{S} \qquad (10\text{-}4\text{-}2)$$

包含前節內容在內，我們提到的4個方程式就是馬克士威方程式。在均勻介質中，電通量密度$\boldsymbol{D}$與電場強度$\boldsymbol{E}$的關係，以及磁通量密度$\boldsymbol{B}$與磁場強度$\boldsymbol{H}$的關係，可寫成以下關係式。其中ε為電容率，μ為磁導率。

$$\boldsymbol{D} = \varepsilon \boldsymbol{E} \qquad (10\text{-}4\text{-}3)$$

$$\boldsymbol{B} = \mu \boldsymbol{H} \qquad (10\text{-}4\text{-}4)$$

MEMO　馬克士威－安培定律與法拉第電磁感應定律描述的是電場或磁場隨時間的變化。

馬克士威－安培定律

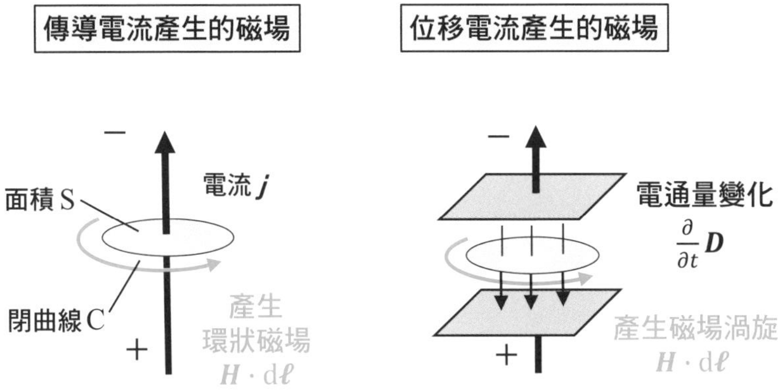

$$\oint_C \boldsymbol{H} \cdot d\boldsymbol{\ell} = \int_S \left(\boldsymbol{j} + \frac{\partial}{\partial t}\boldsymbol{D}\right) \cdot d\boldsymbol{S}$$

法拉第電磁感應定律

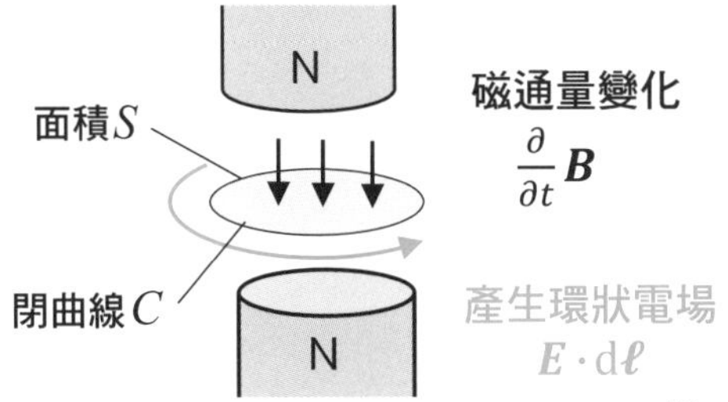

$$\oint_C \boldsymbol{E} \cdot d\boldsymbol{\ell} = \int_S \left(\frac{\partial}{\partial t}\boldsymbol{B}\right) \cdot d\boldsymbol{S}$$

$\boldsymbol{D} = \varepsilon \boldsymbol{E}$

$\boldsymbol{B} = \mu \boldsymbol{H}$

ε與μ在真空中可表示為純量的ε_0與μ_0，不過一般情況下需寫成張量形式。

高斯散度定理

要將馬克士威方程式的積分形式轉變成微分形式，需使用2個數學定理。本節要介紹的是其中之一——高斯散度定理。

高斯散度定理（數學定理）

向量分析中，向量$\boldsymbol{A}$與倒三角算子∇的內積$\nabla \cdot \boldsymbol{A}$，稱為$\boldsymbol{A}$的散度，可寫做div$\boldsymbol{A}$，表示向量$\boldsymbol{A}$的發散或收斂程度。另外，下一節會提到外積$\nabla \times \boldsymbol{A}$為$\boldsymbol{A}$的旋度，可寫做rot$\boldsymbol{A}$，表示向量$\boldsymbol{A}$的漩渦狀程度。

高斯散度定理描述的是向量散度體積分的性質。簡單來說，『閉曲面S包裹住的區域V內，向量場$\boldsymbol{A}$的散度的體積分，等於閉曲面S上向量場$\boldsymbol{A}$的面積分』，能以數學式表示如下。

$$\int_V \nabla \cdot \boldsymbol{A} dV = \int_S \boldsymbol{A} \cdot d\boldsymbol{S} \qquad (10\text{-}5\text{-}1)$$

亦能以直角坐標表示如下。

$$\nabla \cdot \boldsymbol{A} = \begin{pmatrix} \frac{\partial}{\partial x} \\ \frac{\partial}{\partial y} \\ \frac{\partial}{\partial z} \end{pmatrix} \cdot \begin{pmatrix} A\mathrm{x} \\ A\mathrm{y} \\ A\mathrm{z} \end{pmatrix} = \frac{\partial A_\mathrm{x}}{\partial x} + \frac{\partial A_\mathrm{y}}{\partial y} + \frac{\partial A_\mathrm{z}}{\partial z} \qquad (10\text{-}5\text{-}2)$$

算子div表示有多少向量流出（或流入）。數學上的證明可參考**上圖**。

散度在計算上的意義

以電場$\boldsymbol{E}$為例，當$\nabla \cdot \boldsymbol{E} > 0$時，表示電力線往外輻射射出；當div$\boldsymbol{E} < 0$時，表示電力線往內輻射射入。式（10-5-1）等號左邊為向量流入、流出的體積分，等號右邊則表示從表面射入、射出之向量。方程式顯示數學上兩者會相等。我們可以由積分形式的散度定理推導出微分形式的散度定理（**下圖**）。

MEMO 卡爾・弗瑞德呂希・高斯（德國，1777～1855年）在數學、天文學、電磁學等許多領域都留下了貢獻。

高斯散度定理的意思

$$\int_V \mathrm{div}\boldsymbol{A}\mathrm{d}V = \int_S \boldsymbol{A}\cdot\mathrm{d}\boldsymbol{S}$$

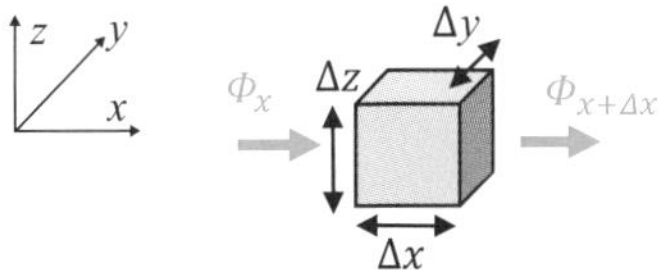

從 x 與 $x+\Delta x$ 的面流出之通量的差異為

$$\Phi_{x+\Delta x} - \Phi_x = \left(\frac{\partial E_x}{\partial x}\Delta x\right)\Delta y\Delta z$$

這是因為 $\Phi_x = \Delta E_x(x,y,z)\Delta y\Delta z$

$\Phi_{x+\Delta x} = \Delta E_x(x+\Delta x,y,z)\Delta y\Delta z$

將其泰勒展開，可以得到 $\Delta E_x(x+\Delta x,y,z) \cong \Delta E_x(x,y,z) + \dfrac{\partial E_x}{\partial x}\Delta x$，

再進一步推導出上式。

用同樣的方式計算 zx 面、xy 面流出的電場向量，可以得到

$$\begin{aligned}\mathrm{d}\Phi &= \left(\frac{\partial E_x}{\partial x}\Delta x\right)\Delta y\Delta z + \left(\frac{\partial E_y}{\partial y}\Delta y\right)\Delta z\Delta x + \left(\frac{\partial E_z}{\partial z}\Delta z\right)\Delta x\Delta y \\ &= \left(\frac{\partial E_x}{\partial x} + \frac{\partial E_y}{\partial y} + \frac{\partial E_z}{\partial z}\right)\Delta x\Delta y\Delta z \quad = \nabla\cdot\boldsymbol{E}\ \ \Delta V\end{aligned}$$

將這些微小體積的流出通量加總後，相鄰的流出與流入可彼此抵消，
最後只剩下周圍表面的流出。
高斯散度定理中，等號左邊為微小體積的加總，即體積分；
等號右邊為表面的總流出量。

將高斯散度定理應用於高斯定律

電場的高斯定律

$$\int_S \boldsymbol{D}\cdot\mathrm{d}\boldsymbol{S} = \int_V \rho_e \mathrm{d}V$$

voice

高斯散度定理

$$\int_V \nabla\cdot\boldsymbol{D}\mathrm{d}V = \int_S \boldsymbol{D}\cdot\mathrm{d}\boldsymbol{S}$$

電場的高斯定律（微分形式）

$$\boxed{\nabla\cdot\boldsymbol{D} = \rho_e}$$

高斯磁定律

$$\int_S \boldsymbol{B}\cdot\mathrm{d}\boldsymbol{S} = 0$$

高斯散度定理

$$\int_V \nabla\cdot\boldsymbol{B}\mathrm{d}V = \int_S \boldsymbol{B}\cdot\mathrm{d}\boldsymbol{S}$$

高斯磁定律（微分形式）

$$\boxed{\nabla\cdot\boldsymbol{B} = 0}$$

斯托克斯旋度定理

本節要介紹的是另一個重要定理，與漩渦及閉曲線積分有關的斯托克斯定理。

斯托克斯旋度定理

要描述向量$\boldsymbol{A}$的漩渦狀程度時，可使用∇（nabla）算子，計算$\nabla \times \boldsymbol{A}$。計算結果為$\boldsymbol{A}$的旋度，也寫做rot$\boldsymbol{A}$或curl$\boldsymbol{A}$。斯托克斯定理與向量旋度的面積分有關。簡單來說，『以閉曲線C為邊界的曲面S上，向量場$\boldsymbol{A}$的旋度的面積分，等於閉曲線C上向量場$\boldsymbol{A}$的線積分』。

$$\int_S \nabla \times \boldsymbol{A} \cdot \mathrm{d}\boldsymbol{S} = \int_C \boldsymbol{A} \cdot \mathrm{d}\boldsymbol{\ell} \qquad (10\text{-}6\text{-}1)$$

解讀上式意義時，可假設一個xy平面上的微小四邊形（面元素）邊緣的閉曲線線積分（**上圖**）。如**右頁**所示，這個線積分的結果會等於$\nabla \times \boldsymbol{A}$在與$z$軸垂直的面上的面積分。$yz$平面、$zx$平面也可以用同樣的方式得到類似關係式，這些微小平面加總可得到曲面S，故可得到式（10-6-1）的等號左邊。另一方面，微小面元素的閉曲線積分加總後，相鄰的線積分結果會彼此抵消，只剩下邊界上的積分結果，這就是等號右邊，相當於漩渦的計算結果。

斯托克斯旋度定理以及其應用

我們可以透過高斯的散度定理，將馬克士威方程式中，積分形式的電場高斯定律與高斯磁定律，轉換成微分形式。

剩下的2個方程式為馬克士威－安培定律與法拉第電磁感應定律的積分形式，這兩者可透過斯托克斯旋度定理轉換成微分形式（**下圖**）。這裡會用到「閉曲線積分等於以該閉曲線為邊界之任意曲面的面積分」的性質。

MEMO　喬治・加布里埃爾・斯托克斯（1819～1903年）為愛爾蘭的數學家、物理學家。以黏性流體的研究著名。

斯托克斯旋度定理的意思

$$\int_S \mathrm{rot}\boldsymbol{A}\cdot \mathrm{d}\boldsymbol{S} = \int_C \boldsymbol{A}\cdot \mathrm{d}\boldsymbol{\ell}$$

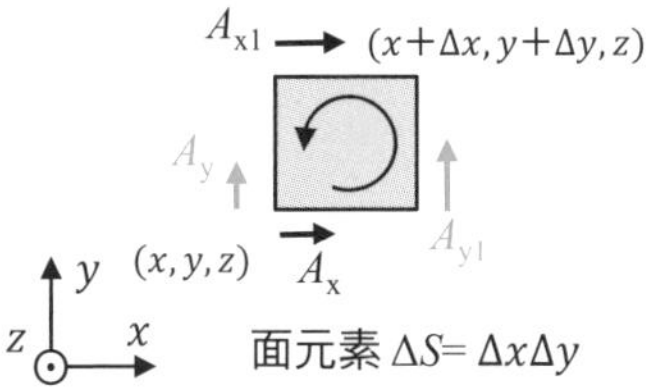

考慮 xy 座標上的閉曲線積分，
積分結果為 z 軸方向。設逆時針方向為正。

$$\oint_{\mathrm{Ci}} \boldsymbol{A}\cdot \mathrm{d}\boldsymbol{l} = A_x\Delta x + A_{y1}\Delta y - A_{x1}\Delta x - A_y\Delta y$$

由泰勒展開可以知道

$$A_{y1} \cong A_y + \frac{\partial A_y}{\partial x}\Delta x + \cdots$$

$$A_{x1} \cong A_x + \frac{\partial A_x}{\partial y}\Delta y + \cdots \text{ 所以}$$

$$\oint_{\mathrm{Ci}} \boldsymbol{A}\cdot \mathrm{d}\boldsymbol{l} = \frac{\partial A_y}{\partial x}\Delta x\Delta y - \frac{\partial A_x}{\partial y}\Delta y\Delta x$$

$$= \left(\frac{\partial A_y}{\partial x} - \frac{\partial A_x}{\partial y}\right)\Delta x\Delta y = (\nabla \times \boldsymbol{A})_z\,\Delta S$$

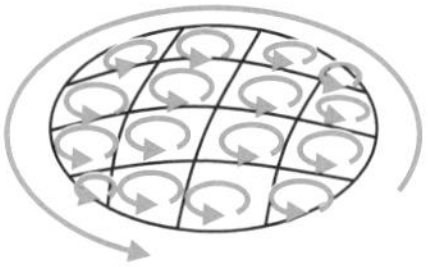

$$\oint_C \boldsymbol{A}\cdot \mathrm{d}\boldsymbol{l} = \lim_{N\to\infty}\left(\sum_{i=1}^{N}\oint_{C_i}\boldsymbol{A}\cdot \mathrm{d}\boldsymbol{l}\right) = \lim_{N\to\infty}\left(\sum_{i=1}^{N}(\nabla\times\boldsymbol{A})\cdot\Delta\boldsymbol{S}\right) = \int_S (\nabla\times\boldsymbol{A})\cdot \mathrm{d}\boldsymbol{S}$$

斯托克斯旋度定理的應用

馬克士威─安培定律

$$\oint_C \boldsymbol{H}\cdot \mathrm{d}\boldsymbol{\ell} = \int_S \left(\boldsymbol{j} + \frac{\partial}{\partial t}\boldsymbol{D}\right)\cdot \mathrm{d}S$$

斯托克斯定理

$$\int_S \nabla\times\boldsymbol{H}\cdot \mathrm{d}\boldsymbol{S} = \int_C \boldsymbol{H}\cdot \mathrm{d}\boldsymbol{\ell}$$

$$\boxed{\nabla\times\boldsymbol{H} = \boldsymbol{j} + \frac{\partial}{\partial t}\boldsymbol{D}}$$

法拉第電磁感應定律

$$\oint_C \boldsymbol{E}\cdot \mathrm{d}\boldsymbol{\ell} = \int_S \left(\frac{\partial}{\partial t}\boldsymbol{B}\right)\cdot \mathrm{d}\boldsymbol{S}$$

斯托克斯定理

$$\int_S \nabla\times\boldsymbol{E}\cdot \mathrm{d}\boldsymbol{S} = \int_C \boldsymbol{E}\cdot \mathrm{d}\boldsymbol{\ell}$$

$$\boxed{\nabla\times\boldsymbol{E} = -\frac{\partial}{\partial t}\boldsymbol{B}}$$

微分形式的馬克士威方程組

由前面幾節的內容可以知道，運用高斯散度定理與斯托克斯旋度定理，可以將馬克士威方程式的積分形式，改寫成描述局部的微分形式。

馬克士威方程組的整理

馬克士威方程組由4個方程式構成，10-3**節**與10-4**節**為積分形式，以下為變形後的微分形式。

$$\nabla \cdot \boldsymbol{D} = \rho_{\mathrm{e}} \tag{10-7-1}$$

$$\nabla \cdot \boldsymbol{B} = 0 \tag{10-7-2}$$

$$\nabla \times \boldsymbol{H} = \boldsymbol{j} + \frac{\partial}{\partial t}\boldsymbol{D} \tag{10-7-3}$$

$$\nabla \times \boldsymbol{E} = -\frac{\partial}{\partial t}\boldsymbol{B} \tag{10-7-4}$$

前2個方程式對應的是電場的高斯定律（庫侖定律）及高斯磁定律（磁通量守恆定律）。剩下2個方程式對應的是馬克士威—安培定律及法拉第電磁感應定律。在均勻介質內，電容率ε、磁導率μ可由以下公式計算出來。

$$\boldsymbol{D} = \varepsilon \boldsymbol{E} \text{ 、 } \boldsymbol{B} = \mu \boldsymbol{H} \tag{10-7-5}$$

基礎方程式與未知數

電磁場由$\boldsymbol{E}$（或$\boldsymbol{D}$）與$\boldsymbol{B}$（或$\boldsymbol{H}$）2個向量×3個分量＝6個未知分量決定。另一方面，基礎方程式中，給定電荷密度ρ_{e}與電流密度$\boldsymbol{j}$，可寫出2個純量積方程式（高斯定律），與2個向量積方程式（一般化安培定律與電磁感應定律）各3個分量，共8個方程式，看起來似乎是多了2個方程式。事實上，2個散度的方程式在此為「向量隨時間變動率之方程式的6個未知數」的邊界條件。

MEMO　微觀下的基礎方程式有時間反演對稱性。歐姆定律或熵增加定律等巨觀定律則沒有反演對稱性。

馬克士威方程式整理

電場的高斯定律

電通量密度 $\boldsymbol{D}$
（電荷輻射出
電力線）

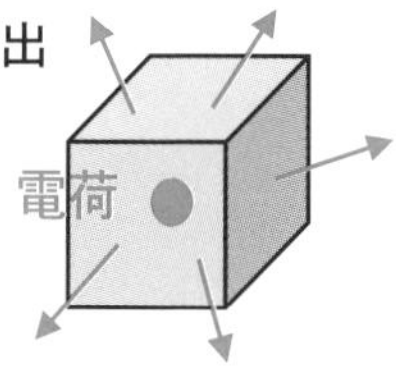

$$\nabla \cdot \boldsymbol{D} = \rho_e$$

高斯磁定律

磁通量密度 $\boldsymbol{B}$
（磁通量守恆）

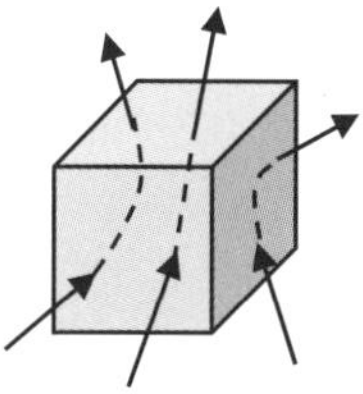

$$\nabla \cdot \boldsymbol{B} = 0$$

馬克士威－安培定律

電流 $\boldsymbol{j}$ 或
電通量密度變化 $\frac{\partial}{\partial t}\boldsymbol{D}$

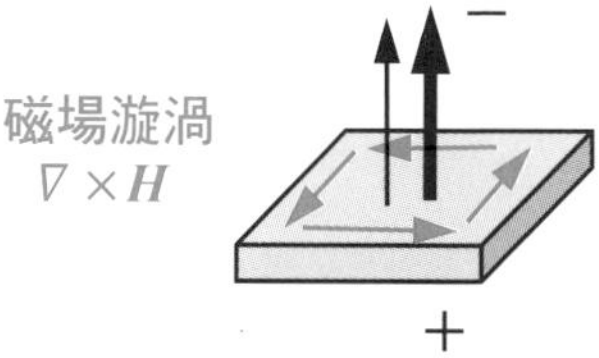

$$\nabla \times H = \boldsymbol{j} + \frac{\partial}{\partial t}\boldsymbol{D}$$

電通量密度變化為位移電流

法拉第定律

磁通量密度變化
$-\frac{\partial}{\partial t}\boldsymbol{B}$

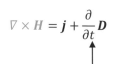

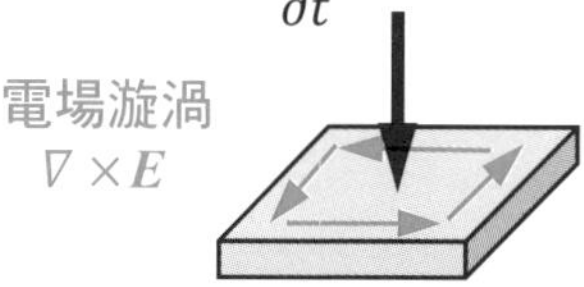

$$\nabla \times E = -\frac{\partial}{\partial t}\boldsymbol{B}$$

磁通量密度變化為負向

四選一選擇題

答案在下下頁

問題10.1　有單極的馬克士威方程式是什麼？

現實中尚未確認到磁單極的存在，若假設磁單極存在，那麼以下4個馬克士威方程式中，該改寫哪些方程式？又該如何改寫呢？（可複選）

① $\nabla \cdot \boldsymbol{D} = \rho_e$　② $\nabla \cdot \boldsymbol{B} = 0$　③ $\nabla \times \boldsymbol{H} = \boldsymbol{j} + \partial \boldsymbol{D}/\partial t$　④ $\nabla \times \boldsymbol{E} = -\partial \boldsymbol{B}/\partial t$

問題10.2　電場與磁場的時間反演對稱是什麼？

將空間座標r置換成$-r$，稱為空間反演；將時間座標t置換成$-t$，稱為時間反演。假設電荷密度$\rho(r,t)$在空間反演與時間反演後仍不變，那麼在時間反演操作後，電場$\boldsymbol{E}(r,t)$與磁場$\boldsymbol{B}(r,t)$會如何改變？

① 電場會反轉　② 磁場會反轉

③ 電場與磁場都會反轉　④ 都不會反轉

【提示】從馬克士威方程組的角度切入。

COLUMN

磁單極存在嗎!?

統一描述電場與磁場的馬克士威方程組展現出了高度對稱性，但電場與磁場卻有著不同的性質。電場由電荷生成，磁場卻沒有對應的生成源頭（磁單極）。磁場有對應的電流，電場卻沒有對應的流（磁流）。近年來，有人指出宇宙誕生初期的大霹靂膨脹過程（相轉移）中，可能產生以點狀缺損形式存在的磁單極。我們周圍雖然不存在磁單極，不過來自宇宙的宇宙射線中，或許可以發現它們的存在。現在科學家們仍在積極尋找磁單極。

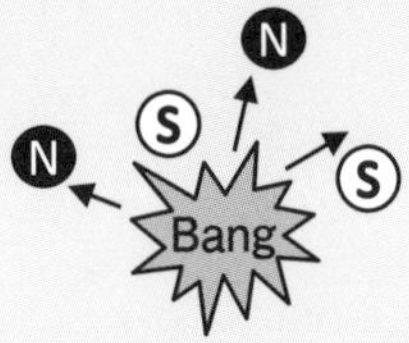

本章問題

每個問題分別對應到各節內容／答案在下一頁

10-1 面積S［m^2］的平行板電容器內，當電通量密度$\boldsymbol{D}$［C/m^2］時，位移電流定義為 $\boldsymbol{I}_d$＝　［單位］。在引入位移電流後， 人名 定律得以一般化。

10-2 設電通量密度為$\boldsymbol{D}$［C/m^2］，則位移電流密度為 $\boldsymbol{j}_d$＝　［單位］。引入這個概念的 人名 定律，相當於 　 守恆定律。

10-3 電場高斯定律的積分形式為 　＝　，高斯磁定律的積分形式為 　＝　。後者相當於 　 守恆定律。

10-4 馬克士威—安培定律的積分形式為 　＝　，法拉第電磁感應定律的積分形式為 　＝　。

10-5 $\nabla\cdot\boldsymbol{A}$稱為向量$\boldsymbol{A}$的 　。『閉曲面$S$包裹住的區域$V$內，向量場$\boldsymbol{A}$的散度的體積分，等於閉曲面$S$上向量場$A$的面積分』為 人名 定理，數學式可寫成 　＝　。

10-6 $\nabla\times\boldsymbol{A}$稱為向量$\boldsymbol{A}$的 　。『以閉曲線C為邊界的曲面$S$上，向量場$\boldsymbol{A}$的旋度的面積分，等於閉曲線C上向量場$\boldsymbol{A}$的線積分』為 人名 ，數學式可寫成 　＝　。

10-7 馬克士威方程式的微分形式包括 　＝　、　＝　、　＝　、　＝　。

答案

答案10.1　② 的等號右邊應加上磁荷密度。④ 的等號右邊應加上磁流密度項。

【解說】假設磁荷密度為ρ_m與磁流密度為j_m，則馬克士威方程式會變成這樣

$\nabla\cdot\boldsymbol{D}=\rho_e$ ，　$\nabla\cdot\boldsymbol{B}=\rho_m$ ，　$\nabla\times\boldsymbol{H}=\boldsymbol{j}+\partial\boldsymbol{D}/\partial t$ ，　$\nabla\times\boldsymbol{E}=-\boldsymbol{j}_m-\partial\boldsymbol{B}/\partial t$

電場與磁場彼此對稱（狄拉克的理論）。經改變的2個式子再套用向量恆等式$\nabla\cdot\nabla\times\boldsymbol{E}=0$，可以得到磁荷守恆定律$\partial\rho_m/\partial t+\nabla\cdot\boldsymbol{j}_m=0$。或許某個地方存在有磁單極的宇宙。

答案10.2　②

【解說】電場高斯定律中，即使反轉時間，電場$\boldsymbol{E}(r,t)$的正負號也不會反轉（反轉空間的話，電場便會反轉）。安培定律推廣後得到的電荷守恆定律（10-2-4）式中，反轉時間後，電流密度$\boldsymbol{j}(r,t)$的正負號也會反轉，由電流產生的磁場也會跟著反轉。法拉第的電磁感應定律也一樣，反轉時間後，磁場會跟著反轉。由以上內容可以知道，馬克士威方程組本身保有時間反演對稱性。勞侖茲力也保有對稱性。

【參考】一般來說，微觀系統中，時間轉換對稱性會成立。以撞擊等阻力為基礎的規則，譬如巨觀系統中的歐姆定律，就不會有時間轉換對稱性。順帶一提，反轉空間時，電場會反轉，磁場不變。當時間與空間兩者皆反轉時，電場與磁場都會反轉。

本章問題答案（滿分20分，目標14分以上）

（10-1）$\boldsymbol{I}_d=S\mathrm{d}\boldsymbol{D}(t)/\mathrm{d}t$ [A]、安培

（10-2）$\boldsymbol{j}_d=\partial\boldsymbol{D}/\partial t$ [A/m^2]、馬克士威－安培定律、電荷

（10-3）$\int_S\boldsymbol{D}\cdot\mathrm{d}\boldsymbol{S}=\int_V\rho_e\mathrm{d}V=Q$、$\int_S\boldsymbol{B}\cdot\mathrm{d}\boldsymbol{S}=0$、磁通量

（10-4）$\oint_C\boldsymbol{H}\cdot\mathrm{d}\boldsymbol{\ell}=\int_S(\boldsymbol{j}+\partial\boldsymbol{D}/\partial t)\cdot\mathrm{d}\boldsymbol{S}$、$\oint_C\boldsymbol{E}\cdot\mathrm{d}\boldsymbol{\ell}=\int_S(\partial\boldsymbol{B}/\partial t)\cdot\mathrm{d}\boldsymbol{S}$

（10-5）散度、高斯、$\int_V\nabla\cdot\boldsymbol{A}\mathrm{d}V=\int_S\boldsymbol{A}\cdot\mathrm{d}\boldsymbol{S}$

（10-6）旋度、斯托克斯、$\int_S\nabla\times\boldsymbol{A}\cdot\mathrm{d}\boldsymbol{S}=\int_C\boldsymbol{A}\cdot\mathrm{d}\boldsymbol{\ell}$

（10-7）$\nabla\cdot\boldsymbol{D}=\rho_e$、$\nabla\cdot\boldsymbol{B}=0$、$\nabla\times\boldsymbol{H}=\boldsymbol{j}+\partial\boldsymbol{D}/\partial t$、$\nabla\times\boldsymbol{E}=-\partial\boldsymbol{B}/\partial t$

第 11 章

〈電磁方程式篇〉

電磁波

馬克士威方程組預言了電磁波的存在，且電磁波會以光速前進。第11章中會推導電磁波的波動方程式，介紹電磁波的能量與頻率的關係，並依頻率為電磁波分類。本章還會說明電磁場的能量守恆，並提到電磁學中神奇的弔詭現象。

電磁波的波動方程式

電荷振動時會生成電流與磁場，也會生成電磁波，在空間中傳播。

波動方程式

設電荷密度ρ_e、電流密度$\boldsymbol{j}$為零，列出真空中的馬克士威方程組，對$\nabla\times\boldsymbol{E}$與$\nabla\times\boldsymbol{B}$這2個式子取旋度（$\nabla\times$），可得以下方程式（過程見**右頁**）。

$$\nabla\cdot\nabla\boldsymbol{E}=\frac{\partial}{\partial t}\nabla\times\boldsymbol{B}=\varepsilon_0\mu_0\frac{\partial^2}{\partial t^2}\boldsymbol{E} \tag{11-1-1a}$$

$$\nabla\cdot\nabla\boldsymbol{B}=-\varepsilon_0\mu_0\frac{\partial}{\partial t}\nabla\times\boldsymbol{E}=\varepsilon_0\mu_0\frac{\partial^2}{\partial t^2}\boldsymbol{B} \tag{11-1-1b}$$

這2個方程式顯示，對空間的二階偏微分，與對時間的二階偏微分成正比。這表示電場或磁場會以波的形式傳播，這2個方程式就是波動方程式。空間與時間的比值相當於速度，所以空間與時間的二階偏微分係數，相當於波的傳播速度的平方。以電磁波為例，這個比值會是光速的平方（$c^2=1/\varepsilon_0\mu_0$）。

一維平面波的例子

以在x方向上傳播的一維平面波為例，電場與磁場可簡化為$\boldsymbol{E}=(0,E_y(x,t),0)$、$\boldsymbol{B}=(0,0,B_z(x,t))$，進一步推導出下式。

$$\frac{1}{c^2}\frac{\partial^2}{\partial t^2}E_y=\frac{\partial^2}{\partial x^2}E_y\ ,\qquad \frac{1}{c^2}\frac{\partial^2}{\partial t^2}B_z=\frac{\partial^2}{\partial x^2}B_z \tag{11-1-2}$$

求解時，設相速度為$\omega/k=c=E_0/B_0$，可得到電波與磁波如下。

$$E_y=E_0\sin(kx-\omega t+\delta)\quad ,\quad B_z=B_0\sin(kx-\omega t+\delta) \tag{11-1-3}$$

這裡的E_0與B_0為電波與磁波的振幅，k為波數，ω為角頻率，δ為初相位。這個行進波的示意圖如**右頁**所示。

MEMO 相速度為ω/k，群速度為$d\omega/dk$。介質中的光，相速度可能會超過光速。不過傳遞資訊的群速度不可能超過光速。

電場與磁場的波動方程式

真空中

$$\nabla \cdot \boldsymbol{E} = \frac{\rho_e}{\varepsilon_0} \to 0$$

$$\nabla \cdot \boldsymbol{B} = 0$$

$$\nabla \times \boldsymbol{B} = \mu_0 \boldsymbol{j} + \varepsilon_0 \mu_0 \frac{\partial}{\partial t}\boldsymbol{E} \quad (\mu_0\boldsymbol{j} \to 0)$$

$$\nabla \times \boldsymbol{E} = -\frac{\partial}{\partial t}\boldsymbol{B}$$

套用向量公式 $\nabla \times \nabla \times \boldsymbol{A} = \nabla(\nabla \cdot \boldsymbol{A}) - \nabla \cdot \nabla \boldsymbol{A}$

$$\xrightarrow{\nabla\times} \quad \nabla(\nabla \cdot \boldsymbol{B}) - \nabla \cdot \nabla \boldsymbol{B} = \varepsilon_0 \mu_0 \frac{\partial}{\partial t} \nabla \times \boldsymbol{E} \quad (\nabla \cdot \boldsymbol{B} \to 0)$$

$$\xrightarrow{\nabla\times} \quad \nabla(\nabla \cdot \boldsymbol{E}) - \nabla \cdot \nabla \boldsymbol{E} = -\frac{\partial}{\partial t} \nabla \times \boldsymbol{B} \quad (\nabla \cdot \boldsymbol{E} \to 0)$$

$$\boxed{\begin{aligned} \nabla \cdot \nabla \boldsymbol{E} &= \varepsilon_0 \mu_0 \frac{\partial^2}{\partial t^2}\boldsymbol{E} \\ \nabla \cdot \nabla \boldsymbol{B} &= \varepsilon_0 \mu_0 \frac{\partial^2}{\partial t^2}\boldsymbol{B} \end{aligned}}$$

$$\varepsilon_0 \mu_0 = 1/c^2$$

$$\frac{1}{c^2}\frac{\partial^2}{\partial t^2} f = \frac{\partial^2}{\partial x^2} f$$

這也叫做波動方程式，一般解為

$$f(x,t) = g(x - ct) + h(x + ct)$$

前進波　　後退波

一維平面波時

$\boldsymbol{E} = (0, E_y(x,t), 0)$、$\boldsymbol{B} = (0, 0, B_z(x,t))$

$$\frac{1}{c^2}\frac{\partial^2}{\partial t^2} E_y = \frac{\partial^2}{\partial x^2} E_y \ , \qquad \frac{1}{c^2}\frac{\partial^2}{\partial t^2} B_z = \frac{\partial^2}{\partial x^2} B_z$$

$$E_y = E_0 \sin(kx - \omega t + \delta) \ , \qquad B_z = B_0 \sin(kx - \omega t + \delta)$$

相速度 $\dfrac{\omega}{k} = c = \dfrac{E_0}{B_0}$

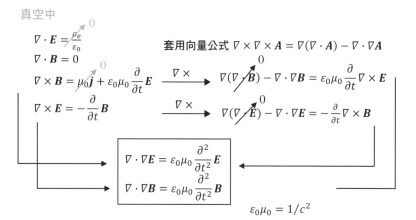

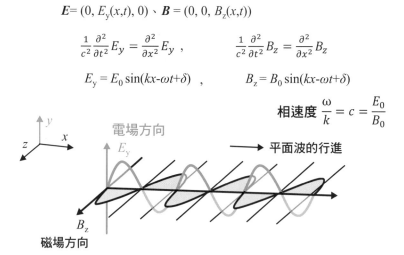

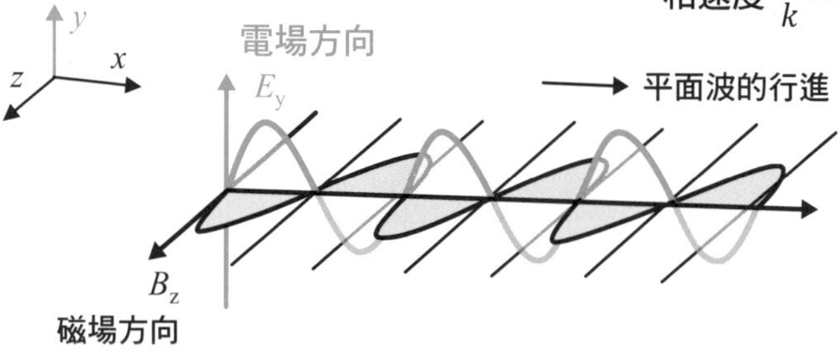

電磁波的生成

現代社會中，電磁波廣泛應用於資訊通信領域。本節整理了電磁波存在的預言，以及赫茲的實證實驗。

電磁波的傳播

如同馬克士威方程組所示，空間內的磁場變動會依式（10-7-4）生成電場；電場的變動則會依式（10-7-3）生成磁場。生成的磁場若出現變動，又會再生成電場。電磁波就是靠這種連鎖效應傳播出去（**上圖**）。電磁波在真空中會以光的速度傳播。電荷上下振動時，電場會跟著振動，並產生電流。電流會產生磁場，並產生電磁波（橫波），以波的形式傳播出去。這就像是在水面上放一顆有重量的球，使球上下振動，水面波就會往外傳播。不過，水面波需要介質，電磁波則可在真空中傳播。電磁場本質為場，電磁波的波動與愛因斯坦預言的重力場的波動（重力波）類似。科學家於2015年時成功檢測到重力波，這是在愛因斯坦預言重力波存在的百年後。

赫茲的實證實驗

1864年，馬克士威預言了電磁波的存在。1888年，德國物理學家赫茲透過實驗，證明了電磁波的存在。

準備感應線圈以生成高壓電，在二次端留下間隙以產生火花放電。火花放電會產生電磁波，另外用有微小間隙的金屬環（**赫茲共振器**）來接收電磁波。將金屬環轉到適當角度時，間隙會產生火花，確認金屬環有接收到電磁波（**下圖**）。接著赫茲組合了各種金屬製的拋物面鏡，進行電磁波的直線前進、反射、折射、干涉等實驗，確認到電磁波與光擁有相同性質。電磁波種類繁多，其中也包含了波長長達數公分以上的無線電波。接收這些電磁波時使用的天線，多為半波長的偶極天線或環形天線。

MEMO　海因里希・魯道夫・赫茲（德國，1857～1894年）發現了電磁波。SI制便以赫茲[Hz]做為頻率的單位。

磁場與電場的連鎖反應產生了電磁波，並使電磁波前進的示意圖

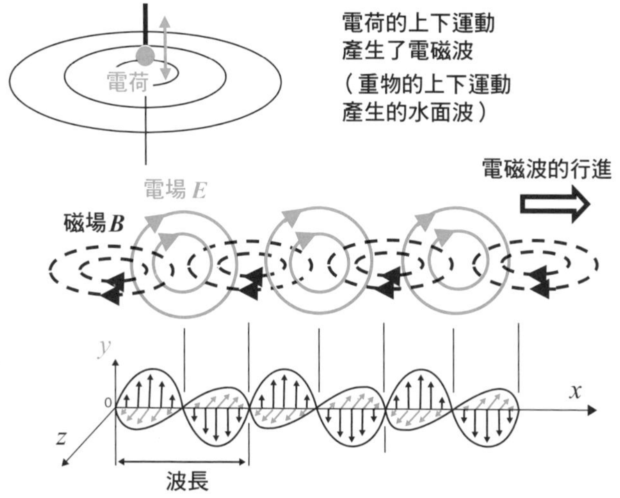

電磁波的確認

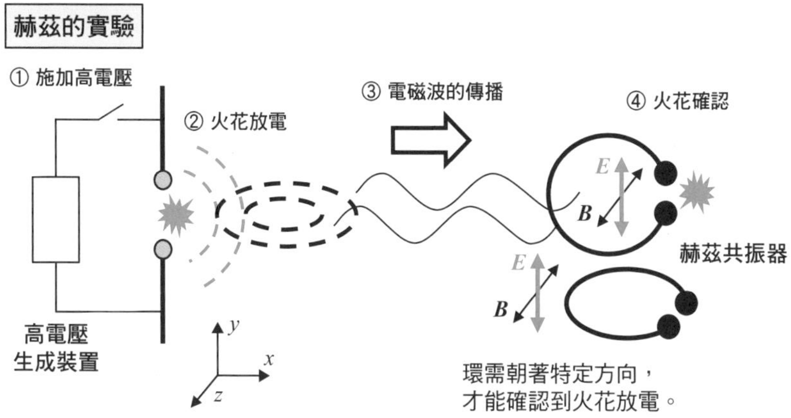

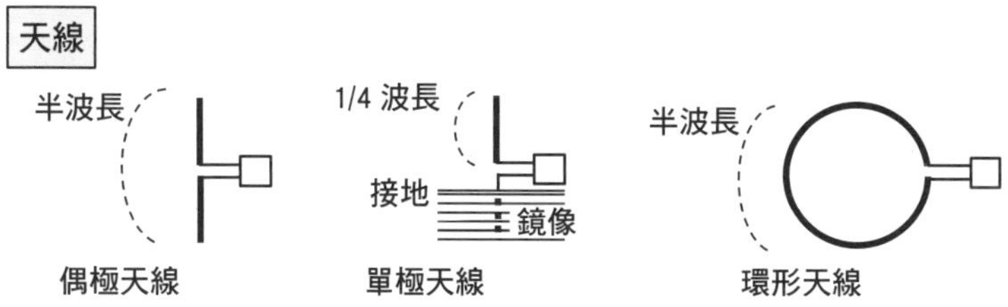

依頻率為電磁波分類

電磁波可以用頻率（波長）來分類。頻率與波長的乘積為電磁波的相速度，相當於光速。

各種電磁波

電磁波的種類相當多樣。電磁波的角頻率為$\omega=2\pi f$（f為頻率［Hz］），波數為$k=2\pi/\lambda$（λ為波長［m］），相速度c可用角頻率與波數表示，為固定值($c=\omega/k=\lambda f$)。我們可以依照波長或頻率，將電磁波分成無線電波、紅外線、可見光、紫外線、X射線、γ射線等（**上圖**）。波長的常用單位如1nm（奈米）＝10^{-9}m，頻率的常用單位如1THz（太赫）＝10^{12}Hz＝$10^{12}s^{-1}$。無線電波可依照波長由長到短（頻率由小到大）分為超長波、長波、中波、短波、超短波、微波。舉例來說，微波爐使用的電磁波頻率為2.45GHz（吉赫，10^9Hz），屬於微波，波長約12cm。紅外線的波長範圍為750nm～1mm（400THz～300GHz），可用於紅外線加熱器。可見光的波長為400～750nm（750～400THz），為陽光的主要成分。譬如綠光的波長約為500nm，頻率約為600THz。

光是粒子還是波？

光是電磁波（光波）也是粒子（光子），同時擁有雙重性質（**下圖**）。設1個頻率為ν（希臘字母的nu）的光子能量為ε（希臘字母的epsilon），那麼$\varepsilon=h\nu=hc/\lambda$。這裡的$h$為普朗克常數($6.6\times10^{-34}$Js)，$c$為光速，$\lambda$（希臘字母的lambda）為波長。500nm的綠光，$\nu=6\times10^{14}/s$，所以$\varepsilon=4\times10^{-19}$J。1個電子經1伏特的加速後，能量為1eV(電子伏特)＝1.6×10^{-19}J。故綠光光子的能量相當於2.5eV。普朗克常數為量子理論中特殊且重要的物理常數。2019年時，SI制改用普朗克常數來定義公斤（**1-8節**）。

MEMO　在日本，一般會用「振動數」來表示物理性振動運動或波動運動的頻率。而在工程領域，會用「周波數」來描述波動的頻率。

各種電磁波

電磁波的能量與頻率（或波長的倒數）成正比。

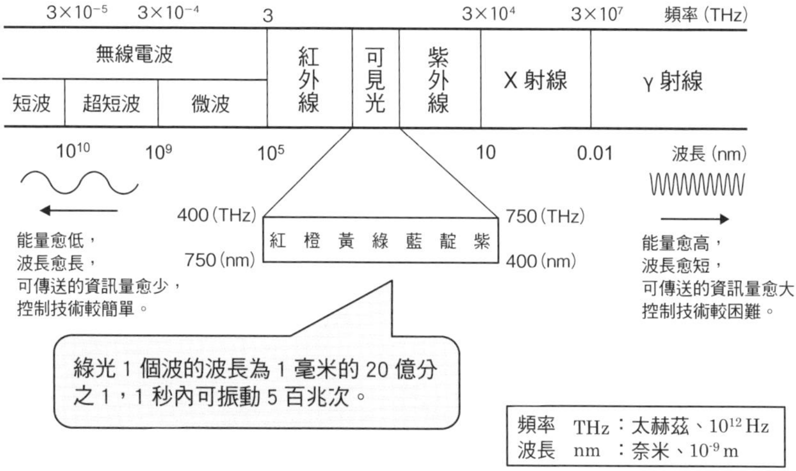

光的波粒二相性

光的波動性　光的多狹縫干涉實驗
（光有波的性質＝光波）
（楊格）

光的粒子性　光電效應時有電子飛出
（光有粒子性質＝光子）
（愛因斯坦）

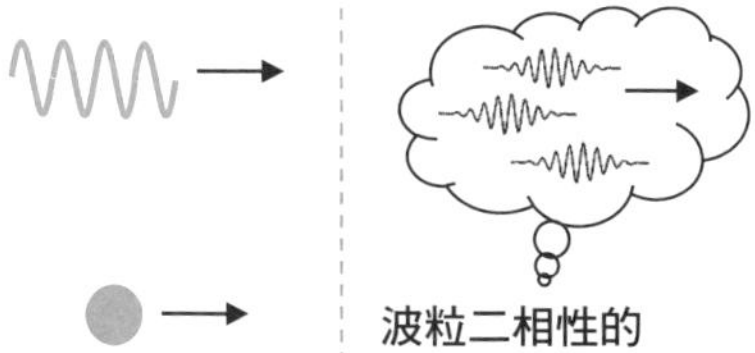

波粒二相性的示意圖

1 個光子的能量 ε[J]

$$\varepsilon = h\nu = hc / \lambda$$

h　普朗克常數 ($6.662607015 \times 10^{-34}$Js) 定義出來的固定數值
ν　頻率 (s^{-1}=Hz)
λ　波長 (m)
c　光速 (299,792,458m/s) 定義出來的固定數值

電磁波的能量

電磁波會以光速傳播。電力會以導線做為介質，在導線內以電磁波的形式傳播。

電磁波的能量守恆

電容器的能量為（1/2）CV^2。若除以電容器電場的體積，可得到電場能量密度u_E，等於$(1/2)\varepsilon_0 E^2$如式（4-6-3）所示。同樣的，線圈（電感）的能量為（1/2）LI^2。由式（8-6-3）可以知道，電感的磁場能量密度u_B會是（$1/2\mu_0$）B^2。一般而言，電磁場的能量密度u會是兩者的和。

$$u = u_E + u_B = \frac{\varepsilon_0}{2}E^2 + \frac{1}{2\mu_0}B^2 \qquad (11\text{-}4\text{-}1)$$

電磁場能量密度的流動，可以表示成電場$\boldsymbol{E}$［V/m］與磁場$\boldsymbol{H}$［A/m］的外積，稱為坡印廷向量$\boldsymbol{S}$［W/m^2］。

$$\boldsymbol{S} = \boldsymbol{E} \times \boldsymbol{H} \qquad (11\text{-}4\text{-}2)$$

由馬克士威方程組與向量的微分演算公式，取能量密度流量的散度後，可以得到電磁場的能量守恆定律如下（**右頁**）。

$$\frac{\partial u}{\partial t} + \nabla \cdot \boldsymbol{S} = -\boldsymbol{E} \cdot \boldsymbol{j} \qquad (11\text{-}4\text{-}3)$$

等號左邊為能量密度u隨時間的變化率，以及能量流動$\boldsymbol{S}$的湧出量，等號右邊則是焦耳熱的損耗。

坡印廷向量的例子

考慮導體內電流能量的流動。假設周圍的電場$\boldsymbol{E}$方向為電流方向，磁場$\boldsymbol{H}$方向為螺線方向（環狀方向），那麼坡印廷向量$\boldsymbol{S}$便朝著導線中心（**下圖**）。焦耳熱的損耗，可由這個坡印廷向量補上。

MEMO　約翰・亨利・坡印廷（1852～1914年）為英國的物理學家。注意不是Pointing，而是Poynting vector。

電磁場的能量守恆

$$\nabla \cdot \boldsymbol{E} = \frac{\rho_e}{\varepsilon_0}$$
$$\nabla \cdot \boldsymbol{B} = 0$$
$$\nabla \times \boldsymbol{B} = \mu_0 \boldsymbol{j} + \varepsilon_0 \mu_0 \frac{\partial}{\partial t}\boldsymbol{E}$$
$$\nabla \times \boldsymbol{E} = -\frac{\partial}{\partial t}\boldsymbol{B}$$

$$\boldsymbol{B} \cdot (\nabla \times \boldsymbol{E}) = -\boldsymbol{B} \cdot \frac{\partial}{\partial t}\boldsymbol{B}$$
$$\boldsymbol{E} \cdot (\nabla \times \boldsymbol{B}) = \mu_0 \boldsymbol{E} \cdot \boldsymbol{j} + \varepsilon_0 \mu_0 \boldsymbol{E} \cdot \frac{\partial}{\partial t}\boldsymbol{E}$$

由向量公式 $\nabla \cdot (\boldsymbol{E} \times \boldsymbol{B}) = \boldsymbol{B} \cdot (\nabla \times \boldsymbol{E}) - \boldsymbol{E} \cdot (\nabla \times \boldsymbol{B})$ 可以得到

$$\frac{1}{\mu_0}\nabla \cdot (\boldsymbol{E} \times \boldsymbol{B}) = -\boldsymbol{E} \cdot \boldsymbol{j} - \varepsilon_0 \boldsymbol{E} \cdot \frac{\partial}{\partial t}\boldsymbol{E} - \frac{1}{\mu_0}\boldsymbol{B} \cdot \frac{\partial}{\partial t}\boldsymbol{B}$$

$$-\frac{\partial u}{\partial t}$$

因為 $u = u_{\mathrm{E}} + u_{\mathrm{B}} = \frac{\varepsilon_0}{2}\boldsymbol{E}^2 + \frac{1}{2\mu_0}\boldsymbol{B}^2$，$\boldsymbol{S} = \frac{1}{\mu_0}\boldsymbol{E} \times \boldsymbol{B} = \boldsymbol{E} \times \boldsymbol{H}$，可以得到

坡印廷向量

$$\boxed{\frac{\partial u}{\partial t} + \nabla \cdot \boldsymbol{S} = -\boldsymbol{E} \cdot \boldsymbol{j}}$$

電磁能量密度隨時間的變化率

電磁能量密度流量的散度

焦耳熱損耗

坡印廷向量的例子

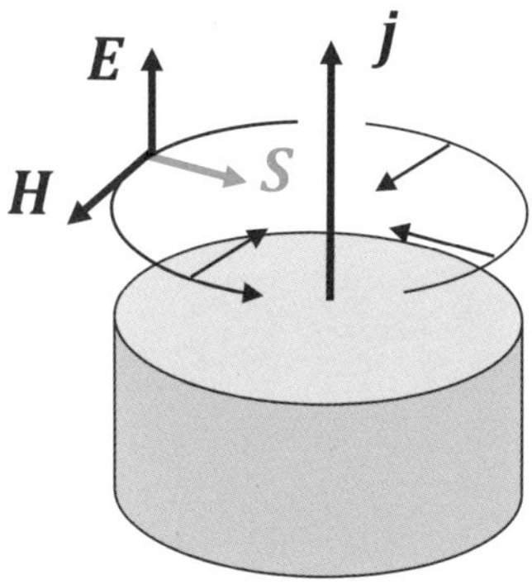

假設導體內
電流方向朝上

導體內電場 $\boldsymbol{E}$ 也朝上，
磁場強度 $\boldsymbol{H}$ 方向為螺線方向

則坡印廷向量 $\boldsymbol{S}$ 朝向中心

能量以坡印廷向量的形式，從表面往內流入

純量位與向量位

在3-4節中，我們用靜電位來描述靜電場。本節將定義電磁位（向量A與純量ϕ），統一描述包括磁場在內的電磁場。

電場與磁場的表示方式

磁場方面，由磁場的高斯定律$\nabla\cdot\boldsymbol{B}=0$與恆等式$\nabla\cdot(\nabla\times\boldsymbol{A})\equiv 0$可以得到以下結果。

$$\boldsymbol{B}=\nabla\times\boldsymbol{A} \tag{11-5-1}$$

這也是向量位$\boldsymbol{A}$的定義。對於磁場$\boldsymbol{B}$，我們可以定義其周圍的螺線向量$\boldsymbol{A}$。其中，$\boldsymbol{A}$有可加上$\nabla\lambda$的自由度。使用式（11-5-1）的法拉第定律，可定義電場如下（**上圖**）。

$$\boldsymbol{E}=-\nabla\phi-\frac{\partial}{\partial t}\boldsymbol{A} \tag{11-5-2}$$

純量位ϕ可替換成$\phi\text{-}\partial\lambda/\partial t$。

規範條件

上述電磁位$\boldsymbol{A}$與ϕ的定義，再加上馬克士威—安培定律、電場高斯定律，可寫出方程式。電磁位原本便有其自由度，加上條件（規範條件）之後，才能確定其數值。這裡可以使用庫侖規範或勞侖次規範，後者會用到處理四維時空時使用的達朗貝爾算子□，將馬克士威方程組的2個波動式表示如下（**下圖**）。

$$\Box\boldsymbol{A}=\mu_0\boldsymbol{j}\ ,\quad \Box\phi=\frac{\rho_e}{\varepsilon_0} \tag{11-5-3}$$

量子電磁力學與相對論性電磁力學會使用這些式子，證明勞侖茲變換下，任意慣性系統（等速運動系統）都會遵守相同的物理定律（協變性原理）。

MEMO　將可觀測物理量以電磁位等數學性的規範函數表示。即使條件改變，物理方程式也不會改變，此時便稱其為規範不變。

電磁位

磁場

高斯磁定律

$\nabla \cdot \boldsymbol{B} = 0$ → $\boldsymbol{B} = \nabla \times \boldsymbol{A}$

運用向量恆等式
$\nabla \cdot (\nabla \times \boldsymbol{A}) \equiv 0$

$\boldsymbol{A}$ ：向量位
$\boldsymbol{A} \to \boldsymbol{A} + \nabla\lambda$ 亦滿足條件
$\nabla \times \nabla\lambda \equiv 0$

$$\oint_C \boldsymbol{H} \cdot d\boldsymbol{\ell} = \int_S \boldsymbol{j} \cdot d\boldsymbol{S} = I$$

$(\nabla \times \boldsymbol{H} = \boldsymbol{j})$

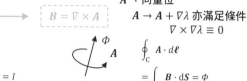

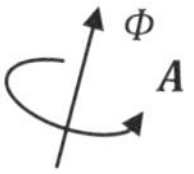

$$\oint_C \boldsymbol{A} \cdot d\boldsymbol{\ell} = \int_S \boldsymbol{B} \cdot d\boldsymbol{S} = \Phi$$

$(\nabla \times \boldsymbol{A} = \boldsymbol{B})$

靜電場（限定） $\boldsymbol{E} = -\nabla\phi$ 　ϕ：純量位

變動電場

法拉第定律

$$\nabla \times \boldsymbol{E} = -\frac{\partial}{\partial t}\boldsymbol{B} \to \boldsymbol{E} = -\nabla\phi - \frac{\partial}{\partial t}\boldsymbol{A}$$

$$\nabla \times (\boldsymbol{E} + \frac{\partial}{\partial t}\boldsymbol{A}) = 0$$

運用向量恆等式
$\nabla \times \nabla\phi \equiv 0$

$\phi \to \phi - \frac{\partial}{\partial t}\boldsymbol{\lambda}$
亦滿足條件

規範變換

馬克士威－安培定律

$$\nabla \times B = \mu_0 \boldsymbol{j} + \varepsilon_0\mu_0 \frac{\partial}{\partial t}E \to \nabla \times \nabla \times A = \mu_0 \boldsymbol{j} - \frac{1}{c^2}(\frac{\partial}{\partial t}\nabla\phi + \frac{\partial^2}{\partial t^2}\boldsymbol{A})$$

運用向量公式
$\nabla \times \nabla \times \boldsymbol{A} = \nabla(\nabla \cdot \boldsymbol{A}) - \nabla \cdot \nabla\boldsymbol{A}$

電場高斯定律

$$\nabla \cdot E = \frac{\rho_e}{\varepsilon_0} \to -\nabla \cdot \nabla\phi - \frac{\partial}{\partial t}\nabla \cdot A = \frac{\rho_e}{\varepsilon_0}$$

$$-\nabla \cdot \nabla\boldsymbol{A} + \frac{1}{c^2}\frac{\partial^2}{\partial t^2}\boldsymbol{A} + \nabla(\nabla \cdot A + \frac{1}{c^2}\frac{\partial}{\partial t}\nabla\phi) = \mu_0 \boldsymbol{j}$$

$$-\nabla \cdot \nabla\phi + \frac{1}{c^2}\frac{\partial^2}{\partial t^2}\phi - \frac{\partial}{\partial t}(\nabla \cdot A + \frac{1}{c^2}\frac{\partial}{\partial t}\phi) = \frac{\rho_e}{\varepsilon_0}$$

勞侖次規範
$\nabla \cdot \boldsymbol{A} + \frac{1}{c^2}\frac{\partial}{\partial t}\phi = 0$

庫侖規範
$\nabla \cdot \boldsymbol{A} = 0$

馬克士威方程式

$$\Box\boldsymbol{A} = \mu_0 \boldsymbol{j}$$
$$\Box\phi = \frac{\rho_e}{\varepsilon_0}$$

$\Box \equiv \frac{1}{c^2}\frac{\partial^2}{\partial t^2} - \nabla \cdot \nabla$ 達朗貝爾算子（d'Alembert operator）

11-6 勞侖茲變換

伽利略變換下的絕對時間無法解釋電磁波，需在勞侖茲變換下，考慮時間延遲與長度縮短的相對論性時間，才能解釋電磁波。

電磁波與勞侖茲變換

古典力學中，伽利略變換下的速度加法規則成立。然而，電磁波速度並不適用於伽利略變換，而是需要使用相速度（光速）固定的新變換方式（勞侖茲變換）（**上圖**）。1887年的邁克生－莫雷實驗中，證明了「不管從哪個慣性系統（等速運動系統）中觀察，光速皆固定」這個不同於一般常識的事實。

在勞侖茲變換之後，以速度v運動的物體，長度會縮短成$1/\gamma$倍（$\gamma > 1$），時間則會被拉長。這裡的γ（gamma）值也叫做勞侖茲因子，若光速為c，則以下關係式成立。

$$\gamma = \frac{1}{\sqrt{1-(v/c)^2}} \qquad (1 \leqq \gamma < \infty) \qquad (11\text{-}6\text{-}1)$$

導出勞侖茲因子

考慮靜止座標系S，以及以速度v等速運動的座標系S'。假設在S'中，有個垂直高度為L的房間，電磁波從P往上移動到Q。從任何一個座標系看來，電磁波的速度皆相同。所以在S與S'中，代表時間流逝的t與t'不同。設光速為c，那麼$L = ct'$。由S座標系看來，電磁波會移動較遠的距離，$\sqrt{L^2 + (vt)^2} = ct$。由這2個式子可以導出$t' = t/\gamma$。這表示，運動中系統的時間會過得比較慢（**下圖**）。

由以上描述可以知道，在以光速移動的系統中觀察光，光也不會停止，而是以光速移動。這種現象與下一節會提到的帶電粒子的運動、電磁場的弔詭有關。

MEMO　愛因斯坦的狹義相對論在歷史上的論文標題為「運動中物體的電磁學」，為電磁學領域的論文。

電磁波傳播的神奇之處

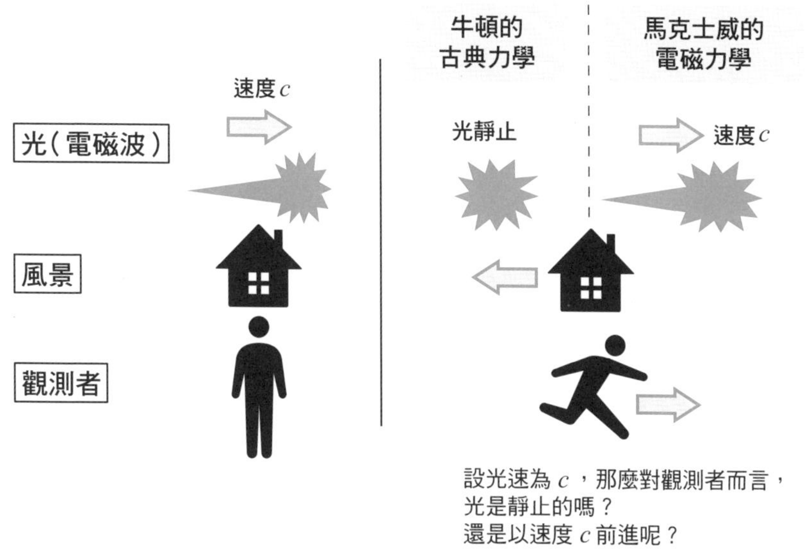

勞侖茲因子

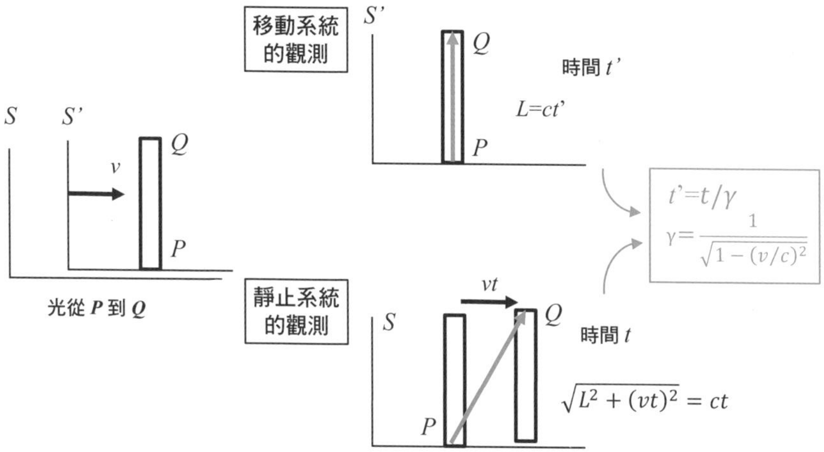

相對論性電磁學

隨著電磁學的發展，科學家們改用量子論的方式解釋磁性物體，改用相對論的方式解釋光與電磁波。

勞侖茲力弔詭

有電流通過的電線內部，帶正電的原子核靜止不動，動的是帶負電的電子，然而整體為電中性，不會產生外部電場。如圖所示，若有電流$\boldsymbol{I}$（$\boldsymbol{I}=\sigma\boldsymbol{v}$，線電荷密度$\sigma$，電子速度$\boldsymbol{v}$）通過導線，導線周圍會產生磁場$\boldsymbol{B}$。這時若將帶有電荷$q$的靜止粒子置於外部，這個帶電粒子並不會受到磁場的電磁力（勞侖茲力）作用。另一方面，從速度為$\boldsymbol{v}$且朝著電子前進方向移動的人看來，電子靜止不動，帶正電荷的原子核則是以速度v朝著反方向移動，並產生電流與磁場。這個人會認為外部的帶電粒子正在移動，應會受到磁場的電磁力作用。靜止系統看來，作用於外部帶電粒子的力為零；運動系統看來，作用於外部電子的力卻不是零，兩者間出現矛盾（**上圖**）。

相對論性解釋

這個矛盾稱為勞侖茲力弔詭，可用狹義相對論解釋。當物體以等速直線運動時，從外部看來，物體會朝著與運動方向相反的方向收縮（勞侖茲收縮）。所以從運動系統看來，反向運動的正電荷，密度看起來比原本的密度高；靜止不動的負電荷，密度看起來比原本的密度低，所以運動系統可以觀測到沿著半徑方向往外的電場$\boldsymbol{E}'$（**下圖**）。從靜止系統看來，導體內原子核間、電子間距離保持原樣，所以負電荷與正電荷的線密度相同，不會產生外部電場。因此，從運動系統觀測時，施加在外部帶電粒子的力包含電場產生的靜電力，以及磁場產生的磁力，兩者彼此抵消，就和靜止系統的觀測一樣，合力為零。

電磁學與相對論、量子理論的組合，目前仍應用在各式各樣的領域。

MEMO　相對論包括慣性系統（等速運動系統）的「狹義相對論」，以及含重力之加速運動系統的「廣義相對論」。

電磁場的矛盾

靜止系統

電流 I

磁場 B

外部電荷 q

外部電荷 q 靜止，
故磁力為零。

$E=0$
$B \neq 0$
$v=0$
$F=q(E+v \times B)=0$
勞侖茲力

矛盾

運動系統
（非相對論）

×

電流 I

磁場 B

磁力 qvB

電荷 q　速度 v

外部電荷 q 在移動，
故磁力不為零。

$E=0$
$B \neq 0$
$v \neq 0$
$F=q(E+v \times B) \neq 0$

相對論的解釋

運動系統
（相對論）

○

電流 I'

看起來間距縮短

磁場 B'

看起來間距拉長

電場 E'

磁力 qvB'

電荷 q　速度 v

靜電力 qE'

勞侖茲因子
$$\gamma = \frac{1}{\sqrt{1-\left(\frac{v}{c}\right)^2}}$$

電子的線密度 σ_e 降低，
原子核（離子）的
線密度 σ_i 增加，產生電場。

$\sigma'_e = \sigma_e/\gamma < \sigma_e$
$\sigma'_i = \sigma_i\gamma > \sigma_i$
　　γ 為勞侖茲因子

磁力與靜電力
達成平衡
故電荷受力的
合力為零。

$E' = \gamma(E+v \times B)$
$B' = \gamma(B-(v/c^2) \times E)$
$F = q(E'+v \times B') = 0$

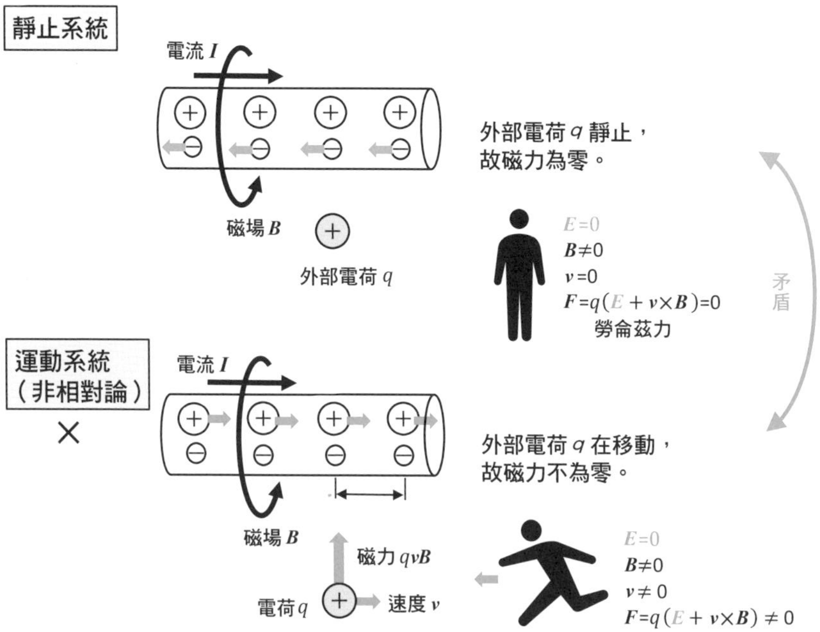

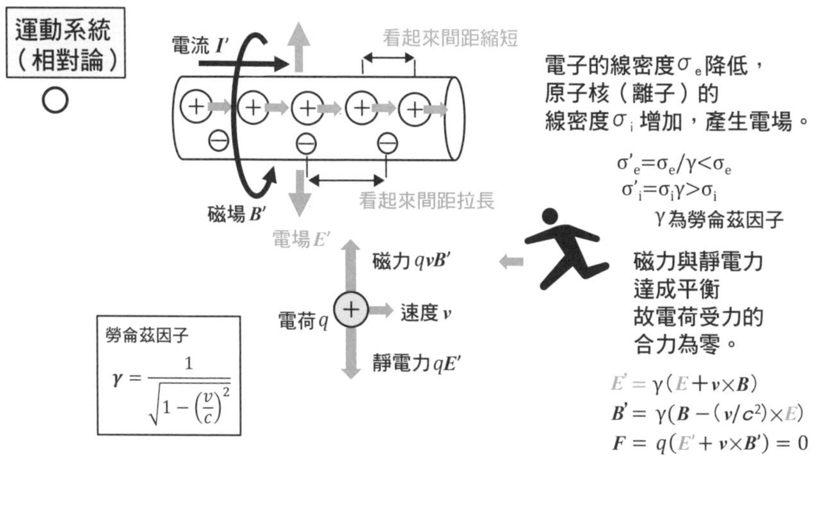

四選一選擇題

答案在下下頁

問題11.1　手機訊號的波長是多少？

無線電波通訊中，使用低頻率電磁波通訊較不易受到障礙物影響，長距離通訊也比較容易，但高頻率通訊可迅速傳輸大量資訊。手機無線電波使用的是800MHz到2GHz的電磁波，這些電磁波的波長大約是多少呢？

① 0.1mm　② 1mm　③ 1cm　④ 10cm

問題11.2　雷射筆的電場與磁場是多少？

有個雷射筆的光線直徑為2mm，功率為1mW。那麼這個光線的電場強度與磁通量密度大概是多少？

(1) 電場強度

① 300μV/m　② 30mV/m　③ 3V/m　④ 300V/m

(2) 磁場強度

① 10nT　② 1μT　③ 100μT　④ 10mT

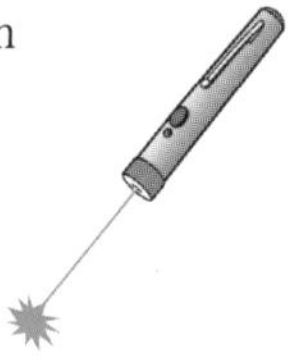

COLUMN

用弦與膜說明重力與電磁力的差異!?

相較於電磁力，重力在宇宙中的地位較重要。電磁力為雙極性（正或副、N或S），會彼此抵消，降低影響，且電荷會分散在表面，無法形成集中的電荷。基本粒子可以用「普朗克長度」的弦來表示。這些弦的振動、旋轉，會表現出粒子的特性。傳遞電磁力的光子，為自旋1的「開弦」；傳遞重力的重力子，為自旋2的「閉弦」。膜宇宙中的閉弦，大部分會逃向其餘維度，這可能就是重力交互作用那麼小的原因。

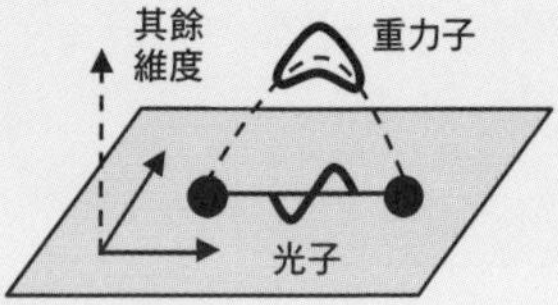

本章問題

每個問題分別對應到各節內容／答案在下一頁

11-1 朝著x方向傳播的電磁波，在y方向上的電場一維波動方程式中，E對時間的二階微分，與E對空間的二階微分成正比。相速度為光速c，故[　　＝　　]。一般解的波形為[　　　]。

11-2 [人名]預言了電磁波的存在。[人名]證實了電磁波的存在。以前的人們所使用的環形天線，直徑為電磁波波長的[　　　]，現在的人們所使用的單極天線，長度為波長的[　　　]。

11-3 電磁波的能量與[　　　]成正比。能量比紅外線低的電磁波為[　　　]。能量比紫外線高的電磁波，依序為[　　　]、[　　　]。

11-4 電場$\boldsymbol{E}$、磁場$\boldsymbol{B}$的電磁波能量密度U為[　　　單位]。電場$\boldsymbol{E}$、磁場$\boldsymbol{H}$的電磁波能量的流動可寫成[$\boldsymbol{S}=$　　　單位]。這也叫做[人名]向量。

11-5 設向量位為$\boldsymbol{A}$，純量位為$\boldsymbol{\Phi}$，那麼磁場為[$\boldsymbol{B}=$　　　]，電場為[$\boldsymbol{E}=$　　　]。這些位都有自由度，規範條件一般會使用[人名]規範。

11-6 設勞侖茲因子$\gamma(\geqq 1)$，以速度v移動的物體，長度會變成[　　　]倍，經過時間會變成[　　　]倍。這裡的[$\gamma=$　　　]。

11-7 即使導線內的電流可產生磁場，也不會對外部靜止電荷施力。但另一方面，從導體內的電子慣性座標系看來，原子核（正離子）會產生磁場，對運動中的外部電荷施力。這種矛盾可以用[　　　論]解釋。

答案

答案11.1 ④

【解說】電磁波的相速度c、頻率ν、波長λ的關係為$c = \lambda\nu$，所以當$\nu = 10^9$Hz (1GHz)時，$\lambda = c/\nu = 3 \times 10^8/(3.14 \times 10^9) = 0.1$m。

【參考】以前的手機中，有些機種使用的是1/4波長為數公分的單極天線。現在的智慧型手機則是使用板狀的「倒F型天線」。

答案11.2 (1) ④ (2) ②

【解說】1mJ/s的能量流，截面積為$\pi \times 0.001^2 = 3.14 \times 10^{-6}\text{m}^2$，故能量密度$u$的流動$S$為$S = 10^{-3}$ [Js^{-1}] $/(3.14 \times 10^{-6}$ [m^2] $) = 3.18 \times 10^2$ [$\text{Js}^{-1}\text{m}^{-2}$]。

設光速為c [m/s]，$S = cu$，$c = 3 \times 10^8$ [m/s]，故$u = S/c = 1.0 \times 10^{-6}$ [J/m^3]。因為

$u = u_E + u_B = \varepsilon_0 E^2/2 + B^2/2\mu_0$ $c = 1/\sqrt{\varepsilon_0\mu_0} = E/B$，故$u = \varepsilon_0 E^2$。因此，電場$E = \sqrt{1.0 \times 10^{-6}/8.85 \times 10^{-12}} = 3 \times 10^2$ [V/m]。磁通量密度為$B = E/c = 3 \times 10^2/3 \times 10^8 = 10^{-6}$ [T]

本章問題答案（滿分20分，目標14分以上）

（11-1）$(1/c^2)\partial^2 E/\partial t^2 = \partial^2 E/\partial x^2$、正弦波

（11-2）馬克士威、赫茲、一半、1/4

（11-3）頻率、無線電波、X射線、γ（gamma）射線

（11-4）$\varepsilon_0 E^2/2 + B^2/(2\mu_0)$ [J/m^3]、$\boldsymbol{S} = \boldsymbol{E} \times \boldsymbol{H}$ [W/m^2]、坡印廷向量

（11-5）$\boldsymbol{B} = \nabla \times \boldsymbol{A}$、$\boldsymbol{E} = -\nabla\phi - \partial\boldsymbol{A}/\partial t$、勞侖茲

（11-6）$1/\gamma$、γ、$\gamma = 1/\sqrt{1-(v/c)^2}$

（11-7）狹義相對論

資料篇

資料 1　本書使用的物理量符號

以下整理本書提到的電磁學重要物理符號。

物理符號	單位符號	中文名稱	MKSA制基本單位	物理量
I	A	安培	A	電流
Q	C	庫侖	A· s	電荷（電量）
V	V＝J/C	伏特	$kg\cdot m^2\cdot s^{-3}\cdot A^{-1}$	電壓、電位
P	W＝V· A	瓦	$kg\cdot m^2\cdot s^{-3}$	功率、輻射功率
R	Ω＝V/A	歐姆	$kg\cdot m^2\cdot s^{-3}\cdot A^{-2}$	電阻
Z	Ω＝V/A	歐姆	$kg\cdot m^2\cdot s^{-3}\cdot A^{-2}$	阻抗
X	Ω＝V/A	歐姆	$kg\cdot m^2\cdot s^{-3}\cdot A^{-2}$	電抗
G	S＝℧	西門子	$kg^{-1}\cdot m^{-2}\cdot s^3\cdot A^2$	電導
Y	S＝℧	西門子	$kg^{-1}\cdot m^{-2}\cdot s^3\cdot A^2$	導納
B	S＝℧	西門子	$kg^{-1}\cdot m^{-2}\cdot s^3\cdot A^2$	電納
ρ	Ω· m	歐姆・公尺	$kg\cdot m^3\cdot s^{-3}\cdot A^{-2}$	電阻率
σ	S/m	西門子每公尺	$kg^{-1}\cdot m^{-3}\cdot s^3\cdot A^2$	電導率
C	F＝C/V	法拉第	$kg^{-1}\cdot m^{-2}\cdot A^2\cdot s^4$	電容
L	H＝Wb/A	亨利	$kg\cdot m^2\cdot s^{-2}\cdot A^{-2}$	電感
ε	F/m	法拉第每公尺	$kg^{-1}\cdot m^{-3}\cdot A^2\cdot s^4$	電容率
μ	H/m	亨利每公尺	$kg\cdot m\cdot s^{-2}\cdot A^{-2}$	磁導率
E	V/m	伏特每公尺	$kg\cdot m\cdot s^{-3}\cdot A^{-1}$	電場強度
D	C/m^2	庫侖每平方公尺	$m^{-2}\cdot A\cdot s$	電通量密度
ϕ	Wb＝V· s	韋伯	$kg\cdot m^2\cdot s^{-2}\cdot A^{-1}$	磁通量
B	$T=Wb/m^2$	特斯拉	$kg\cdot s^{-2}\cdot A^{-1}$	磁通量密度
H	A/m	安培每公尺	$m^{-1}\cdot A$	磁場強度
NI	A (AT)	安培圈數	A	磁通勢

基礎方程式

電場高斯定律（庫侖定律）

$$\nabla \cdot D = \rho_e$$

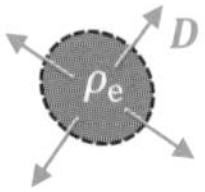

高斯磁定律（磁通量守恆定律）

$$\nabla \cdot B = 0$$

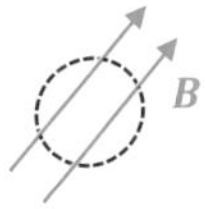

馬克士威—安培定律

$$\nabla \times H = \boldsymbol{j} + \frac{\partial}{\partial t}\boldsymbol{D}$$

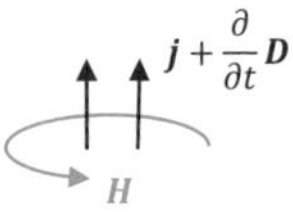

法拉第電磁感應定律

$$\nabla \times E = -\frac{\partial}{\partial t}\boldsymbol{B}$$

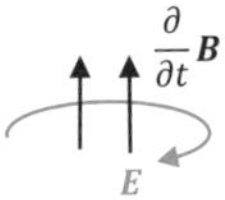

基礎電磁力

勞侖茲力

$$F = q(\boldsymbol{E} + \boldsymbol{v} \times \boldsymbol{B})$$

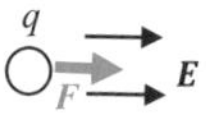

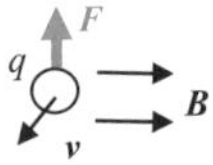

其他定律

庫侖定律
（勞侖茲力與電場高斯定律）
必歐—沙伐定律
（安培定律與高斯磁定律）
冷次定律
（法拉第電磁感應定律）
弗萊明左手、右手定則
（左手定律：磁勞侖茲力、右手定律：電磁感應定律）
電荷守恆定律
（馬克士威—安培定律與電場高斯定律）
歐姆定律
（勞侖茲力與巨觀電阻）
克希荷夫定律
（電流定律：電荷守恆定律、電壓定律：歐姆定律）

参考文献

『楽しみながら学ぶ電磁気学入門』　山﨑耕造 著　共立出版（2017）

『楽しみながら学ぶ物理入門』　山﨑耕造 著　共立出版（2015）

『トコトンやさしい電気の本（第2版）』　山﨑耕造 著　日刊工業新聞社（2018）

『トコトンやさしい磁力の本』　山﨑耕造 著　日刊工業新聞社（2019）

『トコトンやさしい相対性理論の本』　山﨑耕造 著　日刊工業新聞社（2020）

『トコトンやさしい量子コンピュータの本』　山﨑耕造 著　日刊工業新聞社（2021）

『圖解入門 よくわかる 電磁気の基本と仕組み』　潮秀樹 著　秀和システム（2006）

索引
INDEX

英文

LCR電路…… 174、176

2～5劃

力矩…… 16
三角形接線…… 166
三相交流電…… 166
不成對電子…… 134
互易定理（互感）…… 156
互感…… 154
互感係數…… 154
介電極化…… 68
介電質…… 68、82
內積…… 16
反磁性體…… 138
天線…… 202
比磁化率…… 124
功…… 16、92
功率…… 92
功率因數…… 176
半導體…… 36
右手系列…… 14
右手開掌定則…… 158
右手螺旋定則…… 114
外積…… 16、110
平行板…… 58、60、72
平行板吸引力…… 80
平面波…… 200
弗萊明右手定則…… 158
弗萊明左手定則…… 110、158
必歐一沙伐定律…… 116
瓦（W）…… 92

6～10劃

交流發電…… 164、166
交流電…… 164、176
伏特（V）…… 54
光子…… 204
吉伯特（人名）…… 10
同心球…… 74
同軸圓柱電容…… 72
向量…… 14
向量位（向量勢）…… 208
向量積…… 16
夸克…… 32
守恆定律…… 18
安培…… 24、88
安培（人名）…… 106、108
安培定律…… 108、152
有效功率…… 176
有效值…… 168
自由電子…… 36、88
自旋…… 38、132、134
自感…… 152

自感係數 ······························ 152
西門子（S）···························· 36
串聯電阻 ································ 96
串聯電容 ································ 76
亨利（H）······························ 152
位（勢）································ 12
位能 ···································· 54
位能（勢能）······················ 54、56
位移電流 ······························ 182
作用力與反作用力定律············ 40、42
克希荷夫電流定律···················· 100
克希荷夫電壓定律···················· 100
冷次定律 ······························ 144
均方根（RMS）························ 168
罕德定則 ······························ 134
角頻率································ 204
並聯電阻 ································ 96
並聯電容 ································ 76
亞鐵磁性 ······························ 138
協變性原理···························· 208
坡印廷向量···························· 206
拉格朗日導數 ·························· 18
法拉第（F）···························· 70
法拉第（人名）······················ 146
法拉第電磁感應定律 ················ 188
波動方程式···························· 200
物理量 ·································· 14
物理量因次······························ 22
直流發電 ······························ 164
直線電流 ······························ 114
金屬箔驗電器 ·························· 34
阻抗 ························ 100、170
保守力 ·································· 54
保磁力 ································ 136
星形接線 ······························ 166
相位滯後 ······························ 174
相電壓 ································ 166
相對電容率······················ 68、78
相對論性電磁學······················ 212
重力場 ·································· 56
韋伯（Wb）················ 126、148
原函數 ·································· 20
庫侖定律 ················ 40、126、186
庫侖常數 ································ 40
特斯拉（T）·························· 106
真空介電係數 ·························· 40
真空磁導率···························· 126
純量 ···································· 14
純量位（純量勢）·················· 208
純量積 ·································· 16
能量 ························ 16、38
能量守恆定律·························· 206
能隙 ···································· 36
迴旋運動 ······························ 112
馬克士威方程組（微分形式）········ 194
馬克士威方程組（積分形式）· 186、188
馬克士威一安培定律·········· 184、188
馬格尼西亞地區·························· 10
高斯定律（電場）·············· 60、186
高斯散度定理············ 20、118、190
高斯磁定律·················· 118、186

11～15劃

國際單位……22
基本單位……22、24
基本電荷……32
強磁性體……138
旋度……190、192
球形電容……74
移動導體……150
組合單位（導出單位）……22
規範條件……208
剩餘磁通量密度……136
勞侖次規範……208
勞侖茲力……112
勞侖茲力弔詭……212
勞侖茲因子……210
勞侖茲收縮……212
勞侖茲變換……208、210
單極馬達……146
單極感應電動勢……148
場……12
富蘭克林（人名）……10
散度……190
斯托克斯定理……192
斯托克斯旋度定理……20
渦電流……144
無效功率……176
焦耳熱……92
琥珀……10
絕緣體……36
虛擬磁荷詮釋……130、132
視在功率……176
順磁性體……138
傳導帶……36
奧斯特……106、188
微分……18
微波……204
感應電動勢……148、150
溫度係數……94
達朗貝爾算子……208
電力……92
電力線……48
電子殼層……134
電池……98
電位……54
電位能……78
電位能密度……78
電抗……170、174
電阻……88
電阻率……36、88、94
電流……88
電流線元素詮釋……130、132
電容……70
電容性電抗（容抗）……172
電容器……70
電偶極矩……132
電動勢……98、128、148
電荷……32
電荷守恆定律……38、100
電通量……50
電通量密度……50
電場……52
電場強度……48

電量 …… 32
電感性電抗（感抗）…… 170
電磁波 …… 204
電磁旋轉 …… 146
電磁感應定律 …… 146、148
電導率 …… 36
電壓（電位差）…… 54
飽和磁通量密度 …… 136
對流導數 …… 18
磁力線 …… 126
磁化（磁極化）…… 124、136、138
磁化曲線 …… 136
磁阻 …… 128
磁矩 …… 132、134
磁能 …… 156
磁能密度 …… 156
磁荷 …… 126
磁通量守恆定律 …… 118、186
磁通量密度 …… 106
磁場 …… 106、126
磁場強度 …… 106、126
磁量 …… 126
磁感應 …… 124
磁極 …… 126
磁路 …… 128
磁滯迴線 …… 136
磁導率 …… 124
赫茲共振器 …… 204
價帶 …… 36
摩擦起電 …… 30
摩擦起電表 …… 30
歐姆（Ω）…… 88、170、172
歐姆定律（電路）…… 90、100、168
歐姆定律（磁路）…… 128
歐拉導數 …… 18
耦合係數 …… 156
複數阻抗 …… 174
複數計算法 …… 174

16～20劃

導函數 …… 20
導納 …… 172
導體 …… 36
積分 …… 20
靜電 …… 30、132
靜電位 …… 54
靜電屏蔽 …… 34
靜電感應 …… 34、62、68
頻率 …… 204
環狀電流 …… 114、116
環狀線圈 …… 114
螺線管線圈 …… 114、156
鏡像法（鏡像電荷法）…… 62
鏡像電荷法 …… 62

21～22劃

鐵磁性 …… 138
疊加原理 …… 42

著者介紹

山﨑耕造

名古屋大學榮譽教授，自然科學研究機構核融合科學研究所榮譽教授，綜合研究大學院大學榮譽教授。
1949年出生於富山縣。東京大學工學院畢業，東京大學大學院工學系研究科博士畢業，工學博士。曾任美國普林斯頓大學客座研究員、名古屋大學電漿研究所助理教授、核融合科學研究所教授、名古屋大學大學院工學研究科教授等。
主要著作包括《超簡單的電漿介紹書》、《超簡單的能量介紹書》、《超簡單的相對論介紹書》（日刊工業新聞社）、《能量與環境的科學》、《快樂學習物理入門》（共立出版）等。※書名皆暫譯。

日文版STAFF

- 插圖：箭内祐士
- 校正：株式会社ぷれす

ZUKAI NYUMON YOKUWAKARU SAISHIN DENJIKIGAKU NO KIHON TO SHIKUMI

圖解電磁學

從概念到應用，鞏固理工基礎的82堂課

2024年12月1日初版第一刷發行

著　　者　山﨑耕造
譯　　者　陳朕疆
副 主 編　劉皓如
美術編輯　黃瀞瑢
發 行 人　若森稔雄
發 行 所　台灣東販股份有限公司
＜地址＞台北市南京東路4段130號2F-1
＜電話＞（02）2577-8878
＜傳真＞（02）2577-8896
＜網址＞https://www.tohan.com.tw
郵撥帳號　1405049-4
法律顧問　蕭雄淋律師
總 經 銷　聯合發行股份有限公司
＜電話＞（02）2917-8022

國家圖書館出版品預行編目（CIP）資料

圖解電磁學：從概念到應用，鞏固理工基礎的 82 堂課 / 山﨑耕造著；陳朕疆譯. -- 初版. -- 臺北市：臺灣東販股份有限公司, 2024.12
224 面；14.8×21 公分
ISBN 978-626-379-664-5（平裝）

1.CST: 電磁學

338.1　　113016608